计 算 方 法

主　编　杨金梁　樊铭渠　郭改文
副主编　连　剑　蒲海涛　范明芳　陈　强
　　　　梅　端　张君君　吕冠艳

哈尔滨工程大学出版社
Harbin Engineering University Press

内容简介

本书是为理工科院校各专业普遍开设的“计算方法”课程编写的教材。主要内容有非线性方程求根、线性方程组的数值解法、插值与逼近、数值积分与数值微分、常微分方程数值解法、矩阵特征值与特征向量的计算等。每章均附有小结、思考题、习题、上机实验例题，以及主要算法的C++参考程序。

本书可作为高等理工科院校信息与计算科学、计算机科学与技术等专业的教材，也可作为从事科学计算的工程技术人员的参考书。

图书在版编目（CIP）数据

计算方法 / 杨金梁，樊铭渠，郭改文主编 . —哈尔滨：哈尔滨工程大学出版社，2019. 11

ISBN 978-7-5661-2481-4

Ⅰ. 计… Ⅱ. ①杨… ②樊… ③郭… Ⅲ. 计算方法—高等学校—教材 Ⅳ. O241

中国版本图书馆 CIP 数据核字（2019）第 256127 号

责任编辑 张植朴
封面设计 怀恩文化

出版发行 哈尔滨工程大学出版社
社　　址 哈尔滨市南岗区南通大街 145 号
邮政编码 150001
发行电话 0451-82519328
传　　真 0451-82519699
经　　销 新华书店
印　　刷 涿州汇美亿浓印刷有限公司
开　　本 787mm×1 092mm　1/16
印　　张 13
字　　数 316 千字
版　　次 2019 年 11 月第 1 版
印　　次 2019 年 11 月第 1 次印刷
定　　价 46. 00 元
http：//www. hrbeupress. com
E-mail：heupress@ hrbeu. edu. cn

前言

计算方法又称为“数值分析”，是研究使用计算机求解各种数学问题的数值计算方法及其理论的一门学科。同时，计算方法也是用计算机进行程序设计和对数值结果进行分析的依据和基础。随着计算机科学与技术的飞速发展和计算数学理论的日益成熟，科学计算已经成为继理论分析和科学实验之后的第三种科学研究方法，在科技进步和社会发展中发挥着十分重要的作用。掌握数值计算方法的基本知识，熟练运用计算机进行科学计算，已经成为人们从事科学研究与工程应用不可缺少的工具之一，因此大多数高等学校的理工类各专业普遍开设本课程，并作为必修课程。

本书是在编者多年讲授本课程的基础上编写而成的，涵盖了函数的插值与逼近、线性和非线性方程的求解、数值积分与数值微分、矩阵的特征值与特征向量等计算方法的主要内容。鉴于近几年理工科院校本课程教学学时数的减少，本书在内容的选择上力求精简，以介绍计算方法的基本概念、基本知识及理论方法为主，辅以图、表对算法、现象进行描述和分析，并列举了典型的数值算例；同时注重理论联系实际，每一章都提供了重要算法的上机实验例题，并附有C++参考程序，以方便课堂教学与实验教学并行开展，进一步提高学生的编程和实践能力。针对理工科学生的特点，采用循序渐进、重点突出、难点分解、知识点小结等方法，力求做到深入浅出，让读者能够轻松入门。

全书共分七章，第一章介绍计算方法的基本概念和数值计算的若干原则；第二、第三章讲述非线性方程求根的数值算法和线性方程组的数值解法；第四章是插值和逼近，包括插值法和曲线拟合法；第五、第六章介绍数值积分、数值微分方法和求常微分方程的数值解法；第七章介绍矩阵的特征值和特征向量的计算。本书课堂教学大约需要60学时，对于学时相对较少的院校，可以根据教学计划适当删减教学章节。

本书第一、第二、第四章由杨金梁编写，第三、第六章由樊铭渠编写，第五章由蒲海涛编写，第七章由连剑编写。其他编者参与了部分章节内容的编写工作，并对全书的上机实验参考程序进行了逐一验证，最后由樊铭渠统稿。在编写过程中，还得到了山东科技大学其他老师和学生的热情帮助，他们参与了部分实验参考程序的编写和调试，感谢他们的辛勤付出。

本书的出版得到了山东省本科高校教学改革研究项目（M2018X217，M2018X218）和山东科技大学优秀教学团队支持计划（JXTD20160512）的资助，在此深表感谢！

由于编者水平有限，教材中难免存在不妥和错误之处，敬请广大读者批评指正。

编者

2019 年 8 月

目录

第一章 》

绪　论

【本章重点】误差的基本概念；数值计算的若干原则

【本章难点】相对误差；有效数字

数学与科学技术一向保持密切的关系并且相互影响。在自然科学、工程技术以及其他领域遇到的许多实际问题，都可以运用相关学科知识和数学理论，利用数学语言和符号描述为数学问题(数学模型)，再进行求解。然而，很多数学模型比较复杂，往往不易求出准确解，或者求解这种问题的计算工作量很大，只能借助于计算机求其近似解或数值解。

随着计算机科学与技术的飞速发展和计算数学理论的日益成熟，科学计算突破了实验和理论科学的局限，在科技进步和社会发展中发挥着十分重要的作用。特别是具有超强计算能力的计算机系统的问世，为求解复杂的数学问题提供了必备的硬件支持和保障。基于计算机的数值计算，已经成为继理论分析和科学实验之后的第三种科学研究方法。数值计算方法已经是每一位从事科学研究与工程应用的人不可缺少的工具之一。

本章主要介绍数值计算方法的研究内容及其特点，讨论数值运算中的误差分析，包括误差的来源及分类、运算误差分析和有效数字，最后介绍了减少误差的若干原则。

第一节　计算方法的研究内容及特点

数值计算方法又称数值分析，是计算数学的一个分支。它是研究用数字计算机求解各种数学问题的数值方法及其理论的一门学科，涉及科学计算中的常见问题，包括函数的插值与逼近、线性和非线性方程的求解、数值积分与数值微分、矩阵的特征值与特征向量等。同时，计算方法也是用计算机进行程序设计和对数值结果进行分析的依据和基础。

当利用计算机来求解一个实际问题时，主要分如图 1–1 所示的几个步骤。

图 1–1　用计算机求解实际问题的步骤

上述整个过程都可看作是应用数学的任务。具体来看，对实际问题应用相关科学知识和数学理论建立数学模型的过程，通常属于应用数学的研究范畴；由数学模型构造求解的数值计算方法并利用计算机编程上机算出结果的过程，则是计算数学的任务，也就是计算方法要研究的对象。由此可见，数值计算方法是应用计算机进行科学计算全过程中的一个重要环节。

用数值计算方法解决数学问题，主要是完成以下几个任务：如何将数学模型转化为数值计算问题，如何构造合适的计算方法使其满足相关的精度要求，如何分析在计算过程中出现的误差并且研究其积累和传播，如何根据计算机的容量、字长、速度等指标来研究具体求解步骤和程序设计技巧。

数值计算方法概括起来有如下特点。

(1) 面向计算机　计算机的特点是只能进行加、减、乘、除四则运算和乘方运算、逻辑运算，因此要根据计算机的特点，提供切实可行的有效算法，即算法只能包括加、减、乘、除四则运算和乘方运算、逻辑运算。

(2) 有可靠的理论分析　能任意逼近并达到精确要求，对近似算法要保证收敛性和数值稳定性，还要对误差进行分析。这些都是建立在相应的数学理论基础上的。

(3) 要有好的计算复杂性　一个算法的计算复杂性包括该算法的时间复杂性和空间复杂性。时间复杂性指算法包含的运算次数，而空间复杂性指算法需占用的存储空间。计算复杂性优秀的算法一般是空间复杂度和时间复杂度小的算法。这也是建立算法时要研究的问题，它关系到算法能否在计算机上实现。

(4) 便于设计数值实验　通过数值实验来验证算法的可行性和有效性。

第二节　数值计算的误差

一、误差的来源与分类

在对数学问题进行数值求解时，计算的结果往往都是在一定范围内的近似数值，它们与真实值或准确值之间总存在一些偏差，其差值称为误差。引起误差的原因是多方面的，按照它们的来源不同，误差可以分为以下四类。

1. 模型误差

根据实际问题建立数学模型时，往往对被描述的实际问题进行了抽象与简化，因此数学模型通常只是近似的。数学模型与实际问题之间的误差称为**模型误差**或**描述误差**。通常都假定模型误差是合理的。

2. 观测误差

在数学模型中往往涉及一些根据观测得到的物理量，如电压、电流、长度、温度等，这些参量显然也包含误差。由于观测手段的限制、测量仪器精度的影响而产生的观测数据与实际数据之间的误差，称为**观测误差**。

3. 截断误差

在求解一些数学问题时，常常需要通过无限过程才能得到准确解，而实际数值计算时往往采用有限计算过程，即用数值方法求出它的近似解。这种由有限过程代替无限过程而造成的近似解与准确解之间的误差称为**截断误差**或**方法误差**。

例如指数函数 e^x 的展开式为

$$e^x=1+x+\frac{1}{2!}x^2+\frac{1}{3!}x^3+\cdots+\frac{1}{n!}x^n+\frac{1}{(n+1)!}x^{n+1}+\cdots$$

如果用有限项 $1+x+\frac{1}{2!}x^2+\frac{1}{3!}x^3+\cdots+\frac{1}{n!}x^n$ 近似代替 e^x，那么截去的$\frac{1}{(n+1)!}x^{n+1}+\cdots$就是截断误差。

4. 舍入误差

用计算机进行数值计算时，受计算机可以表示的数字位数限制，往往要对数字进行舍入。比如无穷小数和位数很多的数必须舍入成一定的位数。将计算过程中取有限位数字进行运算而产生的误差称为**舍入误差**或**计算误差**。

例如用 3. 141 592 6 近似代替 π，产生的误差

$$\pi-3.1415926=0.000000053589\cdots$$

就是舍入误差。

在数值计算方法中，通常假定数学模型是正确的，观测的数据是准确的，因而一般不考虑模型误差和观测误差，只讨论截断误差和舍入误差对计算结果的影响。

二、绝对误差与误差限

定义 1-1 设 x 为准确值，x^* 为 x 的一个近似值，则称 $e^*=x^*-x$ 为近似值 x^* 的**绝对误差**，简称**误差**。

由定义 1-1 可知，误差 e^* 可正可负。通常我们很难求出准确值 x，因此难以获得绝对误差 e^* 的准确值。在工程上，一般根据测量工具的精度或计算精度估计出它的取值范围，即估计出误差的绝对值不超过某个正数 ε，表示为

$$|e^*|=|x-x^*|\leqslant\varepsilon \tag{1-1}$$

称正数 ε 为近似数 x^* 的**绝对误差限**，简称**误差限**或**精度**。显然，误差限是不唯一的。ε 越小，表示近似数 x^* 的精度越高。显然有 $x^*-\varepsilon\leqslant x\leqslant x^*+\varepsilon$，工程上通常用 $x=x^*\pm\varepsilon$ 来表示近似值 x^* 的精度或准确值 x 所在的范围。

例如测得某一物体的长度为 2m，其误差限为 0. 01m，通常将该物体的准确长度记为 $l=(2\pm0.01)$m，即准确长度在 2m 左右，但不超过 0. 01m 的误差限。此外，通过这个例子可以看出，绝对误差是有量纲的。

三、相对误差与相对误差限

误差限的大小在许多情况下不能完全刻画一个近似值的精确度，不能完全表示近似值的好坏。例如有甲、乙两个学生分别进行投篮练习，甲投了 10 次，有 4 个没投中，乙投了 20 次，有 6 个没投中。显然若从绝对误差角度来衡量两者投篮成绩的优劣，则会得出乙比甲的投篮成绩差的不合理结果。为什么采用这种比较方法不合理呢？原因是乙投了 20 次才投丢了 6 个球，而甲仅投了 10 次就有 4 个未投中，显然应该是乙的投篮成绩比甲要好很多。由此可见，在考虑绝对误差的同时也应该将其与原量的精确值大小进行比较。这

就需要引入衡量近似值精度的另一尺度——相对误差。

定义 1-2 设 x 为准确值，x^* 为 x 的一个近似值，称绝对误差 e^* 与准确值 x 的比值，即

$$e_r^* = \frac{e^*}{x} = \frac{x^* - x}{x} \tag{1-2}$$

为近似值 x^* 的**相对误差**。

在实际计算中，由于准确值 x 一般是未知的，通常取

$$e_r^* \approx \frac{e^*}{x^*} = \frac{x^* - x}{x^*}$$

作为 x^* 的相对误差，条件是 $e_r^* = \dfrac{e^*}{x^*}$ 较小，此时

$$\frac{e^*}{x} - \frac{e^*}{x^*} = \frac{e^*(x^* - x)}{x^* x} = \frac{(e^*)^2}{x^*(x^* - e^*)} = \frac{(e^*/x^*)^2}{1 - (e^*/x^*)}$$

是 e_r^* 的平方项级，故可忽略不计。

相对误差也可正可负。同样，我们通常用满足不等式 $|e_r^*| \leqslant \varepsilon_r^*$ 的相对误差限 ε_r^* 来表征相对误差，且在实际应用中常取

$$\varepsilon_r^* = \frac{\varepsilon}{|x^*|} \tag{1-3}$$

按照定义，在投篮球的例子中，甲的相对误差为 40%，乙的相对误差为 30%，因此乙的成绩优于甲。

四、有效数字

当准确值 x 有多位数时，常常按四舍五入的原则得到 x 的前几位近似值 x^*，为了能反映它的精确程度，常用到"有效数字"的概念。

例 1-1 已知圆周率 π 的准确值

$$x = \pi = 3.141\ 592\ 65\cdots$$

取 3 位得到

$$x_3^* = 3.14, \quad \varepsilon_3^* \leqslant 0.002$$

取 5 位得到

$$x_5^* = 3.1416, \quad \varepsilon_5^* \leqslant 0.000\ 008$$

它们的误差都不超过末位数字的半个单位，即

$$|\pi - 3.14| \leqslant \frac{1}{2} \times 10^{-2}, \quad |\pi - 3.141\ 6| \leqslant \frac{1}{2} \times 10^{-4}$$

定义 1-3 若近似值 x^* 的误差限是它某一位的半个单位，且从这一位直到 x^* 的第一位非零数字一共有 n 位，则称近似值 x^* 有 **n 位有效数字**。

$$
\underset{\substack{\uparrow \\ \text{自左向右看，第1个非零数}}}{x^* = \overbrace{\times \times \cdots \times}^{n\text{位}} \underset{\text{误差不超过该位的半个单位}}{\times} \cdots} \tag{1-4}
$$

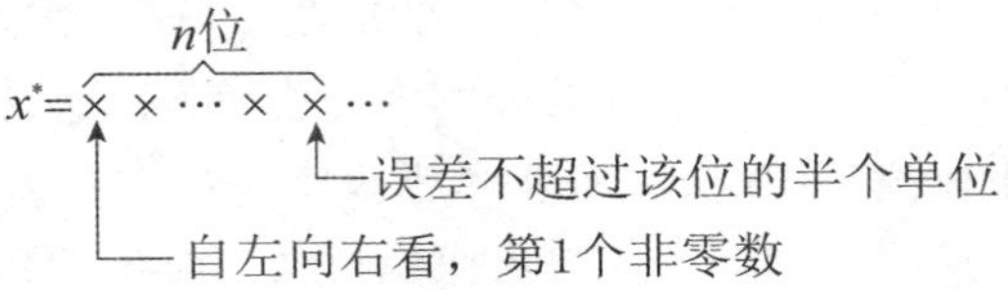

一般来讲，若 x 的近似值 x^* 有 n 位有效数字，并且可以表示成

$$x^* = \pm 0.x_1x_2\cdots x_n \times 10^m \tag{1-5}$$

其中 $x_1 \neq 0$，$x_i \in \{0, 1, 2, \cdots, 9\}$，$m$ 为整数，那么

$$|x - x^*| \leqslant \frac{1}{2} \times 10^{m-n} \tag{1-6}$$

例如取 $x^* = 3.14$ 作 π 的近似值，则 x^* 就有 3 位有效数字；如取 $x^* = 3.141\ 6$ 作 π 的近似值，则 x^* 就有 5 位有效数字。

例 1-2　按照四舍五入原则，写出下列各数具有 5 位有效数字的近似数。

187.932 5，56.134 2，2.718 281 8，8.000 033

解　按定义，上述各数具有 5 位有效数字的近似数分别为

187.93，56.134，2.718 3，8.000 0

注意：8.000 033 的 5 位有效数字的近似数是 8.000 0 而不是 8，8 只有一位有效数字。

有效数字与相对误差限之间的关系如定理 1-1 所述。

定理 1-1　若近似值 x^* 具有式(1-5)的形式，且有 n 位有效数字，则其相对误差限为

$$\varepsilon_r^* \leqslant \frac{1}{2x_1} \times 10^{-n+1} \tag{1-7}$$

反之，若 x^* 的相对误差限 ε_r^* 满足

$$\varepsilon_r^* \leqslant \frac{1}{2(x_1+1)} \times 10^{-n+1} \tag{1-8}$$

则 x^* 至少具有 n 位有效数字。

证明　由式(1-6)得

$$|e^*| = |x - x^*| \leqslant \frac{1}{2} \times 10^{-n} \times 10^m = \frac{1}{2} \times 10^{m-n}$$

从而有

$$\varepsilon_r^* = \frac{|e^*|}{x^*} \leqslant \frac{\frac{1}{2} \times 10^{m-n}}{0.x_1x_2\cdots x_n \times 10^m} \leqslant \frac{1}{2x_1} \times 10^{-n+1}$$

所以 x^* 的相对误差限是 $\frac{1}{2x_1} \times 10^{-n+1}$。

若 $\varepsilon_r^* \leqslant \frac{1}{2(x_1+1)} \times 10^{-n+1}$，由式(1-3)得

$$\begin{aligned} |e^*| &= |x^* e_r^*| = 0.x_1x_2\cdots x_n \times 10^m e_r^* = x_1.x_2\cdots x_n \times 10^{m-1} e_r^* \\ &\leqslant (x_1+1) \times 10^{m-1} \times \frac{1}{2(x_1+1)} \times 10^{-n+1} \\ &= \frac{1}{2} \times 10^{m-n} \end{aligned}$$

可知，x^* 至少有 n 位有效数字。证毕。

定理 1-1 表明，有效数字位数越多，相对误差限就越小，精度越高。

例 1-3 为使 $\sqrt{20}$ 的近似值的相对误差小于 0.1%，问至少应取几位有效数字？

解 设取 n 位有效数字，由于 $\sqrt{20}$ 的近似值的首位非零数字是 $x_1=4$，由定理 1-1 和式(1-8)可得

$$\varepsilon_r^* = \frac{1}{2\times(4+1)}\times 10^{-n+1} < 0.1\%$$

解之得 $n>3$ 即可，可取 $n=4$，即 $\sqrt{20}\approx 4.472$。

在实际应用中，为了使取得的近似数具有 n 位有效数字，要求所取的近似数的相对误差满足条件式(1-7)。

五、数据误差对函数值的影响

本节讨论当 $x_1, x_2, \cdots, x_n$ 存在误差时，计算 $y=f(x_1, x_2, \cdots, x_n)$ 时的误差问题。设 $x_1^*, x_2^*, \cdots, x_n^*$ 依次是 $x_1, x_2, \cdots, x_n$ 的近似值，在点 $(x_1^*, x_2^*, \cdots, x_n^*)$ 利用泰勒公式展开 $y=f(x_1, x_2, \cdots, x_n)$ 得

$$\begin{aligned} e(y^*) &= y^* - y = f(x_1^*, x_2^*, \cdots, x_n^*) - f(x_1, x_2, \cdots, x_n) \\ &\approx \sum_{i=1}^{n} \frac{\partial f(x_1^*, x_2^*, \cdots, x_n^*)}{\partial x_i}(x_i^* - x_i) \end{aligned} \tag{1-9}$$

若记 $\dfrac{\partial f(x_1^*, x_2^*, \cdots, x_n^*)}{\partial x_i} = \left(\dfrac{\partial f}{\partial x_i}\right)^*$，则上式可简记为

$$e(y^*) \approx \sum_{i=1}^{n} \left(\frac{\partial f}{\partial x_i}\right)^* (x_i^* - x_i) = \sum_{i=1}^{n} \left(\frac{\partial f}{\partial x_i}\right)^* e(x_i^*) \tag{1-10}$$

而函数 y 的近似值 y^* 的相对误差为

$$e_r(y^*) = \frac{e(y^*)}{y^*} \approx \sum_{i=1}^{n} \left(\frac{\partial f}{\partial x_i}\right)^* \frac{x_i^* e_r(x_i^*)}{y^*} \tag{1-11}$$

利用式(1-10)和式(1-11)，可得到两数和、差、积、商的误差估计。

两个近似数 x_1^* 与 x_2^*，其误差限分别为 $\varepsilon(x_1^*)$ 及 $\varepsilon(x_2^*)$，它们进行加、减、乘、除运算得到的误差限分别为

$$\varepsilon(x_1^* \pm x_2^*) = \varepsilon(x_1^*) \pm \varepsilon(x_2^*) \tag{1-12}$$

$$\varepsilon(x_1^* x_2^*) \approx |x_1^*|\varepsilon(x_2^*) + |x_2^*|\varepsilon(x_1^*) \tag{1-13}$$

$$\varepsilon(x_1^*/x_2^*) \approx \frac{|x_1^*|\varepsilon(x_2^*) + |x_2^*|\varepsilon(x_1^*)}{|x_2^*|^2} (x_2^* \neq 0) \tag{1-14}$$

例 1-4 已测得某长方形场地的长 l 的值为 $l^*=110\text{m}$，宽 d 的值为 $d^*=80\text{m}$，已知 $|l-l^*|\leqslant 0.2\text{m}$，$|d-d^*|\leqslant 0.1\text{m}$，试求该场地面积的绝对误差限与相对误差限。

解 设场地面积为 s，因 $s=ld$，$\dfrac{\partial s}{\partial l}=d$，$\dfrac{\partial s}{\partial d}=l$，那么

$$\varepsilon(s^*) \approx \left|\left(\frac{\partial s}{\partial l}\right)^*\right| \varepsilon(l^*) + \left|\left(\frac{\partial s}{\partial d}\right)^*\right| \varepsilon(d^*)$$

式中$(\partial s/\partial l)^*=d^*=80\text{m}$；$(\partial s/\partial d)^*=l^*=110\text{m}$。

由于$\varepsilon(d^*)=0.1\text{m}$，$\varepsilon(l^*)=0.2\text{m}$，于是$s$的绝对误差限为

$$\varepsilon(s^*)\approx 80\times 0.2+110\times 0.1=27(\text{m}^2)$$

相对误差限为

$$\varepsilon_r^*=\frac{\varepsilon(s^*)}{|s^*|}=\frac{\varepsilon(s^*)}{l^*d^*}\approx\frac{27}{8\ 800}=0.31\%$$

第三节 数值计算的若干原则

误差分析在数值计算中是一个既重要又复杂的问题。由于几乎每一步运算都有误差，而一个科学或工程计算往往需要进行很多次计算，所以每步运算都进行误差分析是几乎不可能的，也是不必要的。而解决一个计算问题往往有多种算法，算法不同往往会造成计算结果的精确度也不同。在计算过程中，我们自然希望选用那些计算量小而精度又高的算法。下面通过对误差的某些传播规律的简单分析，给出在数值计算中应注意的几个原则，它有助于鉴别与提高计算结果的可靠性，防止误差危害现象的产生。

一、尽量避免两个相近的数相减

在数值运算中，两个相近的数相减会使有效数字严重损失。例如$x=123.65$，$y=123.54$都具有5位有效数字，但$x-y=0.11$最多有两位有效数字，所以要尽量避免这类运算。

为了避免两个相近的数相减的现象发生，通常采用的方法是变换计算公式。例如当x_1与x_2很接近时，有

$$\lg x_1-\lg x_2=\lg\frac{x_1}{x_2}$$

可用右端的公式代替左端的公式计算，有效数字就不会损失。

再如当x很大时

$$\sqrt{x+1}-\sqrt{x}=\frac{1}{\sqrt{x+1}+\sqrt{x}}$$

也可用右端来代替左端。

一般情况下，当x^*位于x附近时，可用泰勒公式展开

$$f(x)-f(x^*)\approx f'(x^*)(x-x^*)+\frac{f''(x^*)}{2}(x-x^*)^2+\cdots$$

取右端的有限项近似左端。

二、避免大数“吃”小数的现象

由于计算机表示的位数有限，若参与运算的数的数量级相差很大，如不注意运算次序，就可能出现大数“吃”小数的现象，从而影响计算结果。

例 1–5 在 8 位有效数字下，求二次方程 $x^2-(10^9+1)x+10^9=0$ 的根。

解 利用因式分解容易求出，此方程的两个根为 $x_1=10^9$，$x_2=1$。但若用求根公式，则得

$$x=\frac{10^9+1\pm\sqrt{(10^9+1)^2-4\times10^9}}{2}$$

在 8 位有效数字下，我们有

$$\begin{aligned}10^9+1&=10^{10}\times0.100\,000\,00+10^{10}\times0.000\,000\,001\\&=10^{10}\times0.100\,000\,00+10^{10}\times0.000\,000\,00\\&=10^{10}\times0.100\,000\,00=10^9\end{aligned}$$

$$\sqrt{(10^9+1)^2-4\times10^9}=10^9$$

这样求得 $x_1=10^9$，$x_2=0$，结果显然是错的。为了避免这种情形出现，也可采用改变计算公式的方法。如将式

$$x_2=\frac{10^9+1-\sqrt{(10^9+1)^2-4\times10^9}}{2}$$

改变成

$$x_2=\frac{2\times10^9}{10^9+1+\sqrt{(10^9+1)^2-4\times10^9}}$$

则有

$$x_2\approx\frac{2\times10^9}{10^9+10^9}=1$$

此结果是正确的。

三、避免用绝对值相对较小的数作除数

在计算中，用绝对值很小的数做除数，有可能出现以下两种情况：(1)商有可能会超出计算机表示的范围而出现“溢出”现象；(2)使商的数量级增加，商作为一个大数将会有可能会“吃掉”参与运算的一些小数，从而放大了商的绝对误差。

例如设 x 与 y 分别有近似值 x^* 与 y^*，$z=\frac{x}{y}$的近似值 $z^*=\frac{x^*}{y^*}$，此时 z 的绝对误差为

$$|e(z^*)|\approx\left|\frac{1}{y^*}e(x^*)+\frac{x^*}{(y^*)^2}e(y^*)\right|\leqslant\frac{1}{|y^*|}|e(x^*)|+\frac{|x^*|}{(y^*)^2}|e(y^*)|$$

显然，当 $|y^*|$ 很小时，近似值 z^* 的绝对误差 $e(z^*)$ 有可能很大，因此不宜把绝对值太小的数作除数。

四、选用数值稳定性好的算法

在实际计算时，给定的数据会有误差，数值计算中也会产生误差，而且这些误差在进一步计算中可能会产生误差的传播。

对一个具体的数值计算方法，在运算过程中舍入误差不增长的算法称为数值稳定的，否则称为不稳定的。

例 1-6　在 4 位十进制的限制下，计算积分 $I_n = \int_0^1 \frac{x^n}{x+5}\mathrm{d}x$。

解　算法一　利用关系式

$$I_n+5I_{n-1}=\frac{1}{n} \tag{1-15}$$

可构造算法

$$\begin{cases} I_0=\ln 6-\ln 5\approx 0.182\ 3 \\ I_n=\dfrac{1}{n}-5I_{n-1},\ (n=1,\ 2,\ \cdots,\ n) \end{cases} \tag{1-16}$$

这个算法不是数值稳定的，因为 $I_0\approx 0.182\ 3$ 的舍入误差传播到 I_1 时，该误差放大了 5 倍，传到 I_{20}时，该误差将是 5^{20}倍。

算法二　利用估计式

$$\frac{1}{6(n+1)}<I_n<\frac{1}{5(n+1)} \tag{1-17}$$

并取 $I_{20}\approx\frac{1}{2}\left(\frac{1}{105}+\frac{1}{126}\right)\approx 0.008\ 730$，构造另一种算法

$$\begin{cases} I_{20}\approx 0.008\ 730 \\ I_{n-1}=\dfrac{1}{5}\left(\dfrac{1}{n}-I_n\right),\ n=20,\ 19,\ \cdots,\ 1 \end{cases} \tag{1-18}$$

这个算法是稳定的，因为由 I_{20}引起的误差在以后的计算过程中将逐渐减小。

五、注意简化计算步骤，减少运算次数

同样一个计算问题，如果能减少运算次数，不但能节省计算机的计算时间，提高计算速度，还能减少舍入误差的积累，因此简化计算步骤、减少运算次数是数值计算必须要遵循的原则，同时也是计算方法要研究的重要内容。

例 1-7　计算 x^{255}的值。

解　如果将 x 的值逐个相乘，则要做 254 次乘法。但若写成

$$x^{255}=x\cdot x^2\cdot x^4\cdot x^8\cdot x^{16}\cdot x^{32}\cdot x^{64}\cdot x^{128}$$

只要做 14 次乘法运算即可。

例 1-8　计算多项式 $P_n(x)=a_nx^n+a_{n-1}x^{n-1}+\cdots+a_1x+a_0$ 的值。

解　若直接计算 $a_kx^k(k=0,\ 1,\ 2,\ \cdots,\ n)$，再逐项相加，一共需要做

$$n+(n-1)+\cdots+2+1=\frac{n(n+1)}{2}$$

次乘法和 n 次加法。若采用秦九韶算法

$$P_n(x)=(((a_nx+a_{n-1})x+a_{n-2})x+\cdots+a_1)x+a_0$$

则只要 n 次乘法和 n 次加法就可算出 $P_n(x)$ 的值。

本章小结

本章介绍了数值计算方法的研究内容及其特点，介绍了误差的基本概念以及误差在数值近似计算中的传播规律。误差在数值计算中的危害是十分严重的，若不控制误差的传播与积累，就会造成计算结果与准确值有很大偏差，甚至将会完全淹没真值，因此误差的分析及其危害的防止是数值计算方法中一个非常重要的问题。

在实际计算或在计算机上运算时，参与运算的数都是有限位数，因此有效数字的概念是非常重要的。为了表示一个数的精确程度，本章介绍了有效数字的概念以及有效数字与误差的关系，讨论了数值计算的误差估计问题，指出了利用函数的泰勒展开式来估计误差是误差估计的一种基本方法。

最后，本章还着重讨论了数值计算和设计算法时应遵循的若干原则，遵循这些原则可以有效防止误差的传播和积累，同时也有助于设计稳定性好的算法，提高计算结果的可靠性，从而防止误差危害现象的产生。

思考题

1-1　数值计算方法的主要研究对象和内容是什么，它有什么特点？

1-2　误差的主要来源有哪几个方面，具体是怎么分类的？说明截断误差和舍入误差的区别。

1-3　误差为什么是不可避免的？采用什么标准来衡量近似值是准确的？为减少计算误差，应当采取哪些措施？

1-4　什么是绝对误差、绝对误差限，什么是相对误差、相对误差限，什么是有效数字，它们之间的关系如何？

1-5　什么是数值稳定的计算公式，算法的数值稳定性对计算结果有什么影响？

1-6　数值计算中应当遵循的原则有哪些？评判算法优劣的标准是什么？

习题一

1-1　下面各数都是经过四舍五入得到的近似数，即绝对误差限不超过最末位的半个单位，指出它们各有几位有效数字？

（1）$x_2^*=1.001$；（2）$x_2^*=0.021$；（3）$x_3^*=0.1000$；

（4）$x_4^*=385.6$；（5）$x_5^*=5\times10^3$；（6）$x_4^*=5000$。

1-2　将 3.142，3.141，22/7 作为 π 的近似值，它们分别有几位有效数字？绝对误差限和相对误差限各为多少？

1-3　设 x 的相对误差为 1%，求 x^n 的相对误差。

1-4 要使 $\sqrt{90}$ 的相对误差不超过 0.1×10^{-2}，至少需要保留多少位有效数字？

1-5 正方形的边长约为 100cm，问测量边长的误差限多大时才能保证面积的误差不超过 1cm^2。

1-6 设 $s=\frac{1}{2}gt^2$，假定 g 是准确的，而对 t 的测量有±0.1 秒的误差。试证：当 t 增加时，s 的绝对误差增加，而相对误差却减少。

1-7 数列 y_n 满足递推公式 $y_n=10y_{n-1}-1$（$n=1, 2, \cdots$）。若 $y_0=\sqrt{2}\approx1.41$（三位有效数字），问按上述递推公式，从 y_0 计算到 y_{10} 时误差有多大？这个计算过程稳定吗？

1-8 计算 $f=(\sqrt{2}-1)^6$，取 $\sqrt{2}\approx1.4$，利用下列各式计算 f，问哪一个得到的计算结果最好？

（1）$\dfrac{1}{(\sqrt{2}+1)^6}$； （2）$(3-2\sqrt{2})^3$；

（3）$\dfrac{1}{(3+2\sqrt{2})^3}$； （4）$99-70\sqrt{2}$。

1-9 通过改变下列表达式，使计算结果比较准确。

（1）$\dfrac{1}{1+2x}-\dfrac{1-x}{1+x}$，$|x|\ll1$；

（2）$\sqrt{x+\dfrac{1}{x}}-\sqrt{x-\dfrac{1}{x}}$，$|x|\gg1$；

（3）$\dfrac{1-\cos x}{x}$，$|x|\ll1$ 且 $x\neq0$；

（4）$\displaystyle\int_x^{x+1}\frac{dt}{1+t^2}$，$|x|\gg1$。

上机实验

实验 1-1 对 $n=0, 1, \cdots, 20$，采用下面两种递推公式计算定积分 $I_n=\displaystyle\int_0^1\frac{x^n}{x+5}dx$，并根据计算结果分析这两种算法的稳定性。

算法 1 利用递推公式

$$I_n=\frac{1}{n}-5I_{n-1}(n=1, 2, \cdots, 20)$$

取

$$I_0=\int_0^1\frac{1}{x+5}dx=\ln6-\ln5\approx0.182\ 322$$

算法 2 利用递推公式

$$I_{n-1}=\frac{1}{5}\left(\frac{1}{n}-I_n\right)\ (n=20,\ 19,\ \cdots,\ 1)$$

注意到

$$\frac{1}{126}=\frac{1}{6}\int_0^1 x^{20}\mathrm{d}x\leqslant\int_0^1\frac{x^{20}}{x+5}\mathrm{d}x\leqslant\frac{1}{5}\int_0^1 x^{20}\mathrm{d}x=\frac{1}{105}$$

取

$$I_{20}\approx\frac{1}{2}\left(\frac{1}{105}+\frac{1}{126}\right)\approx 0.008\ 730$$

第二章

非线性方程求根

【本章重点】非线性方程 $f(x)=0$ 求根的几种方法，如二分法、简单迭代法、牛顿迭代法、弦割法等

【本章难点】迭代法的收敛性

在自然科学研究和工程技术应用中，经常会遇到非线性问题。比如求解曲线与直线交点这样简单的数学问题，设曲线方程为 $y=\sin x$，直线方程为 $y=ax+b$（a，b 均为常数），且二者有交点，在大多数情况下，仍然很难解析求出非线性方程 $\sin x=ax+b$ 的解 x。对于非线性问题的求解，一般采用的方法是将其简化或转化为线性问题进行求解，但是解的精确性常常得不到保证。随着数学理论的日趋完善以及计算机的广泛普及，人们开始使用计算机来求解非线性问题，力求得到更符合实际的结果，因此对非线性方程（组）的求解问题一直是人们研究的一个热点课题之一。

单变量非线性方程一般可表示为

$$f(x)=0 \tag{2-1}$$

式中 $x\in R$，$f(x)\in C[a,\ b]$。

如果 $f(x)$ 为多项式 $f(x)=a_nx^n+a_{n-1}x^{n-1}+\cdots+a_1x+a_0=0$，称方程（2-1）为代数方程或 n 次多项式方程。如果 $f(x)$ 为一般连续函数时，称方程（2-1）为超越方程。

非线性方程 $f(x)=0$ 的解 x^*，满足 $f(x^*)=0$，通常称 x^* 是方程的根，也叫作函数 $f(x)$ 的零点。方程的根包括实根和复根，本章只讨论实根的求法。

关于非线性方程求根，一般要研究下列三个问题。

（1）根的存在性　首先要确定在一个有限区间内，非线性方程至少有一个根。

（2）根的隔离　确定根所在的区间就是根的隔离。隔根区间是指在某些区间内，函数 $y=f(x)$ 和 x 轴只有一个交点。隔根区间内的任一点都可看做该根的一个近似值。

（3）根的精确化　找出根的近似值后，逐步把根精确化，直到满足精度要求。

根的逐步精确化的方法，主要包括二分法、迭代法、牛顿法和弦割法等，这些方法无论是对代数方程或是超越方程都是适用的。

第一节　根的隔离与二分法

一、求隔根区间的一般方法

在求非线性方程 $f(x)=0$ 的近似根时，首先要确定出若干个区间，使得在每个区间内 $y=f(x)$ 与 x 轴有且只有一个交点，这个过程就叫作"**根的隔离**"。

由高等数学中可知，若 $f(x)$ 在区间 $[a, b]$ 内连续，且 $f(a)\cdot f(b)<0$，即 $f(a)$、$f(b)$ 异号，则方程 $f(x)=0$ 在 $[a, b]$ 内至少有一个根。若 $f(x)=0$ 在区间 $[a, b]$ 内还严格单调，则 $f(x)=0$ 在 $[a, b]$ 内只有一个根。

对于一般方程来说，求隔根区间的方法通常有如下两种。

(1) 作图法　画出 $y=f(x)$ 的简图，根据曲线 $y=f(x)$ 与 x 轴交点的大概位置来确定隔根区间。也可以利用导函数 $f'(x)$ 的正、负与函数 $f(x)$ 的单调性的关系确定根的大致位置。若 $f(x)$ 比较复杂，也可以将方程等价变形为 $\varphi(x)=\psi(x)$，画出函数 $y=\varphi(x)$ 和 $y=\psi(x)$ 的简图，由两条曲线交点的横坐标的位置来确定根的隔根区间。

(2) 逐步搜索法　先确定方程 $f(x)=0$ 的所有实根所在区间 $[a, b]$，再按照选定的步长 $h=(b-a)/n$（n 为正整数），依次取点 $x_k=a+kh$ $(k=0, 1, \cdots, n)$，并计算各点的函数值 $f(x_k)$，最后根据函数值异号和实根的个数来确定隔根区间。在搜索过程中，可根据实际情况调整步长 h，直到把隔根区间全部找出。

例 2-1　判断方程 $3x-\cos x=1$ 有几个实根，并求出其隔根区间。

解　用作图法。为了方便作图，首先将方程进行等价变形得

$$3x-1=\cos x$$

令 $y_1=3x-1$，$y_2=\cos x$，并作出这两个函数的图形，如图 2-1 所示。通过观察得知，$y_1=3x-1$ 和 $y_2=\cos x$ 只有一个交点，说明原方程 $3x-\cos x=1$ 仅有一个实根。通过图形可以判断，其隔根区间为 $[0.5, 1]$。

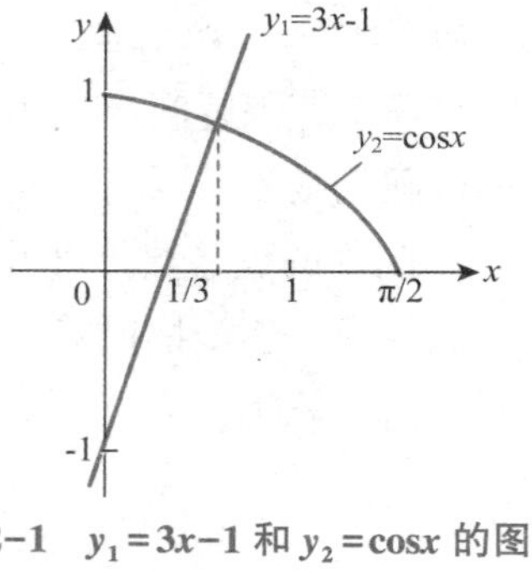

图 2-1　$y_1=3x-1$ 和 $y_2=\cos x$ 的图形

例 2-2　利用逐步搜索法，确定方程 $f(x)=x^3-x-1=0$ 的一个根的隔根区间。

解　根据方程可得，$f(0)=-1<0$，$f(2)=5>0$，说明 $f(x)$ 在区间 $(0,\ 2)$ 内至少有一个实根。设从 $x=0$ 出发，取 $h=0.5$ 为步长，向右进行根的搜索，并依次判断 $f(x)$ 值的正负号，如表 2-1 所示。

表 2-1　例 2-2 中根的搜索过程

x	0	0.5	1.0	1.5	2
$f(x)$ 的符号	−	−	−	+	+

通过分析可以得出，方程 $f(x)=x^3-x-1=0$ 在 $[1.0,\ 1.5]$ 内必有一个实根。

采用逐步搜索法来确定隔根区间，关键在于步长 h 的确定。只要步长 h 的值取得足够小，就可以利用这种方法得到具有任意精度的近似根。然而，选取步长较小时，就会造成搜索的步数相应增多，导致计算量加大，因此对于精度要求比较高的情况，只采用逐步搜索方法是不适宜的。

二、二分法

如果非线性方程(2-1)中的 $f(x)$ 在区间 $[a,\ b]$ 上连续，且严格单调，若 $f(a)\cdot f(b)<0$，则非线性方程 $f(x)=0$ 在 $[a,\ b]$ 内一定有一个实根。区间 $[a,\ b]$ 为方程 $f(x)=0$ 的有根区间。此时可以使用二分法求出该单根。

二分法的基本思想是逐步将有根区间 $[a,\ b]$ 二等分，通过判别区间端点的函数值符号，进一步搜索有根区间，使得有根区间的长度缩小到充分小，从而求出满足给定精度要求的近似根。

利用二分法求解方程(2-1)单根的具体步骤如下。

(1) 计算 $f(x)$ 在区间 $[a,\ b]$ 端点处的值 $f(a)$ 和 $f(b)$。

(2) 计算 $f(x)$ 在区间 $[a,\ b]$ 的中点 $x_0=(a+b)/2$ 处的值，计算中点的函数值 $f(x_0)$。

(3) 判断，如果 $|f(x_0)|\leqslant\eta$，η 是预先给定的精度，则方程的实根就是 $x^*=x_0=(a+b)/2$，停止计算。否则，如果 $|f(x_0)|>\eta$，则 $f(x_0)$ 或者与 $f(a)$ 异号，或者与 $f(b)$ 异号。

① 若 $f(a)f(x_0)<0$，说明根在区间 $[a,\ (a+b)/2]$ 内，这时取 $a_1=a$，$b_1=(a+b)/2$。

② 若 $f(x_0)f(b)<0$，说明根在区间 $[(a+b)/2,\ b]$ 内，这时取 $a_1=(a+b)/2$，$b_1=b$。

注意：无论出现哪种情形，新的有根区间 $[a_1,\ b_1]$ 的长度仅为原有根区间 $[a,\ b]$ 的一半。

(4) 若 $|b-a|<\varepsilon$（ε 为精度要求），计算终止，此时 $x^*=(a+b)/2$，否则转(2)。

以后的计算就是在新的有根区间 $[a_1,\ b_1]$ 上重复上述二分步骤，得到下列有根区间序列

$$[a,\ b]\supset[a_1,\ b_1]\supset[a_2,\ b_2]\supset\cdots\supset[a_k,\ b_k]\supset\cdots$$

其中每个区间仅为前一个区间的一半，二分 k 次以后得有根区间 $[a_k,\ b_k]$，其长度是

$$b_k-a_k=\frac{1}{2^k}(b-a)$$

由此可见，如果二分过程无限地进行下去($k\to\infty$)，则有根区间必定收敛于一点 x^*，该点就是所求的根。但在实际计算时，只要我们能获得满足给定精度要求的近似值就可以了，没有必要也不可能去完成这种无穷过程。

若令有根区间$[a_k, b_k]$的中点 $x_k=(a_k+b_k)/2$ 为 x^* 的近似值，则在逐次二分的过程中，就得到以 x^* 为极限的近似根序列 $x_0, x_1, x_2, \cdots, x_k, \cdots$，可以写出其误差估计式

$$|x^*-x_k|\leqslant\frac{1}{2}(b_k-a_k)=\frac{1}{2^{k+1}}(b-a) \tag{2-2}$$

对于预先给定的精度 $\varepsilon>0$，只要

$$k>\frac{\ln(b-a)-\ln(2\varepsilon)}{\ln 2} \tag{2-3}$$

则有 $|x^*-x_k|<\varepsilon$，这时 x_k 就是满足精度要求的近似值。

例 2-3 用二分法求解例 2-2 中方程 $f(x)=x^3-x-1=0$ 在区间$[1, 1.5]$内的一个实根，要求误差不超过 0.005。

解 首先计算 $f(x)=x^3-x-1$ 在有根区间$[1, 1.5]$端点处的值，即

$$f(1)=-1<0,\ f(1.5)=0.875>0$$

且 $\forall x\in[1, 1.5]$，$f'(x)=3x^2-1>0$，即 $f(x)$ 在区间$[1, 1.5]$上单调连续。因此，$f(x)$ 在区间$[1, 1.5]$上只有一个根。

取区间$[1, 1.5]$的中点 $x_0=(1+1.5)/2=1.25$，计算 $f(x_0)=f(1.25)<0$，即 $f(1)$ 和 $f(1.25)$ 同号，则所求的根 x^* 一定在区间$[1.25, 1.5]$上。这时，令 $a_1=(a+b)/2=1.25$，$b_1=b=1.5$，从而得到一个新的有根区间$[a_1, b_1]$。

如此反复二分下去，具体计算结果如表 2-2 所示。

表 2-2 例 2-3 的计算结果

k	a_k	b_k	x_k	$f(x_k)$的符号
0	1.000 0	1.500 0	1.250 0	−
1	1.250 0	1.500 0	1.375 0	+
2	1.250 0	1.375 0	1.312 5	−
3	1.312 5	1.375 0	1.343 8	+
4	1.312 5	1.343 8	1.328 1	+
5	1.312 5	1.328 1	1.320 3	−
6	1.320 3	1.328 1	1.324 2	−

由于误差 $|x-x^*|\leqslant 0.005$，所以 $x^*\approx x_6=1.324\,2$。

二分法是方程求根问题的一种直接搜索方法，其优点是算法简单直观，收敛性总能得到保证，对 $f(x)$ 要求不高，并且非常实用。二分法的缺点是收敛速度较慢，且只能求单实根，不能求复根和重根，因此二分法常用于求根的初始近似值，然后再使用其他方法求根。

第二节 迭代法及其收敛性

迭代法是数值计算方法中一种重要的逐次逼近的方法，常用于求解代数方程、超越方程、方程组和微分方程等。

一、简单迭代法

迭代法的主要特点就是逐步求精，其基本思想是将方程 $f(x)=0$ 化为等价方程 $x=\varphi(x)$，构造迭代公式 $x_{k+1}=\varphi(x_k)$，选取方程的某个初始近似值 x_0 代入公式，并用该公式反复迭代计算，得方程的近似根数列，最终求得满足精度要求的根。从某种意义上讲，迭代过程实质上是一个逐步显式化的过程。

迭代法的具体过程可描述为：

设 $[a,b]$ 是方程 $f(x)=0$ 的有根区间。将方程作等价变换

$$x=\varphi(x) \tag{2-4}$$

式中 $\varphi(x)$ 连续，称为**迭代函数**。在区间 $[a,b]$ 上任取一点 x_0 作为初始值，代入式(2-4)的右端得

$$x_1=\varphi(x_0)$$

再将 x_1 代入式(2-4)的右端得

$$x_2=\varphi(x_1)$$

一般地有

$$x_{k+1}=\varphi(x_k)\ (k=0,1,2,\cdots) \tag{2-5}$$

这样由式(2-5)得到解的近似数列 $\{x_k\}$ 的过程，称为**简单迭代法**。式(2-5)称为**迭代公式**或**迭代格式**。如果得到的近似数列有极限

$$\lim_{k\to\infty}x_k=x^* \tag{2-6}$$

则 x^* 就是方程式 $x=\varphi(x)$ 或 $f(x)=0$ 的**根**。如果迭代公式(2-5)产生的数列 $\{x_k\}$ 收敛，则称**迭代法收敛**；如果数列 $\{x_k\}$ 发散，则称**迭代法发散**。

迭代法的几何意义可解释为求方程 $x=\varphi(x)$ 的根，在几何上就是在 xOy 平面上求直线 $y=x$ 与曲线 $y=\varphi(x)$ 的交点 P 的横坐标 x^*，如图 2-2(a)所示。

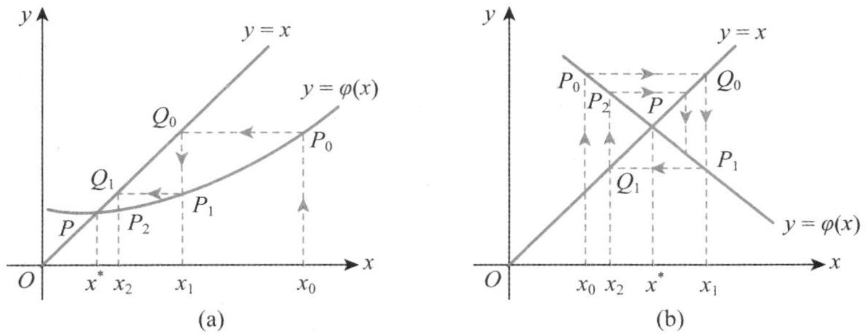

图 2-2　求方程 $x=\varphi(x)$ 根的迭代法收敛

由初始值 x_0 得曲线 $y=\varphi(x)$ 上的点 $P_0(x_0,\ \varphi(x_0))$。在直线 $y=x$ 上找与 P_0 在同一水平线上的点 $Q_0(x_1,\ x_1)$，得曲线 $y=\varphi(x)$ 上且与 Q_0 点在同一铅直线上的点 $P_1(x_1,\ \varphi(x_1))$；再在直线 $y=x$ 上找与 P_1 点在同一水平线上的点 $Q_1(x_2,\ x_2)$，…，如此进行下去，在曲线 $y=\varphi(x)$ 上得点列 P_0，P_1，P_2，…，各点逐渐逼近于交点 P，点列的横坐标 x_0，x_1，x_2，…，逐渐趋于根 x^*。图 2-2(b)中的数列 x_0，x_1，x_2，…是从 x^* 的两端依次逐渐趋于 x^* 的。然而并非所有的迭代方法都是收敛的，图 2-3(a)、(b)中所示的迭代法就是发散的。

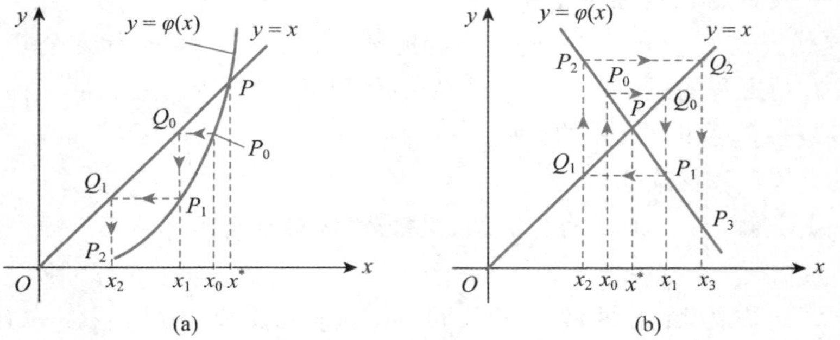

图 2-3　求方程 $x=\varphi(x)$ 根的迭代法发散

例 2-4　用简单迭代法求方程 $f(x)=x^3-x-1=0$ 的根，要求精确到 8 位小数。

解　由例 2-3 可得，所给方程在[1，1.5]内有根，取初值 $x_0=1.5$。下面分别构造不同的迭代公式进行求解。

(1) 将原方程化为等价方程 $x=x^3-1$，构造迭代公式

$$x_{k+1}=x_k^3-1 \tag{2-7}$$

计算得

$$x_1=2.375,\ x_2=12.396\,484\,38,\ x_3=1\,904.002\,774\,54,\ \cdots$$

显然，按迭代公式(2-7)计算，所得迭代数列发散。

(2) 将原方程化为等价方程 $x=\sqrt[3]{x+1}$ 得迭代公式

$$x_{k+1}=\sqrt[3]{x_k+1} \tag{2-8}$$

计算结果见表 2-3。

表 2-3　例 2-4 的计算结果

k	x_k	k	x_k
0	1.500 000 0	5	1.324 760 0
1	1.357 208 8	6	1.324 725 9
2	1.330 861 0	7	1.324 719 5
3	1.325 883 8	8	1.324 718 2
4	1.324 939 4	9	1.324 718 0

可以看出，按迭代公式(2-8)计算，所得迭代数列是收敛的。当 k 越来越大时，x_k 越来越接近于方程的精确根 1.324 718 0。

例 2-4 说明，迭代过程只在一定条件下才可能收敛。迭代函数 $\varphi(x)$ 的选取将会对迭代过程的收敛性产生很大的影响。只有收敛的迭代过程对于根的求解才有意义，而发散的迭代过程是没有任何实际意义的。下面讨论迭代法的收敛性。

二、迭代法的收敛性

定理 2-1(收敛性定理)　假设迭代函数 $\varphi(x)$ 满足以下两个条件：

(1) 对任意 $x\in[a,\ b]$ 有

$$a\leqslant\varphi(x)\leqslant b \tag{2-9}$$

(2) 存在正数 $L<1$，使对任意 $x\in[a,\ b]$ 有

$$|\varphi'(x)|\leqslant L<1 \tag{2-10}$$

则迭代过程 $x_{k+1}=\varphi(x_k)$ 对于任意初值 $x_0\in[a,\ b]$ 均收敛于方程 $x=\varphi(x)$ 的根 x^*，且有如下的误差估计式

$$|x^*-x_k|\leqslant\frac{1}{1-L}|x_k-x_{k-1}| \tag{2-11}$$

$$|x^*-x_k|\leqslant\frac{L^k}{1-L}|x_1-x_0| \tag{2-12}$$

证明　先证 x^* 的存在唯一性。令 $f(x)=x-\varphi(x)$，由定理 2-1 条件(1)得 $f(a)\cdot f(b)<0$，所以 $f(x)=0$ 在区间$[a,\ b]$内至少有一个根 x^*，满足 $x^*=\varphi(x^*)$。

假设 x^* 和 x_1^* 是 $x=\varphi(x)$ 在区间$[a,\ b]$内的两个互异的根，即 $x^*\neq x_1^*$，根据微分中值定理，有

$$|x^*-x_1^*|=|\varphi(x^*)-\varphi(x_1^*)|=|\varphi'(\xi)(x^*-x_1^*)|\leqslant L|x^*-x_1^*|$$

若此不等式成立，则有 $L\geqslant1$，这与条件(2)中 $L<1$ 矛盾，因此 $x=\varphi(x)$ 在区间$[a,\ b]$内存在唯一根，记为 x^*。

再证明收敛性。由 $x_0\in[a,\ b]$及定理 2-1 条件(1)可得，$x_k\in[a,\ b]$ $(k=1,\ 2,\ \cdots)$，由迭代格式 $x_k=\varphi(x_{k-1})$ 和 $x^*=\varphi(x^*)$ 可得

$$|x^*-x_k|=|\varphi(x^*)-\varphi(x_{k-1})|=|\varphi'(\xi_k)(x^*-x_{k-1})|\leqslant L|x^*-x_{k-1}| \tag{2-13}$$

式中 ξ_k 位于 x^* 与 x_{k-1} 之间。

如此反复递推

$$|x^*-x_k|\leqslant L|x^*-x_{k-1}|\leqslant L^2|x^*-x_{k-2}|\leqslant\cdots\leqslant L^k|x^*-x_0| \tag{2-14}$$

因此当 $k\to\infty$ 时，$x_k\to x^*$，迭代序列$\{x_k\}$收敛到所求根 x^*。

在上述证明中，为确保 $\varphi(x_k)$ 有意义，应当保证一切迭代值 x_k 全部落在区间$[a,\ b]$内，这就要求对任意 $x\in[a,\ b]$，总有 $\varphi(x)\in[a,\ b]$。

下面证明误差估计式(2-11)和(2-12)。对任意正整数 p，有

$$
\begin{aligned}
|x_{k+p}-x_k| &= |x_{k+p}-x_{k+p-1}+x_{k+p-1}-x_{k+p-2}+x_{k+p-2}-\cdots-x_k| \\
&\leqslant |x_{k+p}-x_{k+p-1}|+|x_{k+p-1}-x_{k+p-2}|+\cdots+|x_{k+1}-x_k| \\
&\leqslant L^p|x_k-x_{k-1}|+L^{p-1}|x_k-x_{k-1}|+\cdots+L|x_k-x_{k-1}| \\
&= (L^p+L^{p-1}+\cdots+L)|x_k-x_{k-1}|
\end{aligned}
$$

在上式中固定 k，并令 $p\to\infty$，则有

$$|x^*-x_k|\leqslant\frac{L}{1-L}|x_k-x_{k-1}|$$

再利用式(2-13)，对上式反复递推得

$$|x^*-x_k|\leqslant\frac{L^k}{1-L}|x_1-x_0|$$

证毕。

几点说明：

(1) 由式(2-11)可知，只要前后两次迭代值的差值 $|x_k-x_{k-1}|$ 足够小，就可以保证近似值 x_k 具有足够的精度，因此常常通过 $|x_{k+1}-x_k|$ 来判断是否满足迭代精度。

(2) 由式(2-12)表明，L 值越小，迭代收敛的越快。如果预先给定计算精度 ε，还可以用式(2-12)估计迭代次数。

(3) 在定理2-1条件下，把有根区间 $[a, b]$ 内的任一点 x_0 作为初始值，均能保证该迭代过程收敛。通常称这种形式的收敛性为**全局收敛性**。

一般来说，定理2-1中的条件在较大的有根区间上是很难保证的，在实际应用时通常在根 x^* 的附近考察其收敛性，即局部收敛性。

定义2-1 设方程 $x=\varphi(x)$ 有根 x^*，如果存在 x^* 的某个邻域 R：$|x-x^*|\leqslant\delta$，使迭代过程 $x_{k+1}=\varphi(x_k)$ 对于任意初值 $x_0\in R$ 均收敛，则称迭代过程 $x_{k+1}=\varphi(x_k)$ 在根 x^* 邻近具有**局部收敛性**。

定理2-2(局部收敛性定理) 设 $\varphi(x)$ 在方程 $x=\varphi(x)$ 的根 x^* 的附近有连续的一阶导数，且

$$|\varphi'(x^*)|<1 \tag{2-15}$$

则迭代过程 $x_{k+1}=\varphi(x_k)$ 在 x^* 的附近具有局部收敛性。

证明 由连续函数的性质，存在 x^* 的某个邻域 R：$|x-x^*|\leqslant\delta$，使对于任意 $x\in R$ 成立，则有 $|\varphi'(x)|\leqslant L<1$，此外，对于任意 $x\in R$，总有 $\varphi(x)\in R$，这是因为

$$|\varphi(x)-x^*|=|\varphi(x)-\varphi(x^*)|=|\varphi'(\xi)(x-x^*)|\leqslant L|x-x^*|\leqslant|x-x^*|\leqslant\delta$$

其中 ξ 位于 x 与 x^* 之间。依据定理2-1即可断定迭代过程 $x_{k+1}=\varphi(x_k)$ 对于任意初值 $x_0\in R$ 均收敛。证毕。

由此可见，迭代过程的收敛性通常依赖于迭代初值 x_0 的选取。

例2-5 求方程 $x-\mathrm{e}^{-x}=0$ 在 $x=0.5$ 附近的一个根，要求精度 $\varepsilon=10^{-5}$。

解 将方程变形为 $x=\mathrm{e}^{-x}$，构造迭代公式为

$$x_{k+1}=\mathrm{e}^{-x_k}(k=0, 1, 2, \cdots)$$

过 $x=0.5$ 以 $h=0.1$ 为步长搜索一次，计算得所求的根在区间 $[0.5, 0.6]$ 内，且有

$$\max_{0.5 \leqslant x \leqslant 0.6} |(e^{-x})'| < 1$$

满足定理 2-1 的收敛条件。取 $x_0 = 0.5$，使用迭代公式 $x_{k+1} = e^{-x_k}$ 计算，结果如表 2-4 所示。

表 2-4　例 2-5 的计算结果

k	x_k	k	x_k
0	0. 500 000	10	0. 566 907
1	0. 606 531	11	0. 567 277
2	0. 545 239	12	0. 567 067
3	0. 579 703	13	0. 567 186
4	0. 560 065	14	0. 567 119
5	0. 571 172	15	0. 567 157
6	0. 566 409	16	0. 567 135
7	0. 568 438	17	0. 567 148
8	0. 566 409	18	0. 567 141
9	0. 567 560		

从计算结果可以看出，

$$|x_{18} - x_{17}| = |0.567\ 141 - 0.567\ 148| = 0.000\ 007 < 10^{-5}$$

因此取近似根为 $x^* \approx 0.567\ 14$。所求根的准确值是 0. 567 143。

三、迭代法的收敛速度

衡量一种迭代算法的实用价值，不仅需要保证它是收敛的，还要求它收敛速度快。所谓迭代过程的收敛速度，是指在接近收敛时迭代误差的下降速度。

定义 2-2　设迭代过程 $x_{k+1} = \varphi(x_k)$ 收敛于方程 $x = \varphi(x)$ 的根 x^*，如果当 $k \to \infty$ 时，迭代误差 $e_k = x_k - x^*$ 满足渐进关系式

$$\frac{e_{k+1}}{e_k^p} \to C \ (C \text{ 为常数且 } C \neq 0) \tag{2-16}$$

则称迭代过程 $\{x_k\}$ 是 ***p* 阶收敛**的。特别地，当 $p = 1$、$|C| < 1$ 时称作**线性收敛**；$p = 2$ 时称作**平方收敛**。

收敛速度是误差的收缩率，阶数 p 的大小反映了迭代法收敛的快慢，阶数越高，收敛得越快。

定理 2-3（收敛阶判别定理）　设 $\varphi(x)$ 在 $x = \varphi(x)$ 的根 x^* 附近有连续的 p 阶导数，且

$$\varphi'(x^*) = \varphi''(x^*) = \cdots = \varphi^{(p-1)}(x^*) = 0, \ \varphi^{(p)}(x^*) \neq 0 \tag{2-17}$$

那么迭代过程 $x_{k+1}=\varphi(x_k)$ 在点 x^* 附近是 p 阶收敛的。

证明 由于 $\varphi'(x^*)=0$，根据定理 2-2 可以判定，迭代过程 $x_{k+1}=\varphi(x_k)$ 具有局部收敛性。将 $\varphi(x_k)$ 在 x^* 处作泰勒展开，有

$$\varphi(x_k)=\varphi(x^*)+\varphi'(x^*)(x_k-x^*)+\frac{1}{2}\varphi''(x^*)(x_k-x^*)^2+\cdots+\frac{1}{p!}\varphi^{(p)}(\xi)(x_k-x^*)^p$$

其中 ξ 是 x_k 与 x^* 之间的某一点。由式(2-17)得

$$\varphi(x_k)-\varphi(x^*)=\frac{1}{p!}\varphi^{(p)}(\xi)(x_k-x^*)^p$$

由于 $\varphi(x_k)=x_{k+1}$，$\varphi(x^*)=x^*$，于是

$$x_{k+1}-x^*=\frac{\varphi^{(p)}(\xi)}{p!}(x_k-x^*)^p$$

因此当 $k\to\infty$ 时，有

$$\frac{e_{k+1}}{e_k^p}=\frac{x_{k+1}-x^*}{(x_k-x^*)^p}\to\frac{\varphi^{(p)}(\xi)}{p!} \tag{2-18}$$

所以迭代过程 $x_{k+1}=\varphi(x_k)$ 是 p 阶收敛的。证毕。

例 2-6 设迭代过程

$$x_{k+1}=\frac{2}{3}x_k+\frac{1}{x_k^2}$$

收敛于 $x^*=\sqrt[3]{3}$，求其收敛速度。

解 因为

$$\varphi(x_k)=\frac{2}{3}x_k+\frac{1}{x_k^2}$$

所以

$$\varphi(x)=\frac{2}{3}x+\frac{1}{x^2}$$

由于

$$\varphi'(x)=\frac{2}{3}-\frac{2}{x^3},\quad \varphi''(x)=\frac{6}{x^4}$$

将 $x^*=\sqrt[3]{3}$ 代入得

$$\varphi'(x^*)=0,\quad \varphi''(x^*)=\frac{6}{3\sqrt[3]{3}}=\frac{2}{\sqrt[3]{3}}\neq 0$$

因此迭代过程 $x_{k+1}=\dfrac{2}{3}x_k+\dfrac{1}{x_k^2}$ 是平方收敛的。

四、埃特金加速法

对于收敛的迭代过程，只要迭代次数足够多，就可使结果达到任意精度要求，但有时迭代过程收敛极为缓慢，使计算量变得很大而失去实际应用的意义，因此如何加快迭代过

程的收敛速度是一个很重要的问题。下面介绍一种简便易行而又能大幅度提高收敛速度的方法。

以线性收敛的迭代法为例，假设$\{x_k\}$是方程$x=\varphi(x)$的近似根收敛序列，收敛于方程的根x^*，且具有线性收敛速度。

设$\tilde{x}_{k+1}$为近似根x_k再经过一次迭代得到的结果，即$\tilde{x}_{k+1}=\varphi(x_k)$，又因$x^*$为迭代方程的根，即$x^*=\varphi(x^*)$，利用微分中值定理有

$$x^*-\tilde{x}_{k+1}=\varphi'(\xi)(x^*-x_k)$$

其中ξ为x^*与x_k之间的某一点。

假设$\varphi'(x)$在求根范围内改变不大，则可近似地取某个定值L，即有

$$x^*-\tilde{x}_{k+1}\approx L(x^*-x_k) \tag{2-19}$$

再将迭代值$\tilde{x}_{k+1}$用迭代公式校正一次得

$$\bar{x}_{k+1}=\varphi(\tilde{x}_{k+1})$$

同样地有

$$x^*-\bar{x}_{k+1}\approx L(x^*-\tilde{x}_{k+1}) \tag{2-20}$$

式(2-20)与式(2-19)相除得

$$\frac{x^*-\bar{x}_{k+1}}{x^*-\tilde{x}_{k+1}}\approx\frac{x^*-\tilde{x}_{k+1}}{x^*-x_k}$$

整理得

$$x^*\approx\frac{x_k\bar{x}_{k+1}-\tilde{x}_{k+1}^2}{\bar{x}_{k+1}-2\tilde{x}_{k+1}+x_k}=\bar{x}_{k+1}-\frac{(\bar{x}_{k+1}-\tilde{x}_{k+1})^2}{\bar{x}_{k+1}-2\tilde{x}_{k+1}+x_k} \tag{2-21}$$

记

$$x_{k+1}=\bar{x}_{k+1}-\frac{(\bar{x}_{k+1}-\tilde{x}_{k+1})^2}{\bar{x}_{k+1}-2\tilde{x}_{k+1}+x_k} \tag{2-22}$$

则x_{k+1}就是比$\tilde{x}_{k+1}$、$\bar{x}_{k+1}$更好的近似值。

上述处理过程称作**埃特金(Aitken)加速方法**。

对$x=\varphi(x)$方程，构造加速过程算法如下。

校正

$$\tilde{x}_{k+1}=\varphi(x_k) \tag{2-23}$$

再校正

$$\bar{x}_{k+1}=\varphi(\tilde{x}_{k+1}) \tag{2-24}$$

改进

$$x_{k+1}=\bar{x}_{k+1}-\frac{(\bar{x}_{k+1}-\tilde{x}_{k+1})^2}{\bar{x}_{k+1}-2\tilde{x}_{k+1}+x_k} \tag{2-25}$$

在迭代加速过程中，加速过程不必计算迭代函数 $\varphi(x)$，因此使用埃特金加速法可使迭代过程加速并取得显著的效果。

例 2-7 用加速收敛的方法求方程 $x^3-x-1=0$ 在 $x=1.5$ 附近的一个根。

解 在例 2-4 中我们曾经指出，求解这一方程的迭代公式 $x_{k+1}=x_k^3-1$ 是发散的。现在以这种迭代公式为基础形成埃特金加速算法。

迭代加速公式的具体形式为

$$\tilde{x}_{k+1}=x_k^3-1$$

$$\bar{x}_{k+1}=\tilde{x}_{k+1}^3-1$$

$$x_{k+1}=\bar{x}_{k+1}-\frac{(\bar{x}_{k+1}-\tilde{x}_{k+1})^2}{\bar{x}_{k+1}-2\tilde{x}_{k+1}+x_k}$$

仍然取 $x_0=1.5$，其计算结果如表 2-5 所示。

表 2-5 例 2-7 的计算结果

k	$\tilde{x}_k$	$\bar{x}_k$	x_k
0			1.5
1	2.375 00	12.396 5	1.416 29
2	1.840 92	5.238 88	1.355 65
3	1.491 40	2.317 28	1.328 95
4	1.347 10	1.444 35	1.324 80
5	1.325 18	1.327 14	1.324 72

从例 2-7 可以看到，将发散的迭代公式 $x_{k+1}=x_k^3-1$ 通过埃特金方法处理后，竟获得了相当好的收敛性。

埃特金加速法的几何解释能够帮助我们非常直观地说明这一有趣的现象，如图 2-4 所示。

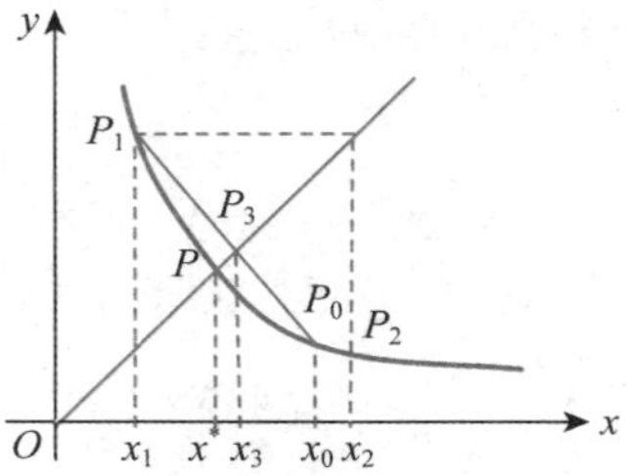

图 2-4 埃特金方法的几何解释

设 x_0 为方程 $x=\varphi(x)$ 的一个近似根，依据迭代值 $x_1=\varphi(x_0)$，$x_2=\varphi(x_1)$ 在曲线 $y=$

$\varphi(x)$上定出两点 $P_0(x_0,\ x_1)$和 $P_1(x_1,\ x_2)$，引弦线$\overline{P_0P_1}$并设与直线 $y=x$ 交于一点 P_3，则 P_3 的横坐标(其横坐标与纵坐标相等)满足

$$x_3=x_1+\frac{x_2-x_1}{x_1-x_0}(x_3-x_0)$$

整理得

$$x_3=\frac{x_0x_2-x_1^2}{x_2-2x_1+x_0}$$

这就是**埃特金加速公式**。

从图 2-4 可以看出，所求根 x^* 是曲线 $y=\varphi(x)$ 与 $y=x$ 交点 P^* 的横坐标，尽管迭代值 x_2 比 x_0 和 x_1 更远地偏离了 x^*，但按上式确定的 x_3 却明显地扭转了这种发散的趋势。

第三节　牛顿迭代法

一、牛顿迭代法

如果方程 $f(x)=0$ 是线性方程，则它的根是容易求解的。牛顿迭代法就是一种线性化的近似方法，其基本思想是将非线性方程线性化，以线性方程的解逐步逼近非线性方程的解。

(一) 牛顿迭代法的构造

设 x_k 是 $f(x)=0$ 的一个近似根，把 $f(x)$ 在 x_k 处泰勒展开有

$$f(x)=f(x_k)+f'(x_k)(x-x_k)+\frac{1}{2!}f''(x_k)(x-x_k)^2+\cdots$$

若取前两项来近似代替 $f(x)$，则得 $f(x)=0$ 的近似线性方程为

$$f(x_k)+f'(x_k)(x-x_k)=0$$

令 $f'(x_k)\neq0$，假设上述方程的解为 x_{k+1}，则其计算公式为

$$x_{k+1}=x_k-\frac{f(x_k)}{f'(x_k)} \tag{2-26}$$

称式(2-26)为**牛顿(Newton)迭代公式**，称这种方法为**牛顿迭代法**，其迭代函数为

$$\varphi(x)=x-\frac{f(x)}{f'(x)} \tag{2-27}$$

(二)牛顿迭代法的几何解释

如图 2-5 所示，方程 $f(x)=0$ 的根 x^* 在几何上解释为曲线 $y=f(x)$ 与 x 轴的交点的横坐标。设初始近似值是 x_0，过点 $P_0(x_0,\ f(x_0))$ 作曲线 $y=f(x)$ 的切线 L_0：$y=f(x_0)+f'(x_0)(x-x_0)$，切线 L_0 与 x 轴交点的横坐标记为 $x_1=x_0-\dfrac{f(x_0)}{f'(x_0)}$，则 x_1 是 x^* 的一次近似值。继续过点 $P_1(x_1,\ f(x_1))$ 作曲线 $y=f(x)$ 的切线 L_1：$y=f(x_1)+f'(x_1)(x-x_1)$，切线

L_1 与 x 轴交点的横坐标记为 $x_2=x_1-\dfrac{f(x_1)}{f'(x_1)}$，则 x_2 是 x^* 的二次近似值。重复以上过程，可得求 x^* 的近似值序列，记为

$$x_{k+1}=x_k-\frac{f(x_k)}{f'(x_k)}\quad(k=0,\ 1,\ 2,\ \cdots)$$

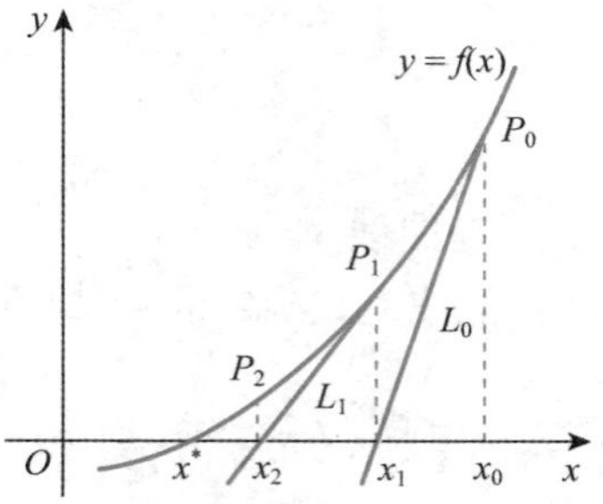

图 2-5　牛顿迭代法的几何解释

由此可得，牛顿迭代法在几何上是用曲线 $y=f(x)$ 的切线与 x 轴的交点来近似曲线 $y=f(x)$ 与 x 轴的交点。基于这种几何解释，牛顿迭代法也称为**切线法**。

例 2-8　用牛顿迭代法求 $x=\mathrm{e}^{-x}$ 在 $x=0.5$ 附近的根，精度取 $\varepsilon=0.000\,05$。

解　首先将方程 $x=\mathrm{e}^{-x}$ 变形为 $f(x)=x\mathrm{e}^{x}-1=0$，则相应的牛顿迭代公式为

$$x_{k+1}=x_k-\frac{x_k-\mathrm{e}^{-x_k}}{1+x_k}$$

取 $x_0=0.5$ 作为迭代初值，迭代结果列于表 2-6。

表 2-6　例 2-8 的计算结果

k	0	1	2	3
x_k	0.5	0.571 02	0.567 16	0.567 14
$\lvert x_k-x_{k-1}\rvert$		0.071 02	0.003 86	0.000 02

经过 3 次迭代后得 $x_3=0.567\,14$，$|x_k-x_{k-1}|=0.000\,02<\varepsilon$。比较例 2-3 和例 2-8 可发现，牛顿迭代法的收敛速度是相当快的。

（三）牛顿迭代法的计算步骤

（1）准备　采用二分法或逐步搜索法等方法选取 x_0 为初始近似值，计算 $f_0=f(x_0)$，$f'_0=f'(x_0)$。

（2）迭代　按迭代公式 $x_1=x_0-f_0/f'$ 迭代一次，得到新的近似值 x_1，计算 $f_1=f(x_1)$，$f'_1=f'(x_1)$。

（3）控制　如果 x_1 满足 $|\delta|<\varepsilon_1$ 或 $|f_1|<\varepsilon_2$，则终止迭代，x_1 即为所求的根；否则转步骤(4)。这里，ε_1 和 ε_2 是允许误差，而

$$\delta=\begin{cases}|x_1-x_0|, & |x_1|<C\\ \dfrac{|x_1-x_0|}{|x_1|}, & |x_1|\geqslant C\end{cases}$$

式中 C 是取绝对误差或相对误差的控制常数，一般可取 $C=1$。

(4) 修正　如果迭代次数达到预先指定次数 N，或者 $f'_1=0$，则方法失败；否则以 (x_1, f_1, f'_1) 代替 (x_0, f_0, f'_0) 转步骤(2)继续迭代。

(四) 牛顿迭代法的数学应用

例 2-9　构造计算 $\sqrt{C}$ $(C>0)$ 的牛顿迭代公式，并计算 $\sqrt{115}$ 的近似值，精度为 10^{-5}。

解　由于 $\sqrt{C}$ $(C>0)$ 是方程 $x^2-C=0$ 的正根，因此取 $f(x)=x^2-C$，则有 $f'(x)=2x$，得到求平方根的牛顿迭代公式为

$$x_{k+1}=x_k-\frac{f(x_k)}{f'(x_k)}=x_k-\frac{x_k^2-C}{2x_k}=\frac{1}{2}\left(x_k+\frac{C}{x_k}\right)\quad(k=0,1,2,\cdots)$$

将 $C=115$ 代入上式，则迭代公式变为

$$x_{k+1}=\frac{1}{2}\left(x_k+\frac{115}{x_k}\right)$$

由于 $\sqrt{115}\in[10, 11]$，故取初始近似值 $x_0=10$，迭代计算结果如表 2-7 所示。由于 $|x_4-x_3|<10^{-5}$，故当 $k=3$ 时，得 $\sqrt{115}\approx 10.723\ 805$。

表 2-7　例 2-9 的计算结果

k	0	1	2	3	4
x_k	10	10.750 000	10.723 837	10.723 805	10.723 805
$\lvert x_k-x_{k-1}\rvert$		0.750 000	0.026 163	0.000 032	0.000 000

例 2-10　不直接用除法计算，使用牛顿迭代法求解 $\dfrac{1}{C}$ $(C>0)$ 的计算公式，并使用该公式计算 $\dfrac{1}{1.234\ 5}$ 的近似值，计算结果精确至 10^{-5}。

解　令 $\dfrac{1}{x}=C$，取 $f(x)=\dfrac{1}{x}-C$，$f'(x)=-\dfrac{1}{x^2}$，则迭代函数为

$$x=x-\frac{\dfrac{1}{x}-C}{-\dfrac{1}{x^2}}=2x-Cx^2$$

求倒数的牛顿迭代公式为

$$x_{k+1}=2x_k-Cx_k^2$$

取 $x_0=\dfrac{1.234\ 5}{2}=0.617\ 25$，迭代结果如表 2-8 所示。

表 2-8 例 2-10 的计算结果

k	0	1	2	3	4	5
x_k	0. 617 25	0. 764 190	0. 807 445	0. 810 036	0. 810 045	0. 810 045
$\lvert x_k-x_{k-1}\rvert$		0. 140 909	0. 043 286	0. 002 591	0. 000 009	0. 000 000

可见，迭代 4 次便可得到满足计算精度10^{-5}条件下的结果，即 $x_0=\dfrac{1}{1.2345}\approx 0.810045$。

二、牛顿迭代法的局部收敛性

定理 2-4(牛顿迭代法局部收敛性定理) 设 x^* 是方程 $f(x)=0$ 的一个根，$f(x)$ 在 x^* 附近二阶导数连续，且 $f'(x^*)\neq 0$，则牛顿迭代法在 x^* 的附近至少为二阶收敛的，且有

$$\lim_{k\to\infty}\frac{x_{k+1}-x^*}{(x_k-x^*)^2}=\frac{1}{2}\frac{f''(x^*)}{f'(x^*)} \tag{2-28}$$

证明 由牛顿法的迭代函数式 $\varphi(x)=x-\dfrac{f(x)}{f'(x)}$，方程两边同时对 x 求导有

$$\varphi'(x)=1-\frac{[f'(x)]^2-f(x)f''(x)}{[f'(x)]^2}=\frac{f(x)f''(x)}{[f'(x)]^2}$$

由已知条件$f''(x)$在 x^* 附近连续，$f'(x^*)\neq 0$，故 $\varphi'(x)$ 在 x^* 附近连续，且有

$$\varphi'(x^*)=\frac{f(x^*)f''(x^*)}{[f'(x^*)]^2}=0$$

根据定理 2-3 可得，牛顿迭代法在 x^* 的附近至少应是二阶收敛的。

将 $f(x^*)=0$ 利用泰勒公式进行展开得

$$0=f(x^*)\approx f(x_k)+f'(x_k)(x^*-x_k)+\frac{f''(\xi)}{2!}(x^*-x_k)^2$$

其中 ξ 位于 x^* 与 x_k 之间，则有

$$x_k-x^*\approx\frac{f(x_k)}{f'(x_k)}+\frac{f''(\xi)}{2f'(x_k)}(x^*-x_k)^2$$

整理得

$$x_k-\frac{f(x_k)}{f'(x_k)}-x^*\approx\frac{f''(\xi)}{2f'(x_k)}(x^*-x_k)^2$$

由于等式左边前两项恰好是牛顿迭代公式(2-26)，则有

$$x_{k+1}-x^*\approx\frac{f''(\xi)}{2f'(x_k)}(x^*-x_k)^2$$

当 $k\to\infty$ 求极限，则有

$$\lim_{k\to\infty}\frac{x_{k+1}-x^*}{(x_k-x^*)^2}=\frac{1}{2}\frac{f''(x^*)}{f'(x^*)}$$

证毕。

由定理 2-4 可知，若$f(x)=0$在其单根x^*附近存在着连续的二阶导数，当初值x_0在单根附近时，牛顿迭代法具有平方收敛速度。

三、计算 *m* 重根的牛顿迭代法

前面我们证明了当$f(x)=0$具有单根x^*且存在着连续的二阶导数时，牛顿迭代法具有平方收敛速度；当$f(x)=0$存在m重根时，牛顿迭代法如何应用呢？其收敛速度如何呢？下面将分两种情况进行讨论。

当方程的重根数m已知时，设x^*是$f(x)=0$的m重根$(m\geqslant 2)$，则有$f(x)=(x-x^*)^m g(x)$，其中m为正整数，且$g(x^*)\neq 0$，由牛顿迭代法的迭代函数$\varphi(x)=x-\dfrac{f(x)}{f'(x)}$得

$$\varphi(x)=x-\frac{f(x)}{f'(x)}=x-\frac{(x-x^*)g(x)}{mg(x)+(x-x^*)g'(x)}$$

$$\varphi(x^*)=\lim_{x\to x^*}\varphi(x)=x^*$$

$$\varphi'(x^*)=\lim_{x\to x^*}\frac{\varphi(x)-\varphi(x^*)}{x-x^*}=\lim_{x\to x^*}\left[1-\frac{g(x)}{mg(x)+(x-x^*)g'(x)}\right]=1-\frac{1}{m}$$

由$m\geqslant 2$得$\varphi'(x^*)=1-\dfrac{1}{m}\neq 0$，且有$|\varphi'(x^*)|<1$。所以，牛顿迭代法求重根仍收敛，但只是线性收敛。

为了得到平方收敛速度，则可做如下的处理。若迭代函数改为$\varphi(x)=x-m\dfrac{f(x)}{f'(x)}$，则$\varphi'(x^*)=0$，相应的牛顿迭代公式为

$$x_{k+1}=x_k-m\frac{f(x_k)}{f'(x_k)},\quad k=0,\ 1,\ 2,\ \cdots \tag{2-29}$$

可以验证该迭代方法具有二阶收敛速度。

迭代公式(2-29)需要知道根的重数m，这在实际计算中往往是很困难的，因此该迭代公式并不能直接使用。下面的改进更有实用价值。

当方程的重根数m未知时，还可构造另一种迭代法，令$u(x)=\dfrac{f(x)}{f'(x)}$，若x^*是$f(x)=0$的m重根，则

$$u(x)=\frac{(x-x^*)g(x)}{mg(x)+(x-x^*)g'(x)}$$

所以x^*是$u(x)=0$的单根，对它用牛顿迭代法，其迭代函数为

$$\varphi(x)=x-\frac{u(x)}{u'(x)}=x-\frac{f(x)f'(x)}{[f'(x)]^2-f(x)f''(x)}$$

可构造迭代公式

$$x_{k+1}=x_k-\frac{f(x_k)f'(x_k)}{[f'(x_k)]^2-f(x_k)f''(x_k)},\quad k=0,\ 1,\ 2,\ \cdots \tag{2-30}$$

可以验证该迭代方法仍然具有二阶收敛速度。

例 2-11 已知 $x^*=\sqrt{2}$ 是方程 $x^4-4x^2+4=0$ 的二重根，试用牛顿迭代法、求重根的牛顿迭代法(2-29)、构造迭代法(2-30)三种方法，求其近似根。

解 由 $f(x)=x^4-4x^2+4=(x^2-2)^2$ 得

$$f'(x)=4x(x^2-2),\ f''(x)=4(3x^2-2)$$

下面分别写出三种方法的迭代公式。

方法 1：牛顿迭代法

$$x_{k+1}=x_k-\frac{x_k^2-2}{4x_k},\ k=0,\ 1,\ 2,\ \cdots$$

方法 2：重根 $m=2$ 的牛顿迭代法

$$x_{k+1}=x_k-2\frac{x_k^2-2}{4x_k}=x_k-\frac{x_k^2-2}{2x_k},\ k=0,\ 1,\ 2,\ \cdots$$

方法 3：迭代法式(2-30)

$$x_{k+1}=x_k-\frac{x_k(x_k^2-2)}{x_k^2+2},\ k=0,\ 1,\ 2,\ \cdots$$

三种方法均取初值 $x_0=1.5$，迭代三次，计算结果如表 2-9 所示。

表 2-9 例 2-11 的计算结果

k	x_k	方法 1	方法 2	方法 3
0	x_0	1.5	1.5	1.5
1	x_1	1.458 333 333	1.416 666 667	1.411 764 706
2	x_2	1.436 607 143	1.414 215 686	1.414 211 438
3	x_3	1.425 497 619	1.414 213 562	1.414 213 562

可以看出，迭代三次之后，方法(2)与方法(3)均达到10^{-9}精确度，而方法(1)只有线性收敛，要达到相同精度需迭代 30 次。

综上所述，无论是方程存在单根或重根的情况，利用牛顿迭代法及其变形公式总能使迭代过程达到收敛速度快、稳定性好、精度高的特点，它是求解非线性方程的有效方法之一。然而，牛顿迭代法也有其局限性，例如在每次迭代时都需要计算函数值与其导数值，导致该方法的计算量较大，特别是当导数值难以给出时，牛顿迭代法甚至无法进行下去。

第四节 弦割法

牛顿迭代法突出的优点是收敛速度快，其基本思想可推广到各类非线性方程组。但它有明显的缺点，即每迭代一次都要计算 $f(x_k)$ 和 $f'(x_k)$。导数的计算通常要比函数值的计算困难的多，如果函数 $f(x)$ 比较复杂时，那么计算它的导数值会更加困难。

为了避免导数的计算，可以改用差商替换牛顿迭代公式中的导数，对牛顿法进行简单

改进。根据导数的定义

$$f'(x_k)\approx\frac{f(x_k)-f(x_{k-1})}{x_k-x_{k-1}}$$

代入牛顿迭代式(2-26)可得

$$x_{k+1}=x_k-\frac{f(x_k)}{f(x_k)-f(x_{k-1})}(x_k-x_{k-1}),\ k=1,\ 2,\ \cdots \tag{2-31}$$

使用式(2-31)求解非线性方程的方法称为**弦割法**。

弦割法的几何解释：选定曲线 $y=f(x)$ 上的两个点 $P_0(x_0,\ f(x_0))$ 和 $P_1(x_1,\ f(x_1))$，过这两点作一条直线 $\overline{P_0P_1}$(割线)，如图 2-6 所示，则直线方程为

$$y=f(x_1)+\frac{f(x_1)-f(x_0)}{x_1-x_0}(x-x_1)$$

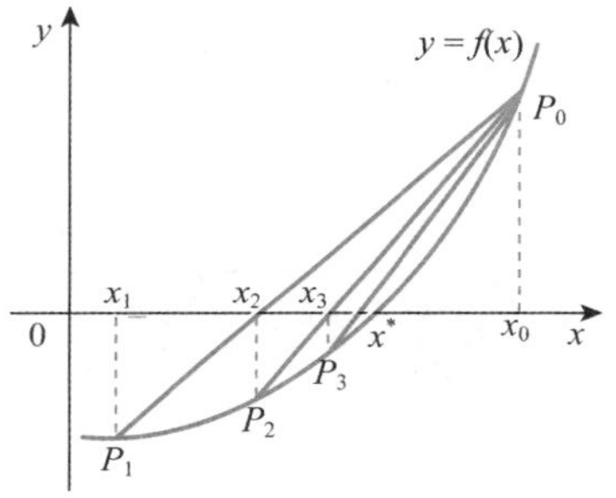

图 2-6　弦割法的几何解释

当 $y_0\neq y_1$ 时设直线与 x 轴的交点是 x_2，则

$$x_2=x_1-\frac{f(x_1)}{f(x_1)-f(x_0)}(x_1-x_0)$$

若把 x_2 作为曲线 $f(x)$ 与 x 轴的交点的近似值，可以预期 x_2 比 x_0、x_1 更接近于方程的根 x^*，于是用新的近似值 x_2 来代替 x_0。重复上述过程继续作割线，又可得新的 x_3，反复执行，其迭代过程为

$$x_{k+1}=x_k-\frac{f(x_k)}{f(x_k)-f(x_{k-1})}(x_k-x_{k-1}),\ k=1,\ 2,\ \cdots$$

同样推导出了弦割法的迭代公式。从几何上看，弦割法是以曲线上两点的割线与 x 轴的交点作为曲线与 x 轴的交点的近似，因此弦割法又称为割线法、弦截法。

弦割法与牛顿迭代法(切线法)都是线性化方法，但是两者有本质的区别。牛顿迭代法在计算 x_{k+1} 时只用到前一步的值 x_k，而弦割法在计算 x_{k+1} 时要用到前两步的值 x_k、x_{k-1}，因此在使用弦割法时必须先给出两个初始值 x_0 和 x_1。

例 2-12　用弦割法求 $x=e^{-x}$ 在 $x=0.5$ 附近的根。

解　设 $f(x)=xe^x-1$，代入式(2-31)得到弦割法的迭代公式

$$x_{k+1}=x_k-\frac{x_ke^{x_k}-1}{x_ke^{x_k}-x_{k-1}e^{x_{k-1}}}(x_k-x_{k-1}),\ k=1,\ 2,\ \cdots$$

取初值 $x_0=0.5$，$x_1=0.6$，计算结果如表 2-10 所示。

表 2-10　例 2-12 的计算结果

k	0	1	2	3	4	5
x_k	0.5	0.6	0.565 315	0.567 095	0.567 143	0.567 143
$\|x_k-x_{k-1}\|$		0.1	0.034 685	0.001 780	0.000 068	0.000 000

与例 2-8 中牛顿迭代法的计算结果(表 2-6)相比较，可以看出弦割法的收敛速度仅比牛顿法稍慢一点。但与例 2-5 中一般迭代法的计算结果(表 2-4)相比较，弦割法的收敛速度也是相当快的。

例 2-13　用弦割法求方程 $f(x)=x^3-x-1=0$ 在区间[1，1.5]的根，精度为10^{-5}。

解　设 $f(x)=x^3-x-1$，代入式(2-31)得到弦割法的迭代公式

$$x_{k+1}=x_k-\frac{x_k^3-x_k-1}{(x_k^3-x_k)-(x_{k-1}^3-x_{k-1})}(x_k-x_{k-1}),\ k=1,\ 2,\ \cdots$$

取初值 $x_0=1$，$x_1=1.5$，计算结果如表 2-11 所示。

表 2-11　例 2-13 的计算结果

k	x_k	$\|x_k-x_{k-1}\|$
0	1	
1	1.5	0.5
2	1.266 667	0.233 333
3	1.315 962	0.049 295
4	1.325 214	0.009 252
5	1.324 714	0.000 500
6	1.324 718	0.000 004

在弦割法的计算中，每迭代一步只需计算一个函数值，避免了复杂的导数计算，且该方法具有超线性的收敛速度，仅稍慢于牛顿迭代法，因此它深受广大工程人员的喜爱。

本章小结

本章介绍了非线性方程 $f(x)=0$ 求根的一些数值解法，包括二分法、简单迭代法、埃特金加速法、牛顿迭代法、弦割法等。在这些求根方法中，先要确定有根区间，对于具有局部收敛性的迭代方法，这个区间要足够小。若想衡量各种求根方法的有效性和实用性，则要考虑其收敛性、收敛速度和计算量。

二分法是方程求根的一种直接搜索法，算法简单直观，收敛性总能得到保证，但收敛速度较慢，仅有线性收敛速度。虽然二分法只能求单实根，不能用于求重根和复根，但可以用来确定根的初始近似值。

简单迭代法是一种逐次逼近的方法，它是数值计算中方程求根的一种主要方法。但它

仅具有线性收敛速度，可采用埃特金加速方法，使其收敛速度加快。要特别注意，只具有局部收敛性的简单迭代方法，往往对初始值的选取要求特别高。

牛顿迭代法是方程求根的一种重要方法，其最大的优点是在方程的单根处具有局部平方收敛速度，且还可用来求方程的重根、复根，此时只具有线性收敛速度，但是可通过变形使其加快收敛速度。牛顿法的局限性是每次迭代时都需要计算函数值与其导数值，导致该方法的计算量较大。由于牛顿法是局部收敛的，因此在选择初始值时必须充分靠近方程的根，否则牛顿法可能不收敛。

弦割法是牛顿迭代法的一种改进，其主要特点是每迭代一次只需计算一个函数值，避免了复杂的导数计算，且该方法具有超线性的收敛速度，仅稍慢于牛顿迭代法。同牛顿法一样，弦割法也要求初始值必须选取得充分靠近方程的根，否则也可能不收敛。

在求根的各种迭代法中，迭代函数的构造非常重要，它直接影响收敛速度的快慢，因此在实际计算中，要根据方程的特点，灵活、合理地选择其中一种迭代公式进行计算。

思考题

2-1　什么是二分法，二分法的优点是什么？

2-2　什么是简单迭代法，它的收敛条件、几何意义、误差估计式是什么？

2-3　迭代公式的收敛速度是如何定义的，如何判别迭代公式的收敛阶数？

2-4　埃特金加速法的处理思想是什么，它有什么优点？

2-5　牛顿迭代公式是什么，有什么几何意义，其收敛条件与收敛阶数是什么？

2-6　弦割法迭代公式是什么，有什么几何意义？叙述其收敛条件与收敛阶数并比较弦割法与牛顿法的优劣。

习题二

2-1　用二分法求方程 $x^2-x-1=0$ 的正根，要求误差不超过 0.05。

2-2　用二分法求方程 $x^3-3x+1=0$ 在区间[0，1]内的根，使其具有 5 位有效数字至少应二分多少次？

2-3　已知方程 $x^3-x^2-1=0$ 在 $x_0=1.5$ 附近有根，把方程改写成 4 种不同的等价形式，并建立相应的迭代公式：

(1) $x=1+\dfrac{1}{x^2}$，$x_{k+1}=1+\dfrac{1}{x_k^2}$；　　(2) $x^3=1+x^2$，$x_{k+1}=\sqrt[3]{1+x_k^2}$；

(3) $x=\sqrt{\dfrac{1}{x-1}}$，$x_{k+1}=\sqrt{\dfrac{1}{x_k-1}}$；　　(4) $x^2=x^3-1$，$x_{k+1}^2=x_k^3-1$。

分析每种迭代公式在 $x_0=1.5$ 处的收敛性，并用(2)的迭代公式求出具有四位有效数字的近似根。

2-4　用迭代法求 $x^3-3x+1=0$ 在区间[0，1]内的根，要求精确到10^{-5}。

2-5　用迭代法求方程 $e^x+10x-2=0$ 的根，要求精确到小数点后第 4 位。

2-6　用埃特金加速法求方程 $x=x^3-1$ 在区间[1, 1.5]内的根，要求精确到小数点后第4位。

2-7　已知方程 $f(x)=x^2+\sin x-1=0$，试判别方程有几个实根，并用牛顿法求出方程所有实根，要求精确到10^{-4}。

2-8　用牛顿法和求重根的牛顿法计算 $\left(\sin x-\dfrac{x}{2}\right)^2=0$ 的一个近似根，初始值取 $x_0=\dfrac{\pi}{2}$，要求精确到10^{-5}。

2-9　应用牛顿法于方程 $f(x)=x^n-a=0$ 和 $f(x)=1-\dfrac{a}{x^n}=0$，分别导出求$\sqrt[n]{a}$的迭代公式，并求 $\lim\limits_{k\to\infty}(\sqrt[n]{a}-x_{k+1})/(\sqrt[n]{a}-x_k)^2$。

2-10　用弦割法求 $1-x-\sin x=0$ 的根，取 $x_0=0$，$x_1=1$，计算直到 $|1-x-\sin x|\leqslant\dfrac{1}{2}\times10^{-2}$。

2-11　分别用简单迭代法、牛顿迭代法和弦割法求方程 $f(x)=x^3-3x-1=0$ 在 $x_0=2$ 附近的实根，要求精确到4位有效数字，并讨论其收敛性。

上机实验

实验 2-1　用牛顿迭代法求方程 $f(x)=x^3-x-1=0$ 在 $x_0=1.5$ 附近的根，要求精确到10^{-4}，输出每次的迭代结果并统计所用的迭代次数。

实验 2-2　用埃特金加速法求实验 2-1 中方程的根，并与实验 2-1 的结果比较，看哪种方法的收敛速度更快。

第三章 》

线性方程组的数值解法

【本章重点】高斯消去法；直接三角分解法；雅可比迭代法；高斯-赛德尔迭代法

【本章难点】高斯消去法的矩阵描述

第一节 引 言

解线性方程组是工程技术和科学研究中经常遇到的问题，例如电网络的求解、自动控制中的系统辨识问题等。此外，计算方法的其他分支的研究也往往归结为此类问题的求解，如曲线拟合问题、用差分法或有限元法解常微分方程问题等。

设有线性方程组

$$\begin{cases} a_{11}x_1+a_{12}x_2+\cdots+a_{1n}x_n=b_1 \\ a_{21}x_1+a_{22}x_2+\cdots+a_{2n}x_n=b_2 \\ \qquad\qquad\vdots \\ a_{n1}x_1+a_{n2}x_2+\cdots+a_{nn}x_n=b_n \end{cases} \tag{3-1}$$

式中 $a_{i,j}$，$b_i(i, j=1, 2, \cdots, n)$为已知常数；$x_i$ 是未知常数。若记

$$\boldsymbol{A}=\begin{bmatrix} a_{11} & a_{12} & \cdots & a_{1n} \\ a_{21} & a_{22} & \cdots & a_{2n} \\ \vdots & \vdots & \ddots & \vdots \\ a_{n1} & a_{n2} & \cdots & a_{nn} \end{bmatrix}, \quad \boldsymbol{x}=\begin{bmatrix} x_1 \\ x_2 \\ \vdots \\ x_n \end{bmatrix}, \quad \boldsymbol{b}=\begin{bmatrix} b_1 \\ b_2 \\ \vdots \\ b_n \end{bmatrix}$$

可以将式(3-1)写成矩阵形式

$$\boldsymbol{Ax}=\boldsymbol{b} \tag{3-2}$$

在线性代数中，我们知道，如果系数矩阵 $\boldsymbol{A}$ 非奇异，即 $\det(\boldsymbol{A})\neq 0$，方程组(3-1)有唯一解。根据克莱姆(Cramer)法则，方程组的解可以写成

$$x_i=\frac{D_i}{\det(\boldsymbol{A})}, \quad i=1, 2, \cdots, n \tag{3-3}$$

式中 D_i 是将 $\boldsymbol{A}$ 中的第 i 列用右端向量 $\boldsymbol{b}$ 来代替所构成的矩阵的行列式。

克莱姆法则提供了一种求线性方程组解的直接方法，但是当 n 较大时，其计算量是

十分大的。事实上，如果利用定义计算行列式的值，n 阶行列式含有 $n!$ 项，每一项含 n 个因子，所以计算一个 n 阶行列式需要做 $(n-1)\times n!$ 次乘法；除了要计算 $n+1$ 个行列式外，还要做 n 次除法，因此用此方法求方程组(3-1)的解需要做 $N=(n^2-1)\times n!+n$ 次乘除法。例如 $n=20$ 时，$N\approx 9.7073\times 10^{20}$，如果用每秒可以进行 10^{10} 乘除法计算的计算机求解，大概需要 307 年才能计算出来。由此可见，在某种意义上讲，克莱姆法则只具有理论上的意义，在实际计算中意义不大。本章我们介绍求线性方程组解的数值方法。

求线性方程组解的数值方法一般分为两类：直接法和迭代法。

(1) 直接法是指在没有舍入误差的前提下，经过有限步的四则运算可以求得精确解的方法。但由于实际计算时舍入误差是不可避免的，因此直接法也只能得到近似解。目前较常用的直接法是高斯消去法和三角分解法。

(2) 迭代法是一种用某种极限过程逐步逼近线性方程组解的方法。这种方法的编程实现较简单，但要考虑迭代过程的收敛性、收敛速度等问题。由于在实际计算时只能进行有限步计算，因此得到的也是近似解。目前常用的迭代法有雅可比迭代法、高斯-赛德尔迭代法等。

第二节　高斯消去法

高斯(Gauss)消去法是一种古老的求解线性方程组的直接法，由它改进得到的选主元消去法，是目前计算机上最常用的求低阶稠密线性方程组的有效方法。高斯消去法的基本思想是通过消元将线性方程组(3-1)的求解问题，转化成三角形方程组的求解问题。

一、三角形方程组及其解法

称形如

$$\begin{cases} a_{11}x_1+a_{12}x_2+\cdots+a_{1n}x_n=b_1 \\ \qquad\quad a_{22}x_2+\cdots+a_{2n}x_n=b_2 \\ \qquad\qquad\qquad\qquad\vdots \\ \qquad\qquad\qquad\quad a_{nn}x_n=b_n \end{cases} \tag{3-4}$$

的方程组称为**上三角形方程组**。若记

$$\boldsymbol{U}=\begin{bmatrix} a_{11} & a_{12} & \cdots & a_{1n} \\ & a_{22} & \cdots & a_{2n} \\ & & \ddots & \vdots \\ & & & a_{nn} \end{bmatrix}$$

可以将方程组(3-4)写成矩阵形式

$$\boldsymbol{Ux}=\boldsymbol{b} \tag{3-5}$$

当 $\det(\boldsymbol{U})\neq 0$，即 $a_{ii}\neq 0(i=1, 2, \cdots, n)$时，方程组(3-4)有唯一解。由最后一个方程得

$$x_n=b_n/a_{nn}$$

代入倒数第二个方程得

$$x_{n-1}=(b_{n-1}-a_{n-1,n}x_n)/a_{n-1,n-1}$$

一般地，假设已求得 x_n，x_{n-1}，$\cdots$，x_{i+1}，代入第 i 个方程得

$$x_i=\left(b_i-\sum_{j=i+1}^{n}a_{ij}x_j\right)/a_{ii},\ i=n-1,\ n-2,\ \cdots,\ 1 \tag{3-6}$$

上述求解过程称为**回代过程**。

简单分析可以发现，回代过程的计算量是乘除法运算次数为 $\sum_{i=1}^{n}(n-i+1)=n(n+1)/2$；加减法运算次数为 $\sum_{i=1}^{n}(n-i)=n(n-1)/2$。

二、高斯消去法

首先，通过一个例子来说明高斯消去法的基本思想。

例 3-1　用高斯消去法解方程组

$$\begin{cases} x_1+x_2+x_3=3 & (1)\\ 2x_1+x_2+x_3=4 & (2)\\ x_1+3x_2+2x_3=6 & (3)\end{cases} \tag{3-7}$$

解　第 1 步，用方程(1)消去方程(2)(3)中的 x_1，即方程(1)乘以-2 加到方程(2)，方程(1)乘以-1 加到方程(3)得

$$\begin{cases} x_1+x_2+x_3=3 & (4)\\ -x_2-x_3=-2 & (5)\\ 2x_2+x_3=3 & (6)\end{cases} \tag{3-8}$$

第 2 步，用方程(5)消去方程(6)中的 x_2，即方程(5)乘以 2 加到方程(6)，得到与原方程组等价的三角形方程组

$$\begin{cases} x_1+x_2+x_3=3 & (7)\\ -x_2-x_3=-2 & (8)\\ -x_3=-1 & (9)\end{cases} \tag{3-9}$$

回代求解方程组(3-9)，得方程组的解为

$$\begin{cases} x_1=1\\ x_2=1\\ x_3=1\end{cases}$$

由方程组(3-7)到方程组(3-9)的过程相当于

$$[\boldsymbol{A}\mid\boldsymbol{b}]=\left[\begin{array}{ccc|c}1&1&1&3\\2&1&1&4\\1&3&2&6\end{array}\right]\xrightarrow[\substack{-2r_1+r_2\\-r_1+r_2}]{\text{第 1 次消元}}\left[\begin{array}{ccc|c}1&1&1&3\\0&-1&-1&-2\\0&2&1&3\end{array}\right]$$

$$\xrightarrow[2r_2+r_3]{\text{第 2 次消元}}\left[\begin{array}{ccc|c}1&1&1&3\\0&-1&-1&-2\\0&0&-1&-1\end{array}\right]$$

由此可以看出，高斯消去法解线性方程组由两个过程组成，用逐次消去未知数的方法把原方程组化成等价的三角形方程组，此过程称为**消元**；然后，通过回代过程求三角形方程组的解，得到原方程组的解。换句话说，上述过程就是用行初等变换将原方程组的系数矩阵转化成三角形矩阵，从而将求原方程组(3-1)解的问题转化成求解三角形方程组(3-4)的问题。

对于一般的线性方程组(3-2)，记系数矩阵 $\boldsymbol{A}=\boldsymbol{A}_1=[a_{ij}^{(1)}]_{n\times n}$，右端向量 $\boldsymbol{b}=\boldsymbol{b}_1=[b_1^{(1)},\ b_2^{(1)},\ \cdots,\ b_n^{(1)}]^{\mathrm{T}}$。下面推导一般情况下高斯消去法的计算机算法。

1. 第 1 步消元。假定 $a_{11}^{(1)}\neq 0$，记

$$l_{i1}=\frac{a_{i1}^{(1)}}{a_{11}^{(1)}},\ i=2,\ 3,\ \cdots,\ n$$

将第 1 行乘以 $-l_{i1}$，加到第 $i(i=2,\ 3,\ \cdots,\ n)$ 行上去，得

$$\left[\begin{array}{cccc|c}a_{11}^{(1)}&a_{12}^{(1)}&\cdots&a_{1n}^{(1)}&b_1^{(1)}\\0&a_{22}^{(2)}&\cdots&a_{2n}^{(2)}&b_2^{(2)}\\\vdots&\vdots&\ddots&\vdots&\vdots\\0&a_{n2}^{(2)}&\cdots&a_{nn}^{(2)}&b_n^{(2)}\end{array}\right]\triangleq[\boldsymbol{A}_2\mid\ \boldsymbol{b}_2]$$

其中

$$\begin{cases}a_{ij}^{(2)}=a_{ij}^{(1)}-l_{i1}a_{1j}^{(1)}\\b_i^{(2)}=b_i^{(1)}-l_{i1}b_1^{(1)}\end{cases}\quad i,\ j=2,\ 3,\ \cdots,\ n$$

这样就得到与方程组(3-2)的等价方程组

$$\boldsymbol{A}_2\boldsymbol{x}=\boldsymbol{b}_2$$

2. 第 2 步消元。假定 $a_{22}^{(2)}\neq 0$，对增广矩阵$[\boldsymbol{A}_2\mid\ \boldsymbol{b}_2]$进行类似的行初等变换得方程组(3-2)的等价方程组

$$\left[\begin{array}{ccccc|c}a_{11}^{(1)}&a_{12}^{(1)}&a_{13}^{(1)}&\cdots&a_{14}^{(1)}&b_1^{(1)}\\&a_{22}^{(2)}&a_{23}^{(2)}&\cdots&a_{2n}^{(2)}&b_2^{(2)}\\&&a_{33}^{(3)}&\cdots&a_{3n}^{(3)}&b_3^{(3)}\\&&\vdots&\ddots&\vdots&\vdots\\&&a_{n3}^{(3)}&\cdots&a_{nn}^{(3)}&b_n^{(3)}\end{array}\right]\triangleq[\boldsymbol{A}_3\mid\ \boldsymbol{b}_3]$$

其中

$$\begin{cases} l_{i2}=a_{i2}^{(2)}/a_{22}^{(2)} \\ a_{ij}^{(3)}=a_{ij}^{(2)}-l_{i2}a_{2j}^{(2)}, \quad i,\ j=3,\ 4,\ \cdots,\ n \\ b_i^{(3)}=b_i^{(2)}-l_{i2}b_2^{(2)} \end{cases}$$

这样就得到与方程组(3-2)的等价方程组

$$\boldsymbol{A}_3\boldsymbol{x}=\boldsymbol{b}_3$$

3. 第 k 步消元($1\leqslant k\leqslant n-1$)。设第 $k-1$ 次消元已经完成，即已经得到与方程组(3-2)的等价方程组 $\boldsymbol{A}_k\boldsymbol{x}=\boldsymbol{b}_k$，若增广矩阵

$$\left[\begin{array}{cccccc|c} a_{11}^{(1)} & a_{12}^{(1)} & a_{13}^{(1)} & \cdots & \cdots & a_{1n}^{(1)} & b_1^{(1)} \\ & a_{22}^{(2)} & a_{23}^{(2)} & \cdots & \cdots & a_{2n}^{(2)} & b_2^{(2)} \\ & & \ddots & \vdots & \vdots & \vdots & \vdots \\ & & & a_{kk}^{(k)} & \cdots & a_{kn}^{(k)} & b_k^{(k)} \\ & & & \vdots & \ddots & \vdots & \vdots \\ & & & a_{nk}^{(k)} & \cdots & a_{nn}^{(k)} & b_n^{(k)} \end{array}\right] \triangleq [\boldsymbol{A}_k \mid \boldsymbol{b}_k]$$

假定 $a_{kk}^{(k)}\neq 0$，对增广矩阵$[\boldsymbol{A}_k \mid \boldsymbol{b}_k]$进行类似的行初等变换得方程组(3-2)的等价方程组 $\boldsymbol{A}_{k+1}\boldsymbol{x}=\boldsymbol{b}_{k+1}$，其中

$$[\boldsymbol{A}_{k+1} \mid \boldsymbol{b}_{k+1}] \triangleq \left[\begin{array}{cccccc|c} a_{11}^{(1)} & \cdots & \cdots & \cdots & \cdots & a_{1n}^{(1)} & b_1^{(1)} \\ & \ddots & \vdots & \vdots & \vdots & \vdots & \vdots \\ & & a_{kk}^{(k)} & \cdots & \cdots & a_{kn}^{(k)} & b_k^{(k)} \\ & & & a_{k+1,k+1}^{(k+1)} & \cdots & a_{k+1,n}^{(k+1)} & b_{k+1}^{(k+1)} \\ & & & \vdots & \ddots & \vdots & \vdots \\ & & & a_{n,k+1}^{(k+1)} & \cdots & a_{n,n}^{(k+1)} & b_n^{(k+1)} \end{array}\right]$$

式中

$$\begin{cases} l_{ik}=a_{ik}^{(k)}/a_{kk}^{(k)} \\ a_{ij}^{(k+1)}=a_{ij}^{(k)}-l_{ik}a_{kj}^{(k)}, \quad i,\ j=k+1,\ \cdots,\ n \\ b_i^{(k+1)}=b_i^{(k)}-l_{ik}b_k^{(k)} \end{cases}$$

4. 当 $a_{kk}^{(k)}\neq 0$ ($k=1,\ 2,\ \cdots,\ n-1$)时，经过 $n-1$ 步消元可以得到与方程组(3-2)等价的方程组

$$\begin{bmatrix} a_{11}^{(1)} & a_{12}^{(1)} & \cdots & a_{1n}^{(1)} \\ & a_{22}^{(2)} & \cdots & a_{22}^{(2)} \\ & & \ddots & \vdots \\ & & & a_{nn}^{(n)} \end{bmatrix} \begin{bmatrix} x_1 \\ x_2 \\ \vdots \\ x_n \end{bmatrix} = \begin{bmatrix} b_1^{(1)} \\ b_2^{(2)} \\ \vdots \\ b_n^{(n)} \end{bmatrix} \tag{3-10}$$

综上讨论，得到下面的定理。

定理 3-1　如果 $\boldsymbol{A}$ 为 n 阶非奇异矩阵，且**约化主元素** $a_{kk}^{(k)}\neq 0$ ($k=1,\ 2,\ \cdots,\ n-1$)，

则可通过高斯消去法将方程组(3-1)化为三角形方程组(3-4)，其计算公式为

(1) 消元计算，对于 $k=1, 2, \cdots, n-1$

$$\begin{cases} l_{ik}=a_{ik}^{(k)}/a_{kk}^{(k)} \\ a_{ij}^{(k+1)}=a_{ij}^{(k)}-l_{ik}a_{kj}^{(k)}, \quad i, j=k+1, \cdots, n \\ b_i^{(k+1)}=b_i^{(k)}-l_{ik}b_k^{(k)} \end{cases} \tag{3-11}$$

(2) 回代计算

$$\begin{cases} x_n = b_n^{(n)}/a_{nn}^{(n)} \\ x_i = \left(b_i^{(i)} - \sum\limits_{j=i+1}^{n} a_{ij}^{(i)}x_j\right)/a_{ii}^{(i)}, \quad i=n-1, n-2, \cdots, 1 \end{cases} \tag{3-12}$$

由定理 3-1 还可以分析高斯消去法的计算量。

1. 消元过程的计算量。做乘除法运算次数为 $n(n^2-1)/3$，做加减法运算次数为 $n(n-1)(2n-1)/6$。

2. 计算 $\boldsymbol{b}_n$ 的计算量。乘除法运算次数为 $n(n-1)/2$，加减法运算次数为 $n(n-1)/2$。

3. 回代过程的计算量。乘除法运算次数为 $n(n+1)/2$，加减法运算次数为 $n(n-1)/2$。

由此可得，高斯消去法解 n 阶方程组共需做：乘除法运算 $n^3/3+n^2-n/3$ 次；加减法运算 $n(n-1)(2n+5)/6$。

定理 3-2 约化主元素 $a_{kk}^{(k)}\neq 0$ $(k=1, 2, \cdots, n-1)$的充分必要条件是，矩阵 $\boldsymbol{A}$ 的顺序主子式 $D_i\neq 0(i=1, 2, \cdots, k)$。

该定理的证明见参考文献[1]。

三、矩阵的三角分解

下面将从矩阵论的观点对高斯消去法做进一步分析，从而建立高斯消去法与矩阵因式分解的关系。

假定方程组(3-2)中系数矩阵 $\boldsymbol{A}$ 的顺序主子式 $D_i\neq 0(i=1, 2, \cdots, n-1)$。从线性代数课程中我们知道，对矩阵 $\boldsymbol{A}$ 实施行初等变换相当于用相应的初等矩阵左乘 $\boldsymbol{A}$，因此第 1 步消元过程就相当于依次用初等矩阵

$$i\text{行}\begin{bmatrix} 1 & & & & \\ \vdots & \ddots & & & \\ l_{i1} & & 1 & & \\ & & & \ddots & \\ & & & & 1 \end{bmatrix}, \quad i=2, 3, \cdots, n$$

左乘矩阵 $\boldsymbol{A}$，或者说用矩阵

$$\begin{bmatrix} 1 & & & \\ \vdots & \ddots & & \\ & & \ddots & \\ -l_{n1} & & & 1 \end{bmatrix}\cdots\begin{bmatrix} 1 & & & \\ -l_{21} & 1 & & \\ & & \ddots & \\ & & & 1 \end{bmatrix}=\begin{bmatrix} 1 & & & \\ -l_{21} & 1 & & \\ \vdots & & \ddots & \\ -l_{n1} & & & 1 \end{bmatrix}\triangleq \boldsymbol{L}_1^{-1}$$

左乘矩阵 $\boldsymbol{A}$。这时，$\boldsymbol{A}_1$ 化为 $\boldsymbol{A}_2$，$\boldsymbol{b}_1$ 化为$\boldsymbol{b}_2$，即，$\boldsymbol{L}_1^{-1}\boldsymbol{A}_1=\boldsymbol{A}_2$，$\boldsymbol{L}_1^{-1}\boldsymbol{b}_1=\boldsymbol{b}_2$。

一般地，第 k 步消元将$\boldsymbol{A}_k$ 化为 $\boldsymbol{A}_{k+1}$，$\boldsymbol{b}_k$ 化为$\boldsymbol{b}_{k+1}$，相当于$\boldsymbol{L}_k^{-1}\boldsymbol{A}_k=\boldsymbol{A}_{k+1}$，$\boldsymbol{L}_k^{-1}\boldsymbol{b}_k=\boldsymbol{b}_{k+1}$，其中

$$\boldsymbol{L}_k^{-1}=\begin{bmatrix}1 & & & & & \\ & \ddots & & & & \\ & & 1 & & & \\ & & -l_{k+1,k} & 1 & & \\ & & \vdots & & \ddots & \\ & & -l_{n,k} & & \cdots & 1\end{bmatrix},\ k=2,\ 3,\ \cdots,\ n-1$$

重复上述过程，则有

$$\begin{cases}\boldsymbol{L}_{n-1}^{-1}\cdots\boldsymbol{L}_2^{-1}\boldsymbol{L}_1^{-1}\boldsymbol{A}_1=\boldsymbol{A}_n\\ \boldsymbol{L}_{n-1}^{-1}\cdots\boldsymbol{L}_2^{-1}\boldsymbol{L}_1^{-1}\boldsymbol{b}_1=\boldsymbol{b}_n\end{cases}\tag{3-13}$$

记

$$\boldsymbol{U}=\boldsymbol{A}_n=\begin{bmatrix}a_{11}^{(1)} & a_{11}^{(1)} & \cdots & a_{11}^{(1)}\\ & a_{22}^{(2)} & \cdots & a_{2n}^{(2)}\\ & & \ddots & \vdots\\ & & & a_{nn}^{(n)}\end{bmatrix}\tag{3-14}$$

由式(3-13)得

$$\boldsymbol{A}=\boldsymbol{L}_1\cdots\boldsymbol{L}_{n-1}\boldsymbol{A}_n=\boldsymbol{LU}\tag{3-15}$$

其中

$$\boldsymbol{L}=\boldsymbol{L}_1\cdots\boldsymbol{L}_{n-1}=\begin{bmatrix}1 & & & & \\ l_{21} & 1 & & & \\ l_{31} & l_{32} & 1 & & \\ \vdots & \vdots & \ddots & \ddots & \\ l_{n1} & l_{n1} & \cdots & l_{n,n-1} & 1\end{bmatrix}\tag{3-16}$$

定理 3-3(矩阵的 LU 分解)　设 $\boldsymbol{A}$ 为 n 阶方阵，如果 $\boldsymbol{A}$ 的顺序主子式 $D_i\neq0$，($i=1$，2，…，k)那么 $\boldsymbol{A}$ 可以分解成一个单位下三角矩阵 $\boldsymbol{L}$ 和一个上三角矩阵 $\boldsymbol{U}$ 的乘积，且分解是唯一的。

四、列主元高斯消去法

在高斯消去法中，消元是按照方程及未知变量的顺序依次进行的，所以又称为顺序消去法。如果在消元过程中，某个约化主元素 $a_{kk}^{(k)}=0$，则第 k 步消元就无法进行。另外，即使所有的约化主元素全不为零，若某个约化主元素的绝对值相对较小，虽然消去过程可以进行下去，但无法保证计算结果的可靠性。

例 3-2　用顺序消去法求下列方程组的解，要求用 5 位有效数字计算。

$$\begin{cases}0.000\,001x_1+2x_2=1\\ \qquad\qquad 2x_1+3x_2=2\end{cases}$$

解

$$\left[\begin{array}{cc|c}0.100\,0\times10^{-5} & 0.200\,0\times10 & 0.100\,0\times10\\ 0.200\,0\times10 & 0.300\,0\times10 & 0.200\,0\times10\end{array}\right]\xrightarrow[-l_{21}r_1+r_2]{\text{第 1 次消元}}$$

$$\left[\begin{array}{cc|c}0.100\,0\times10^{-5} & 0.200\,0\times10 & 0.100\,0\times10\\ 0 & -0.400\,0\times10^{-7} & -0.200\,0\times10^{-7}\end{array}\right]$$

其中，$l_{21}=0.200\,0\times10/(0.100\,0\times10^{-5})=0.200\,0\times10^{-7}$，回代求解即得

$$\begin{cases}x_2=0.500\,0\\ x_1=0.250\,0\end{cases}$$

与方程组的精确解

$$\begin{cases}x_1=0.250\,001\cdots\\ x_2=0.499\,998\cdots\end{cases}$$

比较，计算结果严重失真。

例 3-2 表明，顺序消去法不是一种稳定的算法。造成这种现象的原因是，在消元时用绝对值相对较小的约化主元素做除数，从而产生了大的舍入误差，再经传播，由此带来了舍入误差的扩散，最后导致计算结果不稳定。将方程组第 1 行和第 2 行交换，即选用 2.000 做约化主元素进行消元，那么

$$\left[\begin{array}{cc|c}0.100\,0\times10^{-5} & 0.200\,0\times10 & 0.100\,0\times10\\ 0.200\,0\times10 & 0.300\,0\times10 & 0.200\,0\times10\end{array}\right]\xrightarrow[r_1\leftrightarrow r_2]{\text{交换第 1，2 行}}$$

$$\left[\begin{array}{cc|c}0.200\,0\times10 & 0.300\,0\times10 & 0.200\,0\times10\\ 0.100\,0\times10^{-5} & 0.200\,0\times10 & 0.100\,0\times10\end{array}\right]\xrightarrow[-l_{21}r_1+r_2]{\text{第 1 次消元}}$$

$$\left[\begin{array}{cc|c}0.200\,0\times10 & 0.300\,0\times10 & 0.200\,0\times10\\ 0 & 0.200\,0\times10 & 0.100\,0\times10\end{array}\right]$$

其中 $l_{21}=0.100\,0\times10^{-5}/(0.200\,0\times10)=0.500\,0\times10^{-7}$，回代求解即得

$$\begin{cases}x_2=0.500\,0\\ x_1=0.250\,0\end{cases}$$

这就说明，如果在计算过程中能够避免用绝对值相对较小的元素做除数，就可以减少计算过程中舍入误差对解的影响。一般来讲，在每次消元前，选择绝对值最大的元素作为约化主元素，就可以使高斯消去法具有较好的数值稳定性。称这种消去法为**列主元素消去法**。

算法 3-1（列主元素消去法）

1. det=1

2. 对于 $k=1, 2, \cdots, n-1$

（1）按列选主元素 $|a_{i_k,k}^{(k)}|=\max\limits_{k\leq i\leq n}|a_{ik}^{(k)}|$。

（2）如果 $a_{i_k,k}^{(k)}=0$，那么 det=0，计算停止。

（3）如果 $i_k=k$，那么转到(4)，否则执行换行操作

$$a_{kj}^{(k)} \leftrightarrow a_{i_k,j}^{(k)},\ b_k^{(k)} \leftrightarrow b_{i_k}^{(k)},\ j=k,\ k+1,\ \cdots,\ n$$

（4）消元计算

$$\begin{cases} l_{ik}=a_{ik}^{(k)}/a_{kk}^{(k)} \\ a_{ij}^{(k+1)}=a_{ij}^{(k)}-l_{ik}a_{kj}^{(k)},\ i,\ j=k+1,\ \cdots,\ n \\ b_i^{(k+1)}=b_i^{(k)}-l_{ik}b_k^{(k)} \end{cases} \tag{3-17}$$

3. 回代计算

$$\begin{cases} x_n = b_n^{(n)}/a_{nn}^{(n)} \\ x_i = \left(b_i - \sum\limits_{j=i+1}^{n} a_{ij}x_j\right)/a_{ii},\ i=n-1,\ n-2,\ \cdots,\ 1 \end{cases} \tag{3-18}$$

例 3-3　在 5 位有效数字下，用列主元消去法解方程组

$$\begin{cases} -0.002\,00x_1+2.000\,0x_2+2.000\,0x_3=0.400\,00 \\ 1.000\,0x_1+0.781\,25x_2=1.381\,6 \\ 3.996\,0x_1+5.562\,5x_2+4.000\,0x_3=7.741\,8 \end{cases}$$

解

$$\left[\begin{array}{ccc|c} -0.002\,00 & 2.000\,0 & 2.000\,0 & 0.400\,00 \\ 1.000\,0 & 0.781\,25 & 0 & 1.381\,6 \\ \boxed{3.996\,0} & 5.562\,5 & 4.000\,0 & 7.741\,8 \end{array}\right] \xrightarrow{r_1 \leftrightarrow r_3}$$

$$\left[\begin{array}{ccc|c} 3.996\,0 & 5.562\,5 & 4.000\,0 & 7.741\,8 \\ 1.000\,0 & 0.781\,25 & 0 & 1.381\,6 \\ -0.002\,00 & 2.000\,0 & 2.000\,0 & 0.400\,00 \end{array}\right] \xrightarrow{\text{第 1 次消元}}$$

$$\left[\begin{array}{ccc|c} 3.996\,0 & 5.562\,5 & 4.000\,0 & 7.741\,8 \\ 0 & -0.610\,77 & -1.001\,0 & -0.474\,71 \\ 0 & \boxed{2.002\,9} & 2.002\,0 & 0.403\,71 \end{array}\right] \xrightarrow{r_2 \leftrightarrow r_3}$$

$$\left[\begin{array}{ccc|c} 3.996\,0 & 5.562\,5 & 4.000\,0 & 7.741\,8 \\ 0 & 2.002\,9 & 2.002\,0 & 0.403\,71 \\ 0 & -0.610\,77 & -1.00\,10 & -0.474\,71 \end{array}\right] \xrightarrow{\text{第 2 次消元}}$$

$$\left[\begin{array}{ccc|c} 3.996\,0 & 5.562\,5 & 4.000\,0 & 7.741\,8 \\ 0 & 2.002\,9 & 2.002\,0 & 0.403\,71 \\ 0 & 0 & -0.390\,50 & -0.351\,60 \end{array}\right]$$

回代即得方程组的解为

$$\begin{cases} x_1=1.927\,2 \\ x_2=-0.698\,41 \\ x_3=0.900\,38 \end{cases}$$

第三节　高斯消去法的变形

上节的定理3-3指出，当方程组的系数矩阵 $\boldsymbol{A}$ 满足一定条件时，它可以分解成两个三角矩阵 $\boldsymbol{L}$ 和 $\boldsymbol{U}$ 的乘积 $\boldsymbol{A}=\boldsymbol{LU}$。这提示我们对式(3-2)进行等价变换

$$\boldsymbol{L}(\boldsymbol{Ux})=\boldsymbol{b} \tag{3-19}$$

由此将方程组(3-2)的求解问题转换成下列两个三角形方程组的求解问题

$$\boldsymbol{Ly}=\boldsymbol{b} \tag{3-20}$$

和

$$\boldsymbol{Ux}=\boldsymbol{y} \tag{3-21}$$

先由下三角形方程组(3-20)求 $\boldsymbol{y}$，再根据下三角形方程组(3-21)获得原方程组的解 $\boldsymbol{x}$。这就是三角分解法求方程组解的基本思想。

系数矩阵不同，三角分解的方法也不同。本节介绍其中常用的几种方法，即直接三角分解法、平方根法和追赶法。

一、直接三角分解法

（一）不选主元的三角分解法

在上一节中，我们借助高斯消元过程对矩阵 $\boldsymbol{A}$ 进行了 $\boldsymbol{LU}$ 分解。下面利用 $\boldsymbol{A}$ 的元素与 $\boldsymbol{L}$ 和 $\boldsymbol{U}$ 的元素之间的关系，直接导出 $\boldsymbol{L}$ 和 $\boldsymbol{U}$ 的元素的计算公式。

假设 $\det(\boldsymbol{A})\neq 0$，设

$$\boldsymbol{L}=\begin{bmatrix}1 & & & \\ l_{21} & 1 & & \\ \vdots & \vdots & \ddots & \\ l_{n1} & l_{n2} & \cdots & 1\end{bmatrix},\quad \boldsymbol{U}=\begin{bmatrix}u_{11} & u_{12} & \cdots & u_{1n} \\ & u_{22} & \cdots & u_{2n} \\ & & \ddots & \vdots \\ & & & u_{nn}\end{bmatrix}$$

由 $\boldsymbol{A}=\boldsymbol{LU}$ 得

$$\begin{bmatrix}a_{11} & a_{12} & \cdots & a_{1n} \\ a_{21} & a_{22} & \cdots & a_{2n} \\ \vdots & \vdots & \ddots & \vdots \\ a_{n1} & a_{n2} & \cdots & a_{nn}\end{bmatrix}=\begin{bmatrix}1 & & & \\ l_{21} & 1 & & \\ \vdots & \vdots & \ddots & \\ l_{n1} & l_{n2} & \cdots & 1\end{bmatrix}\begin{bmatrix}u_{11} & u_{12} & \cdots & u_{1n} \\ & u_{22} & \cdots & u_{2n} \\ & & \ddots & \vdots \\ & & & u_{nn}\end{bmatrix} \tag{3-22}$$

根据矩阵乘法法则，首先比较式(3-22)等号两边第1行和第1列的元素，有

$$\begin{cases}a_{1j}=u_{1j} & (j=1,\ 2,\ \cdots,\ n) \\ a_{i1}=l_{i1}u_{11} & (i=1,\ 2,\ \cdots,\ n)\end{cases}$$

由此得 $\boldsymbol{U}$ 的第1行和 $\boldsymbol{L}$ 的第1列元素

$$\begin{cases}u_{1j}=a_{1j} & (j=1,\ 2,\ \cdots,\ n) \\ l_{i1}=a_{i1}/u_{11} & (i=1,\ 2,\ \cdots,\ n)\end{cases}$$

假设已经求出 $\boldsymbol{U}$ 的第1行到第 $r-1$ 行元素与 $\boldsymbol{L}$ 的第1列到第 $r-1$ 列元素。比较式

(3-22)的第 r 行和第 r 列，有

$$\begin{cases} a_{ri} = \sum_{k=1}^{n} l_{rk}u_{ki} = \sum_{k=1}^{r-1} l_{rk}u_{ki} + u_{ri} \\ a_{ir} = \sum_{k=1}^{n} l_{ik}u_{kr} = \sum_{k=1}^{r-1} l_{ik}u_{kr} + l_{ir}u_{rr} \end{cases}$$

解之得

$$\begin{cases} u_{rj} = a_{rj} - \sum_{k=1}^{r-1} l_{rk}u_{kj} & j = r,\ r+1,\ \cdots,\ n \\ l_{ir} = \left(a_{ir} - \sum_{k=1}^{r-1} l_{ik}u_{kr}\right)/u_{rr} & i = r+1,\ \cdots,\ n \end{cases} \tag{3-23}$$

算法 3-2(直接三角分解法)

1. 计算 $\boldsymbol{U}$ 的第 1 行和 $\boldsymbol{L}$ 的第 1 列元素

$$\begin{cases} u_{1j} = a_{1j} & j=1,\ 2,\ \cdots,\ n \\ l_{i1} = a_{i1}/u_{11} & i=1,\ 2,\ \cdots,\ n \end{cases} \tag{3-24}$$

2. 对于 $r=2,\ 3,\ \cdots,\ n$，计算 $\boldsymbol{U}$ 的第 r 行和 $\boldsymbol{L}$ 的第 r 列元素

$$\begin{cases} u_{rj} = a_{rj} - \sum_{k=1}^{r-1} l_{rk}u_{kj} & j = r,\ r+1,\ \cdots,\ n \\ l_{ir} = \left(a_{ir} - \sum_{k=1}^{r-1} l_{ik}u_{kr}\right)/u_{rr} & i = r+1,\ \cdots,\ n \end{cases} \tag{3-25}$$

3. 求解 $\boldsymbol{Ly}=\boldsymbol{b}$

$$\begin{cases} y_1 = b_1 \\ y_i = b_i - \sum_{k=1}^{i-1} l_{ik}y_k & i = 2,\ 3,\ \cdots,\ n \end{cases} \tag{3-26}$$

4. 求解 $\boldsymbol{Ux}=\boldsymbol{y}$

$$\begin{cases} x_n = y_n/u_{nn} \\ x_i = \left(y_i - \sum_{k=i+1}^{n} u_{ik}x_k\right)/u_{ii} & i = n-1,\ n-2,\ \cdots,\ 1 \end{cases} \tag{3-27}$$

矩阵 $\boldsymbol{A}$ 的 $\boldsymbol{LU}$ 分解公式(3-24)、(3-25)又称为**杜利特尔(Doolittle)分解**。

例 3-4　用直接三角分解法求下列方程组的解

$$\begin{bmatrix} 1 & 2 & 3 \\ 2 & 5 & 2 \\ 3 & 1 & 5 \end{bmatrix} \begin{bmatrix} \boldsymbol{x}_1 \\ \boldsymbol{x}_2 \\ \boldsymbol{x}_3 \end{bmatrix} = \begin{bmatrix} 14 \\ 18 \\ 20 \end{bmatrix}$$

解　由分解式(3-25)可得

$$A=\begin{bmatrix}1 & & \\ 2 & 1 & \\ 3 & -5 & 1\end{bmatrix}\begin{bmatrix}1 & 2 & 3\\ & 1 & -4\\ & & -24\end{bmatrix}=LU$$

解方程组

$$Ly=[14\quad 18\quad 20]^{\mathrm{T}}$$

得

$$y=[14\quad -10\quad -72]^{\mathrm{T}}$$

解方程组

$$Ux=y$$

原方程组的解为$[1\quad 2\quad 3]^{\mathrm{T}}$。

（二）选主元的三角分解法

从直接三角分解法公式可以看出当 $u_{rr}=0$ 时，计算将无法继续进行下去，或者当 u_{rr} 的绝对值相对较小时，虽然计算过程可以进行下去，但无法保证计算结果的可靠性。我们当 A 非奇异时，可以通过交换 A 的行实现矩阵 A 的 LU 分解，因此可以采用与列主元消去法类似的方法（可以证明下述方法与列主元消去法等价），将直接三角分解法修改为（部分）选主元的三角分解法。

假设第 $r-1$ 步分解已经完成，这时有

$$A\rightarrow\begin{bmatrix}u_{11} & u_{12} & \cdots & u_{1,r-1} & u_{1r} & \cdots & u_{1n}\\ l_{21} & u_{22} & \cdots & u_{2,r-1} & u_{2r} & \cdots & u_{2n}\\ \vdots & \vdots & & \vdots & \vdots & & \vdots\\ l_{r-1,1} & l_{r-1,2} & \cdots & u_{r-1,r-1} & u_{r-1,r} & \cdots & u_{r-1,n}\\ l_{r1} & l_{r2} & \cdots & l_{r,r-1} & a_{rr} & \cdots & a_{rn}\\ \vdots & \vdots & & \vdots & \vdots & & \vdots\\ l_{n1} & l_{n2} & \cdots & l_{n,r-1} & a_{nr} & \cdots & a_{nn}\end{bmatrix}$$

在第 r 步分解中，为了避免绝对值相对较小的数 u_{rr} 作除数，定义

$$s_i=a_{ir}-\sum_{k=1}^{r-1}l_{ik}u_{kr}\quad i=r,\ r+1,\ \cdots,\ n \tag{3-28}$$

假定 s_{i_r} 满足

$$|s_{i_r}|=\max_{r\leqslant j\leqslant n}\{|s_j|\} \tag{3-29}$$

交换 A 的第 r 行与第 i_r 行元素，交换后，仍将$(i,\ j)$位置的元素记为 l_{ij} 及 a_{ij}，再进行第 r 步分解计算。

算法 3-3（选主元的三角分解法）

1. 对矩阵 A 进行选主元三角分解，对于 $i=1,\ 2,\ \cdots,\ r-1$。

（1）选主元

① 利用式(3-28)，计算 s_i；

② 利用式(3-29)，求主元所在行 i_r；

（2）交换 $\boldsymbol{A}$ 和 $\boldsymbol{b}$ 的 r 行与 i_r 行元素；

$$a_{rj}\leftrightarrow a_{i_r,j}\quad (j=r,\ r+1,\ \cdots,\ n)$$

$$b_r\leftrightarrow b_{i_r}$$

（3）利用式(3-24)、式(3-25)，计算 $\boldsymbol{U}$ 的第 r 行、$\boldsymbol{L}$ 的第 r 列元素。

2. 求解 $\boldsymbol{Ly}=\boldsymbol{b}$ 和 $\boldsymbol{Ux}=\boldsymbol{y}$。

二、平方根法

当方程组的系数矩阵是对称正定矩阵时，利用矩阵的三角分解法求解，可以得到一个更有效的方法——平方根法。

在矩阵的三角分解中，将 $\boldsymbol{U}$ 进一步分解为

$$\boldsymbol{U}=\begin{bmatrix} u_{11} & & & \\ & u_{22} & & \\ & & \ddots & \\ & & & u_{nn}\end{bmatrix}\begin{bmatrix} 1 & u_{12}/u_{11} & \cdots & u_{1n}/u_{11} \\ & 1 & \cdots & u_{2n}/u_{22} \\ & & \ddots & \vdots \\ & & & 1\end{bmatrix}=\boldsymbol{DU}_0$$

其中 $\boldsymbol{D}$ 为对角阵，$\boldsymbol{U}_0$ 为单位上三角阵。于是有

$$\boldsymbol{A}=\boldsymbol{LU}=\boldsymbol{LDU}_0 \tag{3-30}$$

及

$$\boldsymbol{A}=\boldsymbol{A}^{\mathrm{T}}=\boldsymbol{U}_0^{\mathrm{T}}(\boldsymbol{DL}^{\mathrm{T}})$$

考虑到分解的唯一性有

$$\boldsymbol{U}_0^{\mathrm{T}}=\boldsymbol{L}$$

代入式(3-30)得到对称矩阵 $\boldsymbol{A}$ 的分解式 $\boldsymbol{A}=\boldsymbol{LDL}^{\mathrm{T}}$。

定理 3-4（对称矩阵的三角分解定理） 设 $\boldsymbol{A}$ 是 n 阶对称矩阵，则 $\boldsymbol{A}$ 可唯一分解为

$$\boldsymbol{A}=\boldsymbol{LDL}^{\mathrm{T}} \tag{3-31}$$

其中 $\boldsymbol{L}$ 为单位下三角阵，$\boldsymbol{D}$ 是对角矩阵。

更进一步，对角矩阵 $\boldsymbol{D}$ 的元素 d_i 均为正数。事实上，考虑到$\boldsymbol{A}_i=\boldsymbol{L}_i^{\mathrm{T}}\boldsymbol{D}_i\boldsymbol{L}_i$，$i=1,2,\cdots,n$，这里，$\boldsymbol{A}_i$、$\boldsymbol{L}_i$ 和 $\boldsymbol{D}_i$ 分别是矩阵 $\boldsymbol{A}$、$\boldsymbol{L}$ 和 $\boldsymbol{D}$ 的顺序主子式，于是

$$|\boldsymbol{A}_i|=|\boldsymbol{L}_i|^2|\boldsymbol{D}_i|,\ i=1,\ 2,\ \cdots,\ n$$

由于 $|\boldsymbol{A}_i|>0$，$i=1,2,\cdots,n$ 及 $|\boldsymbol{D}_i|=d_i\cdots d_i$，$i=1,2,\cdots,n$，于是 $d_i>0$，$i=1,2,\cdots,n$。记

$$\boldsymbol{D}=\begin{bmatrix} d_1 & & \\ & \ddots & \\ & & d_n\end{bmatrix}=\begin{bmatrix} \sqrt{d_1} & & \\ & \ddots & \\ & & \sqrt{d_n}\end{bmatrix}\begin{bmatrix} \sqrt{d_1} & & \\ & \ddots & \\ & & \sqrt{d_n}\end{bmatrix}=\boldsymbol{D}^{\frac{1}{2}}\boldsymbol{D}^{\frac{1}{2}}$$

由定理 3-4

$$\boldsymbol{A}=\boldsymbol{LDL}^{\mathrm{T}}=\boldsymbol{LD}^{\frac{1}{2}}\boldsymbol{D}^{\frac{1}{2}}\boldsymbol{L}^{\mathrm{T}}=(\boldsymbol{LD}^{\frac{1}{2}})(\boldsymbol{LD}^{\frac{1}{2}})^{\mathrm{T}}=\boldsymbol{GG}^{\mathrm{T}}$$

其中 $\boldsymbol{G}=\boldsymbol{LD}^{\frac{1}{2}}$ 为下三角矩阵。

定理 3-5(对称正定矩阵的三角分解或乔累斯基(Cholesky)分解) 如果 $\boldsymbol{A}$ 是 n 阶对称矩阵，则存在一个实的非奇异下三角阵 $\boldsymbol{G}$ 使 $\boldsymbol{A}=\boldsymbol{G}\boldsymbol{G}^{\mathrm{T}}$。当限定 $\boldsymbol{G}$ 的对角元素为正时，这种分解是唯一的。

下面来推导实现 $\boldsymbol{A}=\boldsymbol{G}\boldsymbol{G}^{\mathrm{T}}$ 的递推公式。设

$$\boldsymbol{A}=\begin{bmatrix} g_{11} & & & \\ g_{21} & g_{22} & & \\ \vdots & \vdots & \ddots & \\ g_{n1} & g_{n2} & \cdots & g_{nn} \end{bmatrix}\begin{bmatrix} g_{11} & g_{21} & \cdots & g_{n1} \\ & g_{22} & \cdots & l_{n2} \\ & & \ddots & \vdots \\ & & & g_{nn} \end{bmatrix}=\boldsymbol{G}\boldsymbol{G}^{\mathrm{T}} \tag{3-32}$$

其中 $g_{ii}>0(i=1，2，\cdots，n)$。采用自左向右逐列计算 g_{ij} 的计算过程，类似于推导矩阵直接三角分解法的过程，则可以得到 $\boldsymbol{G}$ 的第一列元素的公式

$$\begin{cases} g_{11}=\sqrt{a_{11}} \\ g_{i1}=a_{i1}/g_{11}，\ i=2，3，\cdots，n \end{cases} \tag{3-33}$$

及第 $j(j=2，3，\cdots，n)$ 列元素的计算公式

$$\begin{cases} g_{jj}=\left(a_{jj}-\sum\limits_{k=1}^{j-1}g_{jk}^{2}\right)^{1/2} \\ g_{ij}=\left(a_{ij}-\sum\limits_{k=1}^{j-1}g_{ik}g_{jk}\right)/g_{jj} \end{cases}\quad i=j+1，\cdots，n；\ j\neq n \tag{3-34}$$

算法 3-4(平方根法)

1. 根据式(3-33)及式(3-34)对矩阵 $\boldsymbol{A}$ 进行 Cholesky 分解。
2. 求解三角形方程组 $\boldsymbol{G}\boldsymbol{y}=\boldsymbol{b}$，相应的递推公式为

$$\begin{cases} y_1=b_1/g_{11} \\ y_i=\left(b_i-\sum\limits_{k=1}^{i-1}g_{ik}y_k\right)/g_{ii}，\ i=2，3，\cdots，n \end{cases}$$

3. 求解三角形方程组 $\boldsymbol{G}^{\mathrm{T}}\boldsymbol{x}=\boldsymbol{y}$，相应的递推公式为

$$\begin{cases} x_n=y_n/g_{nn} \\ x_i=\left(y_i-\sum\limits_{k=i+1}^{n}g_{ki}x_k\right)/g_{ii}，\ i=n-1，\cdots，2，1 \end{cases}$$

在上述算法中，由于

$$a_{jj}=\sum_{k=1}^{j}g_{jk}^{2}，\ i=1，2，\cdots，n$$

所以

$$g_{jk}^{2}\leqslant a_{jj}\leqslant\max_{1\leqslant j\leqslant n}\{a_{jj}\}$$

由此得

$$\max_{j,k}\{g_{jk}^{2}\}\leqslant\max_{1\leqslant j\leqslant n}\{a_{jj}\}$$

这说明，分解过程中元素 g_{jk} 的数量级不会增长，且对角元素 g_{jj} 恒为正数，因此不选主元素的平方根法是一个数值稳定的方法。

三、追赶法

在用差分法解常微分方程边值问题、解热传导问题以及求三次样条插值函数等问题时，常常会遇到要求解系数矩阵为三对角矩阵的方程组

$$\begin{bmatrix} b_1 & c_1 & & & \\ a_2 & b_2 & c_2 & & \\ & \ddots & \ddots & \ddots & \\ & & a_{n-1} & b_{n-1} & c_{n-1} \\ & & & a_n & b_n \end{bmatrix}\begin{bmatrix} x_1 \\ x_2 \\ \vdots \\ x_{n-1} \\ x_n \end{bmatrix}=\begin{bmatrix} f_1 \\ f_2 \\ \vdots \\ f_{n-1} \\ f_n \end{bmatrix} \tag{3-35}$$

其中系数矩阵 $\boldsymbol{A}$ 的元素满足

$$\begin{cases} |b_1|>|c_1|>0 \\ |b_i|\geqslant|a_i|+|c_i|，且 a_ic_i\neq 0，i=2，3，\cdots，n-1 \\ |b_n|>|a_n|>0 \end{cases} \tag{3-36}$$

可利用矩阵的直接三角分解法来推导解三对角线方程组(3-35)的计算公式。根据系数阵 $\boldsymbol{A}$ 的特点，可以将 $\boldsymbol{A}$ 分解为两个三角阵的乘积

$$\boldsymbol{A}=\begin{bmatrix} \alpha_1 & & & & \\ \gamma_2 & \alpha_2 & & & \\ & \ddots & \ddots & & \\ & & \gamma_{n-1} & \alpha_{n-1} & \\ & & & \gamma_n & \alpha_n \end{bmatrix}\begin{bmatrix} 1 & \beta_1 & & & \\ & 1 & \beta_2 & & \\ & & \ddots & \ddots & \\ & & & 1 & \beta_{n-1} \\ & & & & 1 \end{bmatrix}=\boldsymbol{LU} \tag{3-37}$$

其中 α_i、β_i、r_i 为待定系数。比较式(3-37)式两边对应的元素得

$$\begin{cases} b_1=\alpha_1，c_1=\alpha_1\beta_1 \\ a_i=\gamma_i，b_i=\gamma_i\beta_{i-1}+\alpha_i，i=2，3，\cdots，n \\ c_i=\alpha_i\beta_i，i=2，3，\cdots，n-1 \end{cases} \tag{3-38}$$

由式(3-38)及条件式(3-36)可以看出

$$\alpha_1=b_1>|c_1|>0 \tag{3-39}$$

解得 $\beta_1=c_1/\alpha_1$，且 $0<|\beta_1|<1$。由此

$$\begin{aligned} |\alpha_2|&=|b_2-\gamma_2\beta_1|=|b_2-a_2\beta_1| \\ &\geqslant|b_2|-|a_2||\beta_1| \\ &>|b_2|-|a_2|\geqslant|c_2|\geqslant 0 \end{aligned}$$

解得 $\beta_2=c_2/\alpha_2$，且 $0<|\beta_2|<1$。一般地，用数学归纳法可得

$$|\alpha_i|>|c_i|>0，0<|\beta_i|<1，i=1，2，\cdots，n \tag{3-40}$$

由式(3-38)解得

$$\begin{cases}\alpha_1=b_1\\ \gamma_i=\alpha_i\\ \beta_{i-1}=c_{i-1}/\alpha_{i-1}\\ \alpha_i=b_i-a_i\beta_{i-1}\\ i=2,\ 3,\ \cdots,\ n\end{cases} \tag{3-41}$$

整理上式，可得 β_i 的递推公式

$$\begin{cases}\beta_1=c_1/b_1\\ \beta_i=c_i/(b_i-a_i\beta_{i-1})\\ i=2,\ 3,\ \cdots,\ n-1\end{cases} \tag{3-42}$$

算法 3-5(追赶法)

1. 进行三对角矩阵 $\boldsymbol{A}=\boldsymbol{LU}$ 分解，即按式(3-42)计算 β_i。

2. 解方程组 $\boldsymbol{Ly}=\boldsymbol{b}$

$$\begin{cases}y_1=f_1/b_1\\ y_i=(f_i-a_iy_{i-1})/(b_i-a_i\beta_{i-1})\\ i=2,\ 3,\ \cdots,\ n\end{cases} \tag{3-43}$$

3. 解方程组 $\boldsymbol{Ux}=\boldsymbol{y}$

$$\begin{cases}x_n=y_n\\ x_i=y_i-\beta_ix_{i+1}\\ i=n-1,\ n-2,\ \cdots,\ 2,\ 1\end{cases} \tag{3-44}$$

由于计算系数 $\beta_1\to\beta_2\to\cdots\to\beta_{n-1}$ 及 $y_1\to y_2\to\cdots\to y_n$ 的过程称为追的过程，计算方程组的解 $x_n\to x_{n-1}\to\cdots\to x_1$ 的过程称为赶的过程，因此上述方法称为**追赶法**。

例 3-5　用追赶法求下列方程组的解

$$\begin{bmatrix}2 & 1 & & \\ 0.5 & 2 & 0.5 & \\ & 0.5 & 2 & 0.5\\ & & 1 & 2\end{bmatrix}\begin{bmatrix}x_1\\ x_2\\ x_3\\ x_4\end{bmatrix}=\begin{bmatrix}-0.5\\ 0\\ 0\\ 0\end{bmatrix}$$

解　利用式(3-42)计算 β_i 得

$$\beta_1=\frac{1}{2},\ \beta_2=\frac{2}{7},\ \beta_3=\frac{7}{26}$$

利用式(3-43)计算 y_i 得

$$y_1=-\frac{1}{4},\ y_2=\frac{1}{14},\ y_3=-\frac{1}{52},\ y_4=\frac{1}{90}$$

最后由式(3-44)得

$$x_4=\frac{1}{90},\ x_3=-\frac{1}{45},\ x_2=\frac{7}{90},\ x_1=-\frac{13}{45}$$

第四节　向量范数和矩阵范数

向量范数和矩阵范数是研究迭代法及其收敛性、估计方程组近似解的误差的一种有力工具，本节简要介绍它们的概念。

一、向量范数

在三维空间中，我们曾用欧氏模

$$\|\boldsymbol{x}\|=(x_1^2+x_2^2+x_3^2)^{1/2}$$

度量向量 $\boldsymbol{x}$ 的“大小”。$\|\boldsymbol{x}\|$ 实质上是关于向量 $\boldsymbol{x}$ 的一个实函数，并且具有下列性质：

（1）对一切 $\boldsymbol{x}\in R^3$，都有 $\|\boldsymbol{x}\|\geqslant 0$，$\|\boldsymbol{x}\|=0$ 的充分必要条件是 $\boldsymbol{x}=0$；

（2）对于任何标量 α 和向量 $\boldsymbol{x}$，都有 $\|\alpha\boldsymbol{x}\|=|\alpha|\,\|\boldsymbol{x}\|$；

（3）对于任何向量 $\boldsymbol{x}$ 和 $\boldsymbol{y}$，都有 $\|\boldsymbol{x}+\boldsymbol{y}\|\leqslant\|\boldsymbol{x}\|+\|\boldsymbol{y}\|$。

将上述欧氏模的性质推广到 R^n，即得到向量范数的概念。

定义 3-1　若向量 $\boldsymbol{x}\in R^n$ 的标量函数 $f(\boldsymbol{x})$ 满足下列条件：

（1）非负性，即对一切 $\boldsymbol{x}\in R^n$，都有 $f(\boldsymbol{x})\geqslant 0$，$f(\boldsymbol{x})=0$ 的充分必要条件是 $\boldsymbol{x}=0$；

（2）齐次性，对于任何标量 α 和向量 $\boldsymbol{x}$，都有 $f(\alpha\boldsymbol{x})=|\alpha|f(\boldsymbol{x})$；

（3）三角不等式，对于任何向量 $\boldsymbol{x}$ 和 $\boldsymbol{y}$，都有 $f(\boldsymbol{x}+\boldsymbol{y})\leqslant f(\boldsymbol{x})+f(\boldsymbol{y})$。

则称 $f(\boldsymbol{x})$ 是定义在 R^n 上的**范数**。记为 $f(\boldsymbol{x})=\|\boldsymbol{x}\|$。

范数有很多种，常用的有下列三种：

（1）**向量的 1-范数**

$$\|\boldsymbol{x}\|_1=\sum_{i=1}^{n}|x_i| \tag{3-45}$$

（2）**向量的 2-范数**

$$\|\boldsymbol{x}\|_2=\left(\sum_{i=1}^{n}|x_i|^2\right)^{1/2} \tag{3-46}$$

（3）**向量的 ∞-范数**

$$\|\boldsymbol{x}\|_\infty=\max_{1\leqslant i\leqslant n}|x_i| \tag{3-47}$$

例 3-6　设 $\boldsymbol{x}=[1\quad 2\quad 3]^{\mathrm{T}}$，求 $\|\boldsymbol{x}\|_1$，$\|\boldsymbol{x}\|_2$ 和 $\|\boldsymbol{x}\|_\infty$。

解　根据定义

$$\|\boldsymbol{x}\|_1=|1|+|2|+|3|=6$$

$$\|\boldsymbol{x}\|_2=\left(\sum_{i=1}^{3}|x_i|^2\right)^{1/2}=\sqrt{14}$$

$$\|\boldsymbol{x}\|_\infty=\max_{1\leqslant i\leqslant 3}|x_i|=3$$

二、矩阵范数

定义 3-2　若矩阵 $\boldsymbol{A}\in R^{m\times n}$ 的标量函数 $f(\boldsymbol{A})$ 满足下列条件：

(1) 非负性，即对一切 $A\in R^{m\times n}$，都有 $f(A)\geqslant 0$，$f(A)=0$ 的充分必要条件是 $A=0$；

(2) 齐次性，对于任何标量 α 和向量 A，都有 $f(\alpha A)=|\alpha|f(A)$；

(3) 三角不等式，对于任何向量 A 和 B，都有 $f(A+B)\leqslant f(A)+f(B)$。

则称 $f(A)$ 是定义在 $R^{m\times n}$ 上矩阵的范数。记为 $f(A)=\|A\|$。

与向量的范数一样，矩阵范数也有许多种。由于在实际应用中，矩阵大多与向量联系在一起，这就要求矩阵范数与向量范数满足相容性，即

$$\|Ax\|_p\leqslant\|A\|_q\|x\|_p \tag{3-48}$$

这里 $\|\cdot\|_p$ 是向量范数；$\|\cdot\|_q$ 是矩阵范数。

满足条件式(3-48)的向量范数 $\|\cdot\|_p$ 和矩阵范数 $\|\cdot\|_q$ 称为相容的。当矩阵范数和向量范数相容时，在不引起误会的情况下，我们常常忽略下标。

与上面定义的三种向量范数相容的矩阵范数是：

(1) 矩阵的 1-范数

$$\|A\|_1=\max_{1\leqslant j\leqslant n}\sum_{i=1}^{m}|a_{ij}| \tag{3-49}$$

(2) 矩阵的 2-范数

$$\|A\|_2=\sqrt{\rho(A^{\mathrm T}A)} \tag{3-50}$$

(3) 矩阵的∞-范数

$$\|A\|_\infty=\max_{1\leqslant i\leqslant m}\sum_{j=1}^{n}|a_{ij}| \tag{3-51}$$

定义 3-3 设矩阵 $A\in R^{n\times n}$ 的特征值为 $\lambda_i(i=1,2,\cdots,n)$，称

$$\rho(A)=\max_{1\leqslant i\leqslant n}|\lambda_i| \tag{3-52}$$

为 A 的**谱半径**。

由于矩阵的 2-范数与 $A^{\mathrm T}A$ 的特征值有关，所以矩阵的 2-范数又称为**谱范数**。

例 3-7 设 $A=\begin{bmatrix}1 & -2\\ -3 & 4\end{bmatrix}$，求 $\|A\|_1$，$\|A\|_2$ 和 $\|A\|_\infty$。

解 由式(3-49)和式(3-51)可得

$$\|A\|_1=\max\{1+|-3|,\ |-2|+4\}=6$$

$$\|A\|_\infty=\max\{1+|-2|,\ |-3|+4\}=7$$

又

$$A^{\mathrm T}A=\begin{bmatrix}1 & -3\\ -2 & 4\end{bmatrix}\begin{bmatrix}1 & -2\\ -3 & 4\end{bmatrix}=\begin{bmatrix}10 & -14\\ -14 & 20\end{bmatrix}$$

得

$$|\lambda I-A^{\mathrm T}A|=\begin{vmatrix}\lambda-10 & -14\\ -14 & \lambda-20\end{vmatrix}=\lambda^2-30\lambda+4=0$$

解得

$$\lambda_{1,2}=15\pm\sqrt{221}$$

所以

$$\|A\|_2=\sqrt{15+\sqrt{221}}\approx 5.465$$

第五节　解线性方程组的迭代法

本节介绍求线性方程组的另一类方法——迭代法。迭代法是用某种极限过程去逼近线性方程组精确解的方法。迭代法在计算过程中保持迭代矩阵不变，这类方法主要适用于大型稀疏线性方程组的求解。

一、迭代法的基本思想

考虑线性方程组

$$\boldsymbol{Ax}=\boldsymbol{b} \tag{3-53}$$

做方程组(3-53)的等价变换

$$\boldsymbol{x}=\boldsymbol{Bx}+\boldsymbol{f} \tag{3-54}$$

任取初始向量$\boldsymbol{x}^{(0)}$，按下列公式构造迭代序列

$$\boldsymbol{x}^{(k+1)}=\boldsymbol{Bx}^{(k)}+\boldsymbol{f} \tag{3-55}$$

结论　如果迭代序列$\{\boldsymbol{x}^{(k)}\}$收敛，则它一定收敛到方程组(3-53)的解。

称式(3-55)为**迭代格式**，矩阵 $\boldsymbol{B}$ 为**迭代矩阵**。不同的迭代矩阵构成不同的迭代法。本节主要介绍两种迭代法：雅可比迭代法与高斯-赛德尔迭代法。

二、雅可比迭代法

假定在线性方程组(3-53)中，系数矩阵 $\boldsymbol{A}=[a_{ij}]_{n\times n}$非奇异，并且 $a_{ii}\neq 0$。现在对方程组(3-53)做等价变换

$$\begin{cases} x_1=\dfrac{1}{a_{11}}(-a_{12}x_2-a_{13}x_3-\cdots-a_{1n}x_n+b_1) \\ x_2=\dfrac{1}{a_{22}}(-a_{21}x_1-a_{23}x_3-\cdots-a_{2n}x_n+b_2) \\ \quad\vdots \\ x_n=\dfrac{1}{a_{nn}}(-a_{n1}x_1-a_{n2}x_2-\cdots-a_{n,n-1}x_{n-1}+b_n) \end{cases}$$

构造迭代格式

$$\begin{cases} x_1^{(k+1)}=\dfrac{1}{a_{11}}(-a_{12}x_2^{(k)}-a_{13}x_3^{(k)}-\cdots-a_{1n}x_n^{(k)}+b_1) \\ x_2^{(k+1)}=\dfrac{1}{a_{22}}(-a_{21}x_1^{(k)}-a_{23}x_3^{(k)}-\cdots-a_{2n}x_n^{(k)}+b_2) \\ \quad\vdots \\ x_n^{(k+1)}=\dfrac{1}{a_{nn}}(-a_{n1}x_1^{(k)}-a_{n2}x_2^{(k)}-\cdots-a_{n,n-1}x_{n-1}^{(k)}+b_n) \end{cases} \tag{3-56}$$

任取初值 $\boldsymbol{x}^{(0)}=[x_1^{(0)}\quad x_2^{(0)}\quad\cdots\quad x_n^{(0)}]^{\mathrm{T}}$，由式(3-56)可以得到一个迭代序列$\{\boldsymbol{x}^{(k)}\}$，其

中 $\boldsymbol{x}^{(k)}=[x_1^{(k)}\quad x_2^{(k)}\quad\cdots\quad x_n^{(k)}]^{\mathrm{T}}$。称按照迭代格式(3-56)求解方程组的方法为**雅可比(Jacobi)迭代法**。

如果记

$$\boldsymbol{B}_J=\begin{bmatrix}0 & -\dfrac{a_{12}}{a_{11}} & \cdots & -\dfrac{a_{1n}}{a_{11}}\\ -\dfrac{a_{21}}{a_{22}} & 0 & \cdots & -\dfrac{a_{2n}}{a_{22}}\\ \vdots & \vdots & \ddots & \vdots\\ -\dfrac{a_{n1}}{a_{nn}} & -\dfrac{a_{n2}}{a_{nn}} & \cdots & 0\end{bmatrix},\quad \boldsymbol{f}_J=\begin{bmatrix}\dfrac{b_1}{a_{11}}\\ \dfrac{b_2}{a_{22}}\\ \vdots\\ \dfrac{b_n}{a_{nn}}\end{bmatrix}$$

那么式(3-56)可以写成

$$\boldsymbol{x}^{(k+1)}=\boldsymbol{B}_J\boldsymbol{x}^{(k)}+\boldsymbol{f}_J \tag{3-57}$$

矩阵 $\boldsymbol{B}_J$ 称为**雅可比迭代矩阵**。

记

$$\boldsymbol{D}=\begin{bmatrix}a_{11} & & & \\ & a_{22} & & \\ & & \ddots & \\ & & & a_{nn}\end{bmatrix}$$

$$\boldsymbol{L}=\begin{bmatrix}0 & & & & \\ a_{21} & 0 & & & \\ a_{31} & a_{32} & 0 & & \\ \vdots & \vdots & \ddots & \ddots & \\ a_{n1} & a_{n2} & \cdots & a_{n,n-1} & 0\end{bmatrix}$$

$$\boldsymbol{U}=\begin{bmatrix}0 & a_{12} & a_{13} & \cdots & a_{1n}\\ & 0 & a_{23} & \cdots & a_{2n}\\ & & 0 & \ddots & \vdots\\ & & & \ddots & a_{n-1,n}\\ & & & & 0\end{bmatrix}$$

那么我们有

$$\boldsymbol{A}=\boldsymbol{D}+\boldsymbol{L}+\boldsymbol{U}$$

并且

$$\boldsymbol{B}_J=-\boldsymbol{D}^{-1}(\boldsymbol{L}+\boldsymbol{U})$$

$$\boldsymbol{f}_J=\boldsymbol{D}^{-1}\boldsymbol{b}$$

例 3-8 用雅可比迭代法求下列方程组的解

$$\begin{cases}10x_1-2x_2-x_3=3\\ -2x_1+10x_2-x_3=15\\ -x_1-2x_2+5x_3=10\end{cases}$$

解　雅可比迭代格式为

$$\begin{cases} x_1^{(k+1)} = 0.2x_2^{(k)} + 0.1x_3^{(k)} + 0.3 \\ x_2^{(k+1)} = 0.2x_1^{(k)} + 0.1x_3^{(k)} + 1.5 \\ x_3^{(k+1)} = 0.2x_1^{(k)} + 0.4x_2^{(k)} + 2 \end{cases}$$

取初值为 $\boldsymbol{x}^{(0)} = [0 \quad 0 \quad 0]^{\mathrm{T}}$。计算结果见表 3-1 所示。

表 3-1　例 3-8 的计算结果

k	$x_1^{(k)}$	$x_2^{(k)}$	$x_3^{(k)}$
0	0	0	0
1	0.300 0	1.500 0	2.000 0
2	0.800 0	1.760 0	2.660 0
3	0.918 0	1.926 0	2.864 0
4	0.971 6	1.970 0	2.954 0
5	0.989 4	1.989 7	2.982 3
6	0.996 3	1.996 1	2.993 8
7	0.998 6	1.998 6	2.997 7
8	0.999 5	1.999 5	2.999 2
9	0.999 8	1.999 8	2.999 8

该方程组的准确解是

$$\begin{cases} x_1 = 1 \\ x_2 = 2 \\ x_3 = 3 \end{cases}$$

从表 3-1 中可以看出，随着迭代次数的增加，迭代结果越来越接近准确解，故可以取

$$\begin{cases} x_1^{(9)} = 0.999\,8 \\ x_2^{(9)} = 1.999\,8 \\ x_3^{(9)} = 2.999\,8 \end{cases}$$

作为方程组的近似解。

三、高斯-赛德尔迭代法

下面进一步考察雅可比迭代法公式(3-56)，在每一步迭代过程中，我们用 $\boldsymbol{x}^{(k)}$ 计算 $\boldsymbol{x}^{(k+1)}$，但是从公式中可以看出，在计算 $\boldsymbol{x}^{(k+1)}$ 的第 i 个分量 $x_i^{(k+1)}$ 时，已经获得 $x^{(k+1)}$ 的前 $i-1$ 个分量 $x_1^{(k+1)}$，…，$x_{i-1}^{(k+1)}$。一般来讲，$x_1^{(k+1)}$，…，$x_{i-1}^{(k+1)}$ 逼近精度较 $x_1^{(k)}$，…，$x_{i-1}^{(k)}$ 要高，因此可以设想，一旦 $x_1^{(k+1)}$，…，$x_{i-1}^{(k+1)}$ 被求出，就用它们来代替雅可比方法中的 $x_1^{(k)}$，…，$x_{i-1}^{(k)}$，也许可以获得更快的收敛速度，即式(3-56)可写为

$$
\begin{cases}
x_1^{(k+1)}=\dfrac{1}{a_{11}}(-a_{12}x_2^{(k)}-a_{13}x_3^{(k)}-a_{14}x_4^{(k)}-\cdots-a_{1n}x_n^{(k)}+b_1)\\
x_2^{(k+1)}=\dfrac{1}{a_{22}}(-a_{21}x_1^{(k+1)}-a_{23}x_3^{(k)}-a_{24}x_4^{(k)}-\cdots-a_{2n}x_n^{(k)}+b_2)\\
x_3^{(k+1)}=\dfrac{1}{a_{33}}(-a_{31}x_1^{(k+1)}-a_{32}x_2^{(k+1)}-a_{34}x_4^{(k)}\cdots-a_{3n}x_n^{(k)}+b_3)\\
\vdots\\
x_n^{(k+1)}=\dfrac{1}{a_{nn}}(-a_{n1}x_1^{(k+1)}-a_{n2}x_2^{(k+1)}-a_{n3}x_3^{(k+1)}-a_{n4}x_4^{(k+1)}-\cdots-a_{n,n-1}x_{n-1}^{(k+1)}+b_n)
\end{cases}
\tag{3-58}
$$

任取初值 $\boldsymbol{x}^{(0)}=[x_1^{(0)}\quad x_2^{(0)}\quad\cdots\quad x_n^{(0)}]^{\mathrm{T}}$，由式(3-58)可以得到一个迭代序列 $\{\boldsymbol{x}^{(k)}\}$，其中 $\boldsymbol{x}^{(k)}=[x_1^{(k)}\quad x_2^{(k)}\quad\cdots\quad x_n^{(k)}]^{\mathrm{T}}$。称按照迭代格式(3-58)求解方程组的方法为**高斯-赛德尔(Gauss-Seidel)迭代法**。

$$
\boldsymbol{x}^{(k+1)}=\boldsymbol{D}^{-1}(-\boldsymbol{L}\boldsymbol{x}^{(k+1)}-\boldsymbol{U}\boldsymbol{x}^{(k)}+\boldsymbol{b})
\tag{3-59}
$$

整理得

$$
\boldsymbol{x}^{(k+1)}=-(\boldsymbol{D}+\boldsymbol{L})^{-1}\boldsymbol{U}\boldsymbol{x}^{(k)}+(\boldsymbol{D}+\boldsymbol{L})^{-1}\boldsymbol{b}
\tag{3-60}
$$

记 $\boldsymbol{B}_G=-(\boldsymbol{D}+\boldsymbol{L})^{-1}\boldsymbol{U}$，$\boldsymbol{f}_G=(\boldsymbol{D}+\boldsymbol{L})^{-1}\boldsymbol{b}$，则有

$$
\boldsymbol{x}^{(k+1)}=\boldsymbol{B}_G\boldsymbol{x}^{(k)}+\boldsymbol{f}_G
\tag{3-61}
$$

称 $\boldsymbol{B}_G$ 为**高斯-赛德尔迭代矩阵**。

例 3-9 用高斯-赛德尔迭代法求例 3-8 中方程组的解。

解 高斯-赛德尔迭代格式为

$$
\begin{cases}
x_1^{(k+1)}=0.2x_2^{(k)}+0.1x_3^{(k)}+0.3\\
x_2^{(k+1)}=0.2x_1^{(k+1)}+0.1x_3^{(k)}+1.5\\
x_3^{(k+1)}=0.2x_1^{(k+1)}+0.4x_2^{(k+1)}+2
\end{cases}
$$

取初值为 $\boldsymbol{x}^{(0)}=[0\quad 0\quad 0]^{\mathrm{T}}$。计算结果见表 3-2 所示。

表 3-2 例 3-9 的计算结果

k	$x_1^{(k)}$	$x_2^{(k)}$	$x_3^{(k)}$
0	0	0	0
1	0.300 0	1.560 0	2.684 0
2	0.880 4	1.944 5	2.953 9
3	0.984 3	1.992 3	2.993 8
4	0.997 8	1.998 9	2.999 1
5	0.999 7	1.999 9	2.999 9

四、迭代法的收敛性

定理 3-6(迭代法收敛基本定理)　设有方程组

$$\boldsymbol{x}=\boldsymbol{Bx}+\boldsymbol{f}$$

对于任意初始向量 $\boldsymbol{x}^{(0)}$ 及任意 $\boldsymbol{f}$，解此方程组的迭代法($\boldsymbol{x}^{(k+1)}=\boldsymbol{Bx}^{(k)}+\boldsymbol{f}$)收敛的充要条件是 $\rho(\boldsymbol{B})<1$，其中 $\rho(\boldsymbol{B})$ 是矩阵 $\boldsymbol{B}$ 的谱半径。

例 3-10　设有线性方程组 $\boldsymbol{Ax}=\boldsymbol{b}$，其中

$$\boldsymbol{A}=\begin{bmatrix} 1 & \frac{3}{4} & \frac{3}{4} \\ \frac{3}{4} & 1 & \frac{3}{4} \\ \frac{3}{4} & \frac{3}{4} & 1 \end{bmatrix}$$

考察雅可比迭代法和高斯-赛德尔迭代法的收敛性。

解　(1)矩阵 $\boldsymbol{A}$ 的雅可比矩阵

$$\boldsymbol{B}_J=\begin{bmatrix} 0 & -\frac{3}{4} & -\frac{3}{4} \\ -\frac{3}{4} & 0 & -\frac{3}{4} \\ -\frac{3}{4} & -\frac{3}{4} & 0 \end{bmatrix}$$

$\boldsymbol{B}_J$ 的特征方程为

$$\det(\lambda\boldsymbol{I}-\boldsymbol{B}_J)=\lambda^3-\frac{27}{16}\lambda+\frac{27}{32}=0$$

记

$$f(\lambda)=\lambda^3-\frac{27}{16}\lambda+\frac{27}{32}$$

由于

$$f(-1)=\frac{49}{32}>0\ ,\ f(-2)=-\frac{121}{32}<0$$

所以 $f(\lambda)$ 在区间[-2，-1]上有一个根，即

$$\rho(\boldsymbol{B}_J)>1$$

因此，雅可比迭代法发散。

(2) 矩阵 $\boldsymbol{A}$ 的高斯-赛德尔迭代矩阵

$$\boldsymbol{B}_G=-(\boldsymbol{D}+\boldsymbol{L})^{-1}\boldsymbol{U}=-\begin{bmatrix} 0 & \frac{3}{4} & \frac{3}{4} \\ 0 & -\frac{9}{16} & \frac{3}{16} \\ 0 & -\frac{9}{64} & -\frac{45}{64} \end{bmatrix}$$

其特征方程为

$$\det(\lambda \boldsymbol{I}-\boldsymbol{B}_G)=\lambda^3-\frac{81}{64}\lambda^2+\frac{27}{64}\lambda=\lambda\left(\lambda^2-\frac{81}{64}\lambda+\frac{27}{64}\right)=0$$

解之得

$$\lambda_1=0,\ \lambda_{2,3}=0.633\pm0.146i$$

由此得

$$\rho(\boldsymbol{B}_G)=\max_{1\leqslant i\leqslant 3}|\lambda_i|=0.650<1$$

因此，高斯-赛德尔迭代法收敛。

在判断高斯-赛德尔迭代法收敛性的计算过程中，为了避免求逆矩阵$(\boldsymbol{D}+\boldsymbol{L})^{-1}$，我们常常使用下列技巧。

$$\begin{aligned}\det(\lambda \boldsymbol{I}-\boldsymbol{B}_G)&=\det(\lambda \boldsymbol{I}+(\boldsymbol{D}+\boldsymbol{L})^{-1}\boldsymbol{U})\\&=\det((\boldsymbol{D}+\boldsymbol{L})^{-1}(\lambda(\boldsymbol{D}+\boldsymbol{L})+\boldsymbol{U})\\&=\det((\boldsymbol{D}+\boldsymbol{L})^{-1})\det(\lambda(\boldsymbol{D}+\boldsymbol{L})+\boldsymbol{U})\end{aligned}$$

因此，特征方程与方程 $\det(\lambda(\boldsymbol{D}+\boldsymbol{L})+\boldsymbol{U})=0$ 同根。

定理 3-7(迭代法收敛的充分条件) 如果方程组 $\boldsymbol{Ax}=\boldsymbol{b}$ 的迭代公式为 $\boldsymbol{x}^{(k+1)}=\boldsymbol{Bx}^{(k)}+\boldsymbol{f}$($\boldsymbol{x}^{(0)}$为任意初始向量)，且迭代矩阵的某一种范数 $\|\boldsymbol{B}\|_v=q<1$，则

(1) 迭代法收敛；

(2) $\|\boldsymbol{x}^*-\boldsymbol{x}^{(k)}\|_v\leqslant\dfrac{q}{1-q}\|\boldsymbol{x}^{(k)}-\boldsymbol{x}^{(k-1)}\|_v$ (3-62)

(3) $\|\boldsymbol{x}^*-\boldsymbol{x}^{(k)}\|_v\leqslant\dfrac{q^k}{1-q}\|\boldsymbol{x}^{(1)}-\boldsymbol{x}^{(0)}\|_v$ (3-63)

证明 因为

$$\begin{aligned}\|\boldsymbol{x}^*-\boldsymbol{x}^{(k+1)}\|_v&=\|\boldsymbol{B}(\boldsymbol{x}^*-\boldsymbol{x}^{(k)})\|_v\\&\leqslant\|\boldsymbol{B}\|_v\|\boldsymbol{x}^*-\boldsymbol{x}^{(k)}\|_v\\&\leqslant q\|\boldsymbol{x}^*-\boldsymbol{x}^{(k)}\|_v\\&\leqslant\cdots\\&\leqslant q^{k+1}\|\boldsymbol{x}^*-\boldsymbol{x}^{(0)}\|_v\to0\end{aligned}$$

所以迭代法收敛。

考虑到

$$\|\boldsymbol{x}^{(k+1)}-\boldsymbol{x}^{(k)}\|_v\leqslant q\|\boldsymbol{x}^{(k)}-\boldsymbol{x}^{(k-1)}\|_v \tag{3-64}$$

有

$$\begin{aligned}\|\boldsymbol{x}^*-\boldsymbol{x}^{(k)}\|_v&=\|\boldsymbol{x}^*-\boldsymbol{x}^{(k+1)}+\boldsymbol{x}^{(k+1)}-\boldsymbol{x}^{(k)}\|_v\\&\leqslant\|\boldsymbol{x}^*-\boldsymbol{x}^{(k+1)}\|_v+\|\boldsymbol{x}^{(k+1)}-\boldsymbol{x}^{(k)}\|_v\\&\leqslant q\|\boldsymbol{x}^*-\boldsymbol{x}^{(k)}\|_v+q\|\boldsymbol{x}^{(k)}-\boldsymbol{x}^{(k-1)}\|_v\end{aligned}$$

整理得

$$\|\boldsymbol{x}^*-\boldsymbol{x}^{(k)}\|_v\leqslant\frac{q}{1-q}\|\boldsymbol{x}^{(k)}-\boldsymbol{x}^{(k-1)}\|_v \tag{3-65}$$

将(3-64)代入(3-65)得

$$
\begin{aligned}
\| \boldsymbol{x}^* - \boldsymbol{x}^{(k)} \|_v &\leqslant \frac{q}{1-q} \| \boldsymbol{x}^{(k)} - \boldsymbol{x}^{(k-1)} \|_v \\
&\leqslant \frac{q}{1-q} (q \| \boldsymbol{x}^{(k-1)} - \boldsymbol{x}^{(k-2)} \|_v) \\
&= \frac{q^2}{1-q} \| \boldsymbol{x}^{(k-1)} - \boldsymbol{x}^{(k-2)} \|_v \\
&\leqslant \cdots \\
&\leqslant \frac{q^k}{1-q} \| \boldsymbol{x}^{(k-1)} - \boldsymbol{x}^{(k-2)} \|_v
\end{aligned}
$$

证毕。

例 3-11 考察用雅可比迭代法和高斯-赛德尔迭代法求例 3-8 中方程组解的敛散性。

解 例 3-8 中方程组的雅可比迭代矩阵和高斯-赛德尔迭代矩阵分别是

$$
\boldsymbol{B}_J = \begin{bmatrix} 0 & 0.2 & 0.1 \\ 0.2 & 0 & 0.1 \\ 0.2 & 0.4 & 0 \end{bmatrix},
$$

$$
\boldsymbol{B}_G = \begin{bmatrix} 0 & 0.2 & 0.1 \\ 0 & 0.04 & 0.02 \\ 0 & 0.056 & 0.068 \end{bmatrix}
$$

显然

$$
\| \boldsymbol{B}_J \|_\infty = \max_{1 \leqslant i \leqslant 3} \sum_{j=1}^{3} b_{ij} = 0.6 < 1
$$

$$
\| \boldsymbol{B}_G \|_\infty = \max_{1 \leqslant i \leqslant 3} \sum_{j=1}^{3} g_{ij} = 0.3 < 1
$$

因此，该方程组的雅可比迭代法和高斯-赛德尔迭代法均收敛。

关于雅可比迭代法和高斯-赛德尔迭代法的收敛性，还有下面的定理。

定理 3-8 设有线性方程组 $\boldsymbol{Ax}=\boldsymbol{b}$

(1) 如果矩阵 $\boldsymbol{A}$ 是严格对角占优矩阵，那么雅可比迭代法和高斯-赛德尔迭代法都收敛。

(2) 如果矩阵 $\boldsymbol{A}$ 是对称正定矩阵，则高斯-赛德尔迭代法收敛。

证明过程可参阅参考文献[1]。

第六节 解线性方程组的超松弛迭代法

逐次超松弛迭代法(Successive Over Relaxation Method，简称 SOR 方法)是高斯-赛德尔迭代法的一种改进，是解大型稀疏矩阵方程组的有效方法之一。

超松弛迭代法的计算格式

$$
\begin{cases}
a_{11}x_1^{(k+1)} = (1-\omega)a_{11}x_1^{(k)} + \omega\left(b_1 - \sum_{j=2}^{n} a_{1j}x_j^{(k)}\right) \\
a_{22}x_2^{(k+1)} = (1-\omega)a_{22}x_2^{(k)} + \omega\left(b_2 - a_{21}x_1^{(k+1)} - \sum_{j=2+1}^{n} a_{2j}x_j^{(k)}\right) \\
\vdots \\
a_{nn}x_n^{(k+1)} = (1-\omega)a_{nn}x_n^{(k)} + \omega\left(b_n - \sum_{j=1}^{n-1} a_{nj}x_j^{(k+1)}\right)
\end{cases}
\tag{3-66}
$$

或写为

$$
\boldsymbol{D}\boldsymbol{x}^{(k+1)} = (1-\omega)\boldsymbol{D}\boldsymbol{x}^{(k)} + \omega(\boldsymbol{b} + \boldsymbol{L}\boldsymbol{x}^{(k+1)} + \boldsymbol{U}\boldsymbol{x}^{(k)}) \tag{3-67}
$$

其中 ω 为加速参数，称为**松弛因子**。从而有

$$
\boldsymbol{x}^{(k+1)} = (\boldsymbol{D}-\omega\boldsymbol{L})^{-1}[(1-\omega)\boldsymbol{D}+\omega\boldsymbol{U}]\boldsymbol{x}^{(k)} + \omega(\boldsymbol{D}-\omega\boldsymbol{L})^{-1}\boldsymbol{b} \tag{3-68}
$$

于是，超松弛迭代法的矩阵形式为

$$
\boldsymbol{x}^{(k+1)} = \boldsymbol{B}_\omega \boldsymbol{x}^{(k)} + \boldsymbol{f}_\omega \tag{3-69}
$$

其中 $\boldsymbol{B}_\omega = (\boldsymbol{D}-\omega\boldsymbol{L})^{-1}[(1-\omega)\boldsymbol{D}+\omega\boldsymbol{U}]$ 称为**超松弛迭代矩阵**，$\boldsymbol{f}_\omega = \omega(\boldsymbol{D}-\omega\boldsymbol{L})^{-1}\boldsymbol{b}$。

例 3-12 用超松弛迭代法解下列方程组

$$
\begin{bmatrix} -4 & 1 & 1 & 1 \\ 1 & -4 & 1 & 1 \\ 1 & 1 & -4 & 1 \\ 1 & 1 & 1 & -4 \end{bmatrix}
\begin{bmatrix} x_1 \\ x_2 \\ x_3 \\ x_4 \end{bmatrix} =
\begin{bmatrix} 1 \\ 1 \\ 1 \\ 1 \end{bmatrix}
$$

其准确解是 $\boldsymbol{x}^* = [-1 \quad -1 \quad -1 \quad -1]^{\mathrm{T}}$。

解 取 $\boldsymbol{x}^{(0)} = [0 \quad 0 \quad 0 \quad 0]^{\mathrm{T}}$，迭代公式为

$$
\begin{cases}
x_1^{(k+1)} = x_1^{(k)} - \omega(1+4x_1^{(k)} - x_2^{(k)} - x_3^{(k)} - x_4^{(k)})/4 \\
x_2^{(k+1)} = x_2^{(k)} - \omega(1-x_1^{(k+1)} + 4x_2^{(k)} - x_3^{(k)} - x_4^{(k)})/4 \\
x_3^{(k+1)} = x_3^{(k)} - \omega(1-x_1^{(k+1)} - x_2^{(k+1)} + 4x_3^{(k)} - x_4^{(k)})/4 \\
x_4^{(k+1)} = x_4^{(k)} - \omega(1-x_1^{(k+1)} - x_2^{(k+1)} - x_3^{(k+1)} + 4x_4^{(k)})/4
\end{cases}
$$

取 $\omega = 1.3$，第 11 次迭代结果为

$$
\boldsymbol{x}^{(11)} = [-0.999\,9 \quad -1.000\,0 \quad -0.999\,9 \quad -0.999\,9]^{\mathrm{T}}
$$

此时，$\|\boldsymbol{x}^{(11)} - \boldsymbol{x}^*\|_2 \leqslant 0.46\times 10^{-5}$。

对 ω 取其他值时，其迭代次数如表 3-3 所示。从该例子可以看出，松弛因子选择的好，会使 SOR 迭代法的收敛速度大大加快。本例中，$\omega = 1.3$ 是最佳松弛因子。

定理 3-9 解线性方程组 $\boldsymbol{A}\boldsymbol{x} = \boldsymbol{b}$ 的 SOR 方法收敛的充要条件是

$$
\rho(\boldsymbol{L}_\omega) < 1
$$

引进超松驰迭代法的想法是希望能选择松弛因子 ω 使得迭代过程(3-68)式收敛较快，也就是选择因子 ω 使 $\rho(\boldsymbol{L}_\omega) = \min\limits_{\omega}$。

定理 3-10 设线性方程组 $\boldsymbol{A}\boldsymbol{x} = \boldsymbol{b}$ 的 SOR 方法收敛，则 $0<\omega<2$。

表 3-3　与不同松弛因子对应的迭代次数

松弛因子 ω	满足误差 $\|\boldsymbol{x}^{(k)}-\boldsymbol{x}^*\|_2<10^{-5}$ 的迭代次数
1.0	22
1.1	17
1.2	12
1.3	△11(最小迭代次数)
1.4	14
1.5	17
1.6	23
1.7	33
1.8	53
1.9	109

证明　由假设条件知，SOR 方法收敛，根据定理 3-9，$\rho(\boldsymbol{L}_\omega)<1$，设 $\boldsymbol{L}_\omega$ 的特征值为 λ_1，λ_2，…，λ_n，那么

$$|\det(\boldsymbol{L}_\omega)|=|\lambda_1\lambda_2\cdots\lambda_n|\leqslant(\rho(\boldsymbol{L}_\omega))^n$$

于是

$$|\det(\boldsymbol{L}_\omega)|^{1/n}\leqslant\rho(\boldsymbol{L}_\omega)<1$$

而

$$\det(\boldsymbol{L}_\omega)=\det((\boldsymbol{D}-\omega\boldsymbol{L})^{-1})\det((1-\omega)\boldsymbol{D}+\omega\boldsymbol{U})=(1-\omega)^n$$

所以 $|1-\omega|<1$，即 $0<\omega<2$。证毕。

定理 3-11　如果 $\boldsymbol{A}$ 为对称正定矩阵，且 $0<\omega<2$，则解线性方程组 $\boldsymbol{Ax}=\boldsymbol{b}$ 的 SOR 方法收敛。

本章小结

求线性方程组 $\boldsymbol{Ax}=\boldsymbol{b}$ 的数值解的方法主要有两类：直接法和迭代法。直接法主要用于求中小型稠密方程组的解，而迭代法主要用于求大中型稀疏方程组的解。

直接法的重点是高斯消去法及其变形——直接三角分解法。考虑到舍入误差的影响，高斯消去法是不稳定的。为此，引进选列主元的技巧，得到了解方程组的列主元素消去法。该技巧可以有效地控制舍入误差的影响。一般来讲，列主元消去法和选主元直接三角分解法都是稳定的算法。对于对称正定方程组，采用不选主元素的平方根法求解较适宜，理论分析指出，解对称正定方程组的平方根法是一个稳定的算法。追赶法是解三对角方程组的有效方法，具有计算量少、方法简单、算法稳定等优点。

迭代法目前是求解大中型稀疏方程组的重要方法。迭代法具有存储空间小、编程计算简单和并行性的特点，但是在使用迭代法时必须考虑收敛性和收敛速度问题，不收敛的算

法是不能使用的。雅可比迭代法和高斯-赛德尔迭代法是简单的迭代法，其收敛性容易判定，但实际应用较多的是 SOR 迭代法，若选择好的松弛因子，会使 SOR 法的收敛速度大大加快。

思考题

3-1　求线性方程组的数值解的方法可以分成几类，它们各自的适用范围是什么？

3-2　高斯消去法的基本思想是什么，它的主要缺点是什么？

3-3　列主元消去法的优点是什么，它主要适用于求哪种类型线性方程组的解？

3-4　***LU*** 分解法与高斯消去法的关系。

3-5　平方根法、追赶法主要适用于求哪种类型线性方程组的解？

3-6　向量范数和矩阵范数的概念。

3-7　求线性方程组迭代法的基本思想是什么？

3-8　雅可比迭代法和高斯-赛德尔迭代法的矩阵表示形式是什么？

3-9　迭代法收敛的条件是什么，其误差估计式是什么？

习题三

3-1　用高斯消去法和高斯列主元消去法解下列方程组

$$\begin{cases}2x_1-x_2+3x_3=1\\4x_1+2x_2+5x_3=4\\x_1+2x_2=7\end{cases}$$

3-2　用 ***LU*** 分解法求第 3-1 题中方程组的解。

3-3　用平方根法求下列方程组的解

$$\begin{bmatrix}1&2&1\\2&5&0\\1&0&14\end{bmatrix}\begin{bmatrix}x_1\\x_2\\x_3\end{bmatrix}=\begin{bmatrix}4\\7\\15\end{bmatrix}$$

3-4　用追赶法求下列方程组的解

$$\begin{bmatrix}2&-1&&&\\-1&2&-1&&\\&-1&2&-1&\\&&-1&2&-1\\&&&-1&2\end{bmatrix}\begin{bmatrix}x_1\\x_2\\x_3\\x_4\\x_5\end{bmatrix}=\begin{bmatrix}1\\0\\0\\0\\0\end{bmatrix}$$

3-5　设向量 $\boldsymbol{x}=[1\quad 3\quad -5]^{\mathrm{T}}$，矩阵 $\boldsymbol{A}=\begin{bmatrix}3&-2\\-4&1\end{bmatrix}$，求 $\|\boldsymbol{x}\|_p$ 和 $\|\boldsymbol{A}\|_p$，其中 $p=1$，2，∞。

3-6　设有线性方程组

$$\begin{bmatrix} 5 & 2 & 1 \\ -1 & 4 & 2 \\ 2 & -3 & 10 \end{bmatrix}\begin{bmatrix} x_1 \\ x_2 \\ x_3 \end{bmatrix}=\begin{bmatrix} -12 \\ 20 \\ 3 \end{bmatrix}$$

(1) 考察用雅可比迭代法和高斯-赛德尔迭代法求该方程组解的敛散性。

(2) 用雅可比迭代法和高斯-赛德尔迭代法求解该方程组，要求 $\| \boldsymbol{x}^{(k)}-\boldsymbol{x}^{(k-1)} \|_{\infty} \leqslant 10^{-4}$时迭代中止。

上机实验

实验 3-1　用列主元消去法求解如下方程组。

$$\begin{cases} x_1+2x_2+3x_3=14 \\ 2x_1+5x_2+2x_3=18 \\ 3x_1+x_2+5x_3=20 \end{cases}$$

实验 3-2　用直接三角分解法求如下方程组的解。

$$\begin{bmatrix} 1 & 2 & 3 \\ 2 & 5 & 2 \\ 3 & 1 & 5 \end{bmatrix}\begin{bmatrix} x_1 \\ x_2 \\ x_3 \end{bmatrix}=\begin{bmatrix} 14 \\ 18 \\ 20 \end{bmatrix}$$

实验 3-3　分别用雅可比迭代法和高斯-赛德尔迭代法求下列方程组的解。

$$\begin{cases} 10x_1-x_2-x_3=3 \\ -2x_1+10x_2-x_3=15 \\ -x_1-2x_2+5x_3=10 \end{cases}$$

第四章 》

插值与逼近

【本章重点】拉格朗日插值；牛顿插值；埃尔米特插值；分段插值；样条插值；曲线拟合

【本章难点】样条插值

在科学研究和生产实践活动中所遇到的大量函数，有相当一部分是通过观察、测量或实验得到的。对于这些已知的离散点的函数值、导数值等数据，虽然其函数关系 $y=f(x)$ 在某个区间 $[a, b]$ 上大都是存在的，然而我们却难以得知其具体的解析表达式，因此我们希望能用较为简单的表达式来近似地从整体上描述这些数值之间的函数关系。此外，还有一些函数虽然有明确的解析表达式，但是由于其形式过于复杂而不便于对其进行理论分析和数值计算，实用性较差，因此同样希望对这些问题中的函数构建一个既能反映函数特性又能适用于数值计算的简单函数，来近似代替原来那些不便处理的函数。

这种用较为简单的函数来近似复杂函数的问题就是函数逼近问题，函数插值和曲线拟合是计算方法中常用的两种函数逼近方法。如果要求出一个简单函数，使其所表示的曲线经过所有给定的数据点，就是函数插值问题；如果要求构造一个简单函数，使其表示的曲线近似反映数据变化的基本趋势，而不必经过所有给定的数据点，就是曲线拟合问题。

关于插值法，本章主要介绍拉格朗日插值、牛顿插值、埃尔米特插值、分段插值、样条插值等方法。关于曲线拟合，本章只介绍曲线拟合中的最基本的最小二乘法。

第一节　引　言

一、问题的提出

设函数 $y=f(x)$ 在区间 $[a, b]$ 上有定义，$x_i(i=0, 1, \cdots, n)$ 是 $[a, b]$ 上 $n+1$ 个互异实数，对应的函数值可表示为

$$y_i=f(x_i), \quad i=0, 1, \cdots, n \tag{4-1}$$

或者给出一张函数表，如表 4-1 所示。

表 4-1　函数表

x	x_0	x_1	x_2	…	x_n
y	y_0	y_1	y_2	…	y_n

这里 $a \leqslant x_0 < x_1 < \cdots < x_n \leqslant b$。

如何通过这些数据的对应关系找出函数 $f(x)$ 的一个近似表达式呢？可以利用插值。简单来说，插值的目的就是根据给定的函数表，寻找一个解析形式的函数来近似地代替 $f(x)$。这里我们选择一个函数 $P(x)$，使其满足

$$P(x_i) = y_i,\ i=0,\ 1,\ \cdots,\ n \tag{4-2}$$

并把它作为函数 $y=f(x)$ 的近似表达式。满足关系式的 $P(x)$ 称为 $f(x)$ 的**插值函数**，$f(x)$ 称为**被插值函数**，点 x_0，x_1，…，x_n 称为**插值节点**，包含插值节点的区间 $[a,\ b]$ 称为**插值区间**，求插值函数 $P(x)$ 的方法称为**插值法**。

从几何意义来看，插值法就是寻求一条曲线 $y=P(x)$，使它通过平面上给定的 $n+1$ 个点 $(x_i,\ y_i)$，$i=0$，1，…，n，如图 4-1 所示。

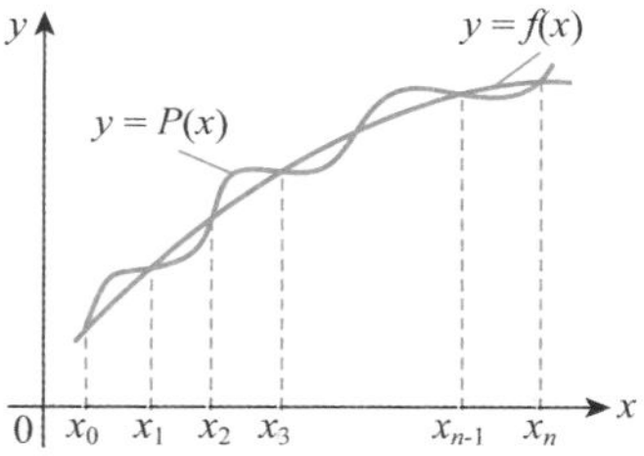

图 4-1　插值法的几何解释

在进行插值时，首先要根据需要选择插值函数 $P(x)$ 所属的函数类。由于选择的插值函数 $P(x)$ 的形式不同，就产生不同类型的插值法。若 $P(x)$ 为代数多项式，就称为代数插值；若 $P(x)$ 为三角多项式就称为三角多项式插值；类似地，还有有理函数插值、样条函数插值等。选用不同的插值函数，近似的效果也不相同。代数多项式结构简单，并具有良好的性质，便于进行理论分析和数值计算。下面主要介绍采用多项式作为插值函数，即代数插值方法。

二、插值多项式的存在与唯一

若插值函数 $P(x)$ 是次数不超过 n 的代数多项式，即

$$P(x) = a_0 + a_1 x + \cdots + a_n x^n \tag{4-3}$$

其中 $a_i(i=0,\ 1,\ \cdots,\ n)$ 为实数，就称 $P(x)$ 为**插值多项式**，相应的插值法就称为**多项式插值**。

定理 4-1　设 $a \leqslant x_0 < x_1 < \cdots < x_n \leqslant b$ 为区间 $[a,\ b]$ 内给定的 $n+1$ 个互异插值节点，则在次数不超过 n 的多项式集合 H_n 中，满足条件式(4-2)的插值多项式 $P_n(x)$ 存在且唯一。

证明　设所求的插值多项式 $P_n(x)$ 是形如式(4-3)的插值多项式，用 H_n 代表所有次数

不超过 n 的代数多项式集合，于是 $P_n(x)\in H_n$。插值多项式 $P_n(x)$ 存在且唯一，就意味着在集合 H_n 中有且仅有一个 $P_n(x)$ 满足式(4-2)。由式(4-2)可得

$$\begin{cases} a_0+a_1x_0+\cdots+a_nx_0{}^n=y_0 \\ a_0+a_1x_1+\cdots+a_nx_1{}^n=y_1 \\ \qquad\qquad\vdots \\ a_0+a_1x_n+\cdots+a_nx_n{}^n=y_n \end{cases} \tag{4-4}$$

这是一个关于 a_0，a_1，…，a_n 的 $n+1$ 元线性方程组。其系数行列式

$$V_n(x_0,\ x_1,\ \cdots,\ x_n)=\begin{vmatrix} 1 & x_0 & x_0{}^2 & \cdots & x_0{}^n \\ 1 & x_1 & x_1^2 & \cdots & x_1{}^n \\ \vdots & \vdots & \vdots & \ddots & \vdots \\ 1 & x_n & x_n{}^2 & \cdots & x_n{}^n \end{vmatrix}$$

为范德蒙(Vandermonde)行列式。利用行列式性质可得

$$V_n(x_0,\ x_1,\ \cdots,\ x_n)=\prod_{1\leqslant i<j\leqslant n}^{n}(x_j-x_i)$$

由插值节点的互异性可知，当 $i\neq j$ 时 $x_i\neq x_j$，故所有因子 $x_i-x_j\neq 0$，于是

$$V_n(x_0,\ x_1,\ \cdots,\ x_n)\neq 0$$

故方程组式(4-4)存在唯一的一组解 a_0，a_1，…，a_n，即满足条件(4-2)式的多项式 $P_n(x)$存在且唯一。证毕。

使用上述过程求解插值多项式的方法称为**待定系数法**。这种方法需要解线性方程组，且当节点较多时，则需要求解高次线性方程组。虽然这种求解方法是可行的，但这是求插值多项式的最繁杂的办法。在实际应用中，通常采用的是拉格朗日插值、牛顿插值等类似的构造性插值方法。

第二节　拉格朗日插值

一、线性插值与抛物插值

从定理4-1的证明过程可以看出，欲求出插值多项式 $P(x)$，可以通过求方程组(4-4)的解 a_0，a_1，…，a_n 得到。然而这样做不但计算复杂，而且很难得到 $P(x)$ 的简单表达式。为了求得形式简单、便于使用的 $P(x)$，下面先讨论 $n=1$ 的情形。

设函数 $y=f(x)$ 在节点 x_0 和 x_1 处的函数值分别为 y_0 和 y_1，如何构造一个插值多项式 $L_1(x)$，使 $L_1(x)$满足插值条件 $L_1(x_0)=y_0$，$L_1(x_1)=y_1$ 呢?

从几何意义考虑(图4-2)，最简单的就是过两点$(x_0,\ y_0)$，$(x_1,\ y_1)$作一条直线。把直线方程表示为

$$L_1(x)=ax+b \tag{4-5}$$

欲确定 a、b，把两点代入方程式(4-5)，得

$$\begin{cases} ax_0+b=y_0 \\ ax_1+b=y_1 \end{cases}$$

只要 x_0 不等于 x_1，即可得到 a、b。亦可从几何表示中直接写出插值多项式的表达式

$$L_1(x)=y_0+\frac{y_1-y_0}{x_1-x_0}(x-x_0) \tag{4-6}$$

式(4-6)通常称为点斜式方程。从图 4-2 看出，就是用直线 $L_1(x)$ 近似地代替 $f(x)$。显然这样的 $L_1(x)$ 是满足式(4-1)的。由于是用直线近似地代替函数 $f(x)$，因此称这种插值为**线性插值**。

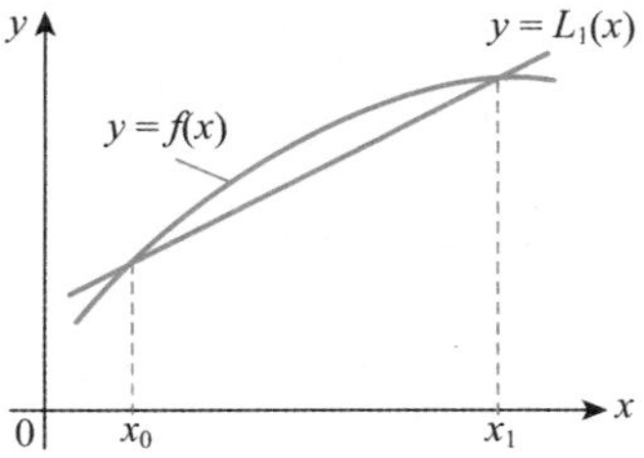

图 4-2　线性插值示意图

也可以用两点式方程来表示直线 $L_1(x)$，则有

$$L_1(x)=y_0\frac{x-x_1}{x_0-x_1}+y_1\frac{x-x_0}{x_1-x_0} \tag{4-7}$$

从式(4-7)可以看出，$L_1(x)$ 是由两个一次多项式的线性组合得到的，若记

$$l_0(x)=\frac{x-x_1}{x_0-x_1},\quad l_1(x)=\frac{x-x_0}{x_1-x_0}$$

则有

$$L_1(x)=y_0l_0(x)+y_1l_1(x) \tag{4-8}$$

实际上 $l_0(x)$，$l_1(x)$ 也是线性插值多项式，他们在节点 x_0 与 x_1 处分别满足条件

$$\begin{aligned} l_0(x_0)=1,\quad l_0(x_1)=0 \\ l_1(x_0)=0,\quad l_1(x_1)=1 \end{aligned} \tag{4-9}$$

称 $l_0(x)$ 和 $l_1(x)$ 为**线性插值基函数**。它们的图形如图 4-3 所示。可以看出 $l_0(x)$ 和 $l_1(x)$ 只与插值节点 x_0、x_1 有关，和函数值 y_0、y_1 无关。

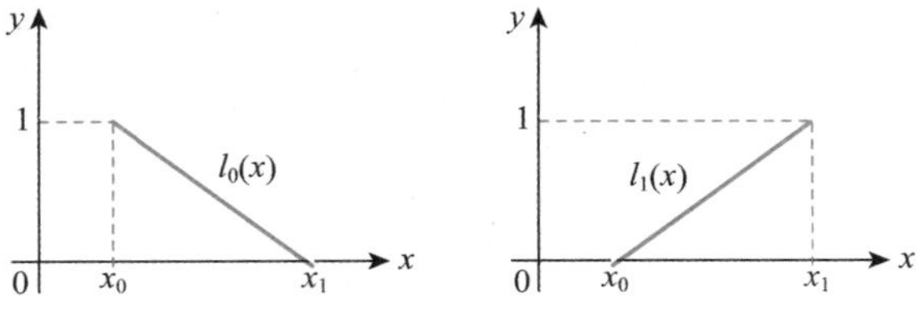

图 4-3　线性插值基函数 $l_0(x)$ 与 $l_1(x)$ 的示意图

下面讨论 $n=2$ 时的情形。设函数 $y=f(x)$ 在节点 x_0、x_1 和 x_2 处的函数值分别为 y_0、

y_1 和 y_2，求二次插值多项式 $L_2(x)$，使其满足插值条件

$$L_2(x_i)=y_i,\quad i=0,\ 1,\ 2$$

从几何意义上看，$L_2(x)$是通过平面内三个点$(x_0,\ y_0)$、$(x_1,\ y_1)$和$(x_2,\ y_2)$的一条抛物线，如图 4-4 所示。可以看出，所采用的方法就是用抛物线 $L_2(x)$ 近似地代替 $f(x)$，所以称这种插值为**抛物插值**。

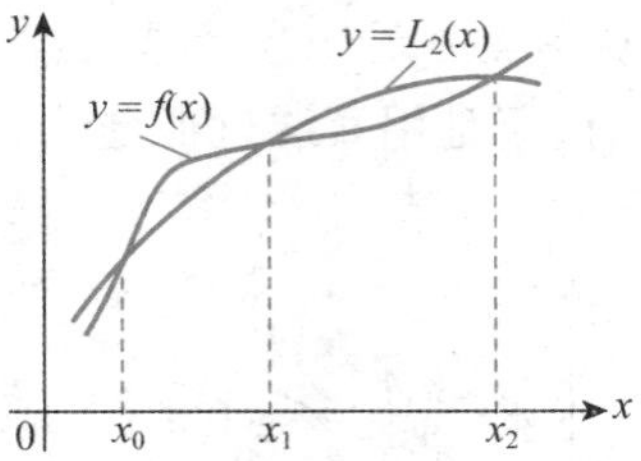

图 4-4　抛物插值示意图

仿照前一情形的讨论，先构造三个特殊的二次插值多项式 $l_0(x)$，$l_1(x)$ 与 $l_2(x)$，它们分别满足插值条件

$$\begin{aligned}&l_0(x_0)=1,\quad l_0(x_1)=0,\quad l_0(x_2)=0\\&l_1(x_0)=0,\quad l_1(x_1)=1,\quad l_1(x_2)=0\\&l_2(x_0)=0,\quad l_2(x_1)=0,\quad l_2(x_2)=1\end{aligned}\tag{4-10}$$

则 $L_2(x)$ 可以写成如下形式

$$L_2(x)=y_0l_0(x)+y_1l_1(x)+y_2l_2(x)\tag{4-11}$$

假如这样的函数 $l_0(x)$，$l_1(x)$ 与 $l_2(x)$ 存在，那么容易验证式(4-11)中的 $L_2(x)$ 满足插值条件。

接下来确定 $l_0(x)$，$l_1(x)$ 与 $l_2(x)$。对于二次多项式 $l_0(x)$，由于 x_1 和 x_2 都是 $l_0(x)$ 的零点，因此 $l_0(x)$ 一定有形式

$$l_0(x)=C(x-x_1)(x-x_2)$$

再由 $l_0(x_0)=1$，即可确定常数 $C=\dfrac{1}{(x_0-x_1)(x_0-x_2)}$，于是

$$l_0(x)=\frac{(x-x_1)(x-x_2)}{(x_0-x_1)(x_0-x_2)}\tag{4-12}$$

同理可以推出其余两个二次插值多项式

$$l_1(x)=\frac{(x-x_0)(x-x_2)}{(x_1-x_0)(x_1-x_2)}\tag{4-13}$$

$$l_2(x)=\frac{(x-x_0)(x-x_1)}{(x_2-x_0)(x_2-x_1)}\tag{4-14}$$

称二次多项式 $l_0(x)$，$l_1(x)$ 和 $l_2(x)$ 是**二次插值基函数**，它们的图形如图 4-5 所示。同样地，可以看出 $l_0(x)$、$l_1(x)$ 和 $l_2(x)$ 只与插值节点 x_0、x_1、x_2 有关，和函数值 y_0、y_1、y_2 无关。

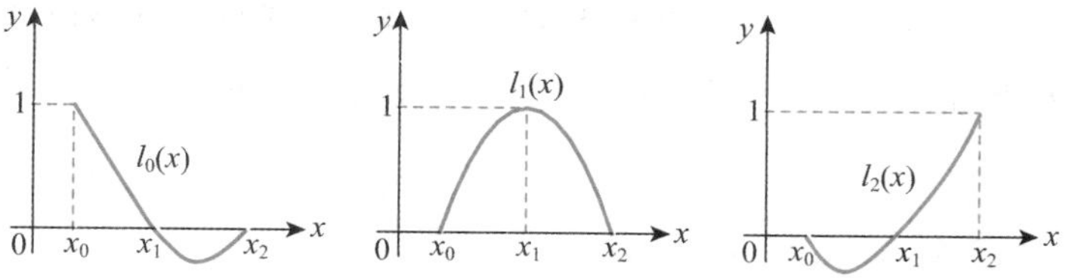

图 4-5　二次插值基函数的示意图

将上面求得的 $l_0(x)$、$l_1(x)$ 与 $l_2(x)$ 代入式(4-11)得

$$L_2(x)=y_0\frac{(x-x_1)(x-x_2)}{(x_0-x_1)(x_0-x_2)}+y_1\frac{(x-x_0)(x-x_2)}{(x_1-x_0)(x_1-x_2)}+y_2\frac{(x-x_0)(x-x_1)}{(x_2-x_0)(x_2-x_1)} \tag{4-15}$$

例 4-1　已知 $x_0=0$，$x_1=1$，试写出 $y=\mathrm{e}^{-x}$ 的线性插值多项式。

解　由已知得，$x_0=0$，$x_1=1$，$y_0=\mathrm{e}^{-0}=1$，$y_1=\mathrm{e}^{-1}$，则 $y=\mathrm{e}^{-x}$ 以 x_0、x_1 为插值节点的线性插值多项式为

$$L_1(x)=y_0\frac{x-x_1}{x_0-x_1}+y_1\frac{x-x_0}{x_1-x_0}=1\times\frac{x-1}{0-1}+\mathrm{e}^{-1}\times\frac{x-0}{1-0}=1+(\mathrm{e}^{-1}-1)x$$

例 4-2　已知 $\sqrt{100}=10$，$\sqrt{121}=11$，$\sqrt{144}=12$，试分别利用线性插值和抛物插值计算 $\sqrt{125}$ 的近似值。

解　(1) 用线性插值

若选择 $x_0=100$，$x_1=121$ 为插值节点，则

$$L_1(x)=y_0\frac{x-x_1}{x_0-x_1}+y_1\frac{x-x_0}{x_1-x_0}=10\times\frac{x-121}{100-121}+11\times\frac{x-100}{121-100}$$

$$\sqrt{125}\approx L_1(125)=10\times\frac{125-121}{100-121}+11\times\frac{125-100}{121-100}=11.190\ 48$$

若选择 $x_0=121$，$x_1=144$ 为插值节点，则

$$\tilde{L}_1(x)=y_0\frac{x-x_1}{x_0-x_1}+y_1\frac{x-x_0}{x_1-x_0}=11\times\frac{x-144}{121-144}+12\times\frac{x-121}{144-121}$$

$$\sqrt{125}\approx\tilde{L}_1(125)=11\times\frac{125-144}{121-144}+12\times\frac{125-121}{144-121}=11.173\ 91$$

(2) 用抛物插值

记 $y=\sqrt{x}$，由已知得，$x_0=100$，$x_1=121$，$x_2=144$，$y_0=10$，$y_1=11$，$y_2=12$，则 $y=\sqrt{x}$ 以 x_0，x_1，x_2 为插值节点的二次插值多项式为

$$L_2(x)=y_0\frac{(x-x_1)(x-x_2)}{(x_0-x_1)(x_0-x_2)}+y_1\frac{(x-x_0)(x-x_2)}{(x_1-x_0)(x_1-x_2)}+y_2\frac{(x-x_0)(x-x_1)}{(x_2-x_0)(x_2-x_1)}$$

则

$$\begin{aligned}\sqrt{125}&\approx L_2(125)\\&=10\times\frac{(125-121)(125-144)}{(100-121)(100-144)}+11\times\frac{(125-100)(125-144)}{(121-100)(121-144)}+12\times\frac{(125-100)(125-121)}{(144-100)(144-121)}\\&=11.181\ 07\end{aligned}$$

将上述结果与$\sqrt{125}$的准确值$\sqrt{125}=11.180\ 339\ 8\cdots$做比较，可以得到抛物插值比线性插值的计算结果更精确；在两个线性插值公式中，$\tilde{L}_1(125)$的结果要比$L_1(125)$的结果更精确。

二、拉格朗日插值多项式

将$n=1$及$n=2$的插值多项式推广到一般情形，考虑通过$n+1$个点$(x_i, y_i)(i=0, 1, \cdots, n)$的插值多项式$L_n(x)$，使其满足插值条件

$$L_n(x_i)=y_i,\ i=0, 1, \cdots, n \tag{4-16}$$

类似地，采用插值基函数方法，可得

$$L_n(x)=\sum_{i=0}^{n} y_i l_i(x) \tag{4-17}$$

其中

$$l_i(x)=\frac{(x-x_0)\cdots(x-x_{i-1})(x-x_{i+1})\cdots(x-x_n)}{(x_i-x_0)\cdots(x_i-x_{i-1})(x_i-x_{i+1})\cdots(x_i-x_n)},\ i=0, 1, \cdots, n \tag{4-18}$$

称为关于节点$x_0, x_1, \cdots, x_n$的**n次插值基函数**，它满足条件

$$l_i(x_j)=\begin{cases}1, & j=i\\ 0, & j\neq i\end{cases}\quad i, j=0, 1, \cdots, n \tag{4-19}$$

显然，由式(4-17)得到的n次插值多项式$L_n(x)$满足条件式(4-16)，则称$L_n(x)$为**拉格朗日(Lagrange)插值多项式**。

若引入记号

$$\omega_{n+1}(x)=(x-x_0)(x-x_1)\cdots(x-x_n) \tag{4-20}$$

则容易求得

$$\omega'_{n+1}(x_i)=(x_i-x_0)\cdots(x_i-x_{i-1})(x_i-x_{i+1})\cdots(x_i-x_n)$$

此时，式(4-18)中拉格朗日插值基函数$l_i(x)$可改写为

$$l_i(x)=\frac{\omega_{n+1}(x)}{(x-x_i)\omega'_{n+1}(x_i)} \tag{4-21}$$

从而拉格朗日插值多项式$L_n(x)$可改写为

$$L_n(x)=\sum_{i=0}^{n} y_i \frac{\omega_{n+1}(x)}{(x-x_i)\omega'_{n+1}(x_i)} \tag{4-22}$$

需要注意的是，n次插值多项式$L_n(x)$通常是次数为n的多项式，特殊情况下次数可能小于n。例如通过三点(x_0, y_0)、(x_1, y_1)、(x_2, y_2)的二次插值多项式$L_2(x)$，如果三点共线，则$y=L_2(x)$就是直线，而不是抛物线，这时$L_2(x)$就是一次多项式。

例 4-3 已知函数$y=f(x)$在节点$x_0=-1$，$x_1=1$，$x_2=2$处的函数值$y_0=2$，$y_1=1$，$y_2=3$，求函数$y=f(x)$的拉格朗日插值多项式，并计算$f(0.5)$的值。

解 在节点$x_0=-1$，$x_1=1$，$x_2=2$处的拉格朗日插值基函数分别为

$$l_0(x)=\frac{(x-x_1)(x-x_2)}{(x_0-x_1)(x_0-x_2)}=\frac{(x-1)(x-2)}{(-1-1)(-1-2)}=\frac{1}{6}(x^2-3x+2)$$

$$l_1(x)=\frac{(x-x_0)(x-x_2)}{(x_1-x_0)(x_1-x_2)}=\frac{(x+1)(x-2)}{(1+1)(1-2)}=-\frac{1}{2}(x^2-x-2)$$

$$l_2(x)=\frac{(x-x_0)(x-x_1)}{(x_2-x_0)(x_2-x_1)}=\frac{(x+1)(x-1)}{(2+1)(2-1)}=\frac{1}{3}(x^2-1)$$

则所求的拉格朗日插值多项式为

$$\begin{aligned}L_2(x)&=y_0l_0(x)+y_1l_1(x)+y_2l_2(x)\\&=2\times\frac{1}{6}(x^2-3x+2)+1\times\left[-\frac{1}{2}(x^2-x-2)\right]+3\times\frac{1}{3}(x^2-1)\\&=\frac{1}{6}(5x^2-3x+4)\end{aligned}$$

进而有

$$f(0.5)\approx L_2(0.5)=0.625$$

三、插值余项与误差估计

插值多项式 $L_n(x)$ 是在区间 $[a,\ b]$ 上对被插值函数 $y=f(x)$ 的近似，在插值节点 $x_0,\ x_1,\ \cdots,\ x_n$ 处满足插值条件 $L_n(x_i)=y_i$，$i=0,\ 1,\ \cdots,\ n$，则其截断误差为

$$R_n(x)=f(x)-L_n(x)$$

称 $R_n(x)$ 为插值多项式的余项，简称**插值余项**。关于插值余项估计有以下定理。

定理 4-2　设 $f^{(n)}(x)$ 在区间 $[a,\ b]$ 上连续，$f^{(n+1)}(x)$ 在 $(a,\ b)$ 内存在，$L_n(x)$ 为在节点 $a\leqslant x_0<x_1<\cdots<x_n\leqslant b$ 上满足插值条件(4-16)的插值多项式，则对任何 $x\in(a,\ b)$，其插值余项为

$$R_n(x)=f(x)-L_n(x)=\frac{f^{(n+1)}(\xi)}{(n+1)!}\omega_{n+1}(x) \tag{4-23}$$

其中 $\xi\in(a,\ b)$ 且依赖于 x，$\omega_{n+1}(x)$ 由式(4-20)定义。

证明　由已知条件可得

$$R_n(x_i)=f(x_i)-L_n(x_i)=0\quad(i=0,\ 1,\ \cdots,\ n) \tag{4-24}$$

故设

$$R_n(x)=K(x)(x-x_0)(x-x_1)\cdots(x-x_n)=K(x)\omega_{n+1}(x) \tag{4-25}$$

其中 $K(x)$ 为与 x 有关的待定函数。

为了确定函数 $K(x)$，设 $x\in[a,\ b]$，$x\neq x_i(i=0,\ 1,\ \cdots,\ n)$，构造辅助函数

$$\varphi(t)=f(t)-L_n(t)-K(x)(t-x_0)(t-x_1)\cdots(t-x_n) \tag{4-26}$$

由式(4-24)和式(4-26)知，$\varphi(t)$ 在点 $x_0,\ x_1,\ \cdots,\ x_n$ 和 x 处均为零，即 $\varphi(t)$ 在 $[a,\ b]$ 上有 $n+2$ 个零点。又由已知条件知，$\varphi(t)$ 在 $(a,\ b)$ 上有直至 $n+1$ 阶导数。于是根据罗尔(Rolle)定理，$\varphi'(t)$ 在区间 $[a,\ b]$ 内至少有 $n+1$ 个零点。反复利用罗尔定理，可以推知 $\varphi^{(n+1)}(t)$ 在 $(a,\ b)$ 内至少有一个零点，记为 $\xi\in(a,\ b)$，即有

$$\varphi^{(n+1)}(\xi)=f^{(n+1)}(\xi)-(n+1)!\ K(x)=0$$

于是

$$K(x)=\frac{f^{(n+1)}(\xi)}{(n+1)!} \tag{4-27}$$

$\xi\in(a,\ b)$且依赖于 x。将式(4-27)代入(4-25)，即得余项式(4-23)。证毕。

根据定理 4-2，当 $n=1$ 时，线性插值余项为

$$R_1(x)=f(x)-L_1(x)=\frac{f''(\xi)}{2!}(x-x_0)(x-x_1),\ \xi\in(a,\ b) \tag{4-28}$$

当 $n=2$ 时，抛物插值余项为

$$R_2(x)=f(x)-L_2(x)=\frac{f'''(\xi)}{3!}(x-x_0)(x-x_1)(x-x_2),\ \xi\in(a,\ b) \tag{4-29}$$

需要注意的是，定理 4-2 余项表达式中 $\xi\in(a,\ b)$的具体数值通常无法知道。但如果能求出

$$\max_{a\leqslant x\leqslant b}|f^{(n+1)}(x)|=M_{n+1}$$

则可以得到插值多项式 $L_n(x)$逼近函数 $f(x)$的截断误差限为

$$|R_n(x)|\leqslant\frac{M_{n+1}}{(n+1)!}|\omega_{n+1}(x)| \tag{4-30}$$

当 $n=1$ 时，线性插值的误差估计为

$$|R_1(x)|\leqslant\frac{M_2}{2!}|(x-x_0)(x-x_1)| \tag{4-31}$$

当 $n=2$ 时，抛物插值的误差估计为

$$|R_2(x)|\leqslant\frac{M_3}{3!}|(x-x_0)(x-x_1)(x-x_2)| \tag{4-32}$$

例 4-4 求例 4-2 中各插值方法的误差估计。

解 记 $y=f(x)=\sqrt{x}=x^{\frac{1}{2}}$，则有

$$f'(x)=\frac{1}{2}x^{-\frac{1}{2}},\ f''(x)=-\frac{1}{4}x^{-\frac{3}{2}},\ f'''(x)=\frac{3}{8}x^{-\frac{5}{2}}$$

(1) 用线性插值

选择 $x_0=100$，$x_1=121$ 为插值节点，则插值余项为

$$R_1(x)=f(x)-L_1(x)=\frac{1}{2}f''(\xi)(x-x_0)(x-x_1)=\frac{1}{2}f''(\xi)(x-100)(x-121)$$

当 $100<\xi<125$ 时，有

$$|R_1(125)|=\frac{1}{2}\times\frac{1}{4}\xi^{-\frac{3}{2}}\times(125-100)\times(125-121)\leqslant\frac{1}{8}(100)^{-\frac{3}{2}}\times25\times4=0.012\ 5$$

选择 $x_0=121$，$x_1=144$ 为插值节点，则插值余项为

$$\tilde{R}_1(x)=f(x)-\tilde{L}_1(x)=\frac{1}{2}f''(\xi)(x-x_0)(x-x_1)=\frac{1}{2}f''(\xi)(x-121)(x-144)$$

当 $121<\xi<144$ 时，有

$$|R_1(125)|=\frac{1}{2}\times\frac{1}{4}\xi^{-\frac{3}{2}}\times(125-121)\times(125-144)\leqslant\frac{1}{8}(121)^{-\frac{3}{2}}\times4\times19=0.007\ 14$$

(2) 用抛物插值

由式(4-29)得，抛物插值余项为

$$R_2(x)=f(x)-L_2(x)=\frac{f'''(\xi)}{3!}(x-x_0)(x-x_1)(x-x_2)$$

$$=\frac{f'''(\xi)}{3!}(x-100)(x-121)(x-144)$$

当 $100<\xi<144$ 时，有

$$|R_2(125)|=\frac{1}{3!}\left(\frac{3}{8}\xi^{-\frac{5}{2}}\right)(125-100)(125-121)(125-144)$$

$$\leqslant\frac{1}{6}\times\frac{3}{8}\times(100)^{-\frac{5}{2}}\times25\times4\times19$$

$$=0.001\ 19$$

上述的误差估计和例 4-2 中的结果是吻合的。

第三节　差商与牛顿插值

基于插值基函数构造的拉格朗日插值多项式，其优点是公式结构紧凑、形式规范，便于理论分析和编程计算。但是，当增加或减少一个插值节点时，拉格朗日插值基函数需要全部重新计算，插值多项式也会发生变化，这在实际计算时是很不方便的。为了克服这一缺点，本节将介绍另一种形式的插值方法——牛顿(Newton)插值多项式。当增加插值节点时，牛顿插值多项式只要在原有插值多项式的基础上灵活地增加插值节点，仅增加了部分计算工作量，具有很好的“承袭性”。

一、差商及其性质

定义 4-1　设给定的函数 $f(x)$ 在互异节点 $x_0<x_1<x_2<\cdots<x_n$ 处的函数值分别为 $f(x_0)$，$f(x_1)$，…，$f(x_n)$，称

$$f[x_i,\ x_j]=\frac{f(x_i)-f(x_j)}{x_i-x_j},\quad i\neq j \tag{4-33}$$

为 $f(x)$ 关于 x_i、x_j 的**一阶差商**；称

$$f[x_i,\ x_j,\ x_k]=\frac{f[x_i,\ x_j]-f[x_j,\ x_k]}{x_i-x_k},\quad i\neq j\neq k \tag{4-34}$$

为 $f(x)$ 关于 x_i、x_j、x_k 的**二阶差商**；一般地，$k-1$ 阶差商的差商

$$f[x_0,\ x_1,\ \cdots,\ x_k]=\frac{f[x_0,\ x_1,\cdots,\ x_{k-1}]-f[x_1,\ x_2,\ \cdots,\ x_k]}{x_0-x_k} \tag{4-35}$$

称为 $f(x)$ 关于 x_0，x_1，…，x_k 的 **k 阶差商**。

为统一起见，补充定义$f(x_0)$为零阶差商。

差商有如下基本性质。

性质 4-1 k 阶差商$f[x_0, x_1, \cdots, x_k]$可以表示为函数值$f(x_0)$，$f(x_1)$，…，$f(x_n)$的线性组合，即

$$f[x_0, x_1, \cdots, x_k] = \sum_{j=0}^{k} \frac{f(x_j)}{(x_j - x_0)\cdots(x_j - x_{j-1})(x_j - x_{j+1})\cdots(x_j - x_n)} \tag{4-36}$$

该性质可用数学归纳法证明，请读者自行完成。

性质 4-2 差商具有对称性。即在 k 阶差商$f[x_0, x_1, \cdots, x_k]$中，任意调换两个节点 x_i 和 x_j 的顺序，其值不变，即

$$f[x_0, \cdots, x_i, \cdots, x_j, \cdots, x_k] = f[x_0, \cdots, x_j, \cdots, x_i, \cdots, x_k] \tag{4-37}$$

该性质可由性质 4-1 导出，表明差商与节点的排列次序无关。

性质 4-3 设$f(x)$在区间$[a, b]$上存在 n 阶导数，且节点 $x_0, x_1, \cdots, x_n \in [a, b]$，则 n 阶差商与 n 阶导数之间有如下关系

$$f[x_0, x_1, \cdots, x_n] = \frac{f^{(n)}(\xi)}{n!}, \ \xi \in (a, b) \tag{4-38}$$

稍后将给出这一性质的证明。此外，差商的其他性质还可见习题 4-6。通常差商计算可列差商表，如表 4-2 所示。

表 4-2 差商表

x_k	$f(x_k)$	一阶差商	二阶差商	三阶差商	四阶差商
x_0	$\underline{f(x_0)}$				
x_1	$f(x_1)$	$\underline{f[x_0, x_1]}$			
x_2	$f(x_2)$	$f[x_1, x_2]$	$\underline{f[x_0, x_1, x_2]}$		
x_3	$f(x_3)$	$f[x_2, x_3]$	$f[x_1, x_2, x_3]$	$\underline{f[x_0, x_1, x_2, x_3]}$	
x_4	$f(x_4)$	$f[x_3, x_4]$	$f[x_2, x_3, x_4]$	$f[x_1, x_2, x_3, x_4]$	$\underline{f[x_0, x_1, x_2, x_3, x_4]}$
⋮	⋮	⋮	⋮	⋮	⋮

差商表 4-2 中各阶差商的计算规则是任一个 $k(k \geqslant 1)$ 阶差商的数值等于一个分式的值，其分子为该数左侧的数减去左上侧的数之差，分母为该数同一行最左边的插值节点值减去这一行往上数第 k 个插值节点值之差。

二、牛顿插值多项式

设 $x_0, x_1, \cdots, x_n$ 为 $n+1$ 个插值节点，$x \in [a, b]$且 $x \neq x_i (i=0, 1, \cdots, n)$，根据差商的定义可得

$$f(x) = f(x_0) + f[x, x_0](x - x_0)$$

$$f[x, x_0]=f[x_0, x_1]+f[x, x_0, x_1](x-x_1)$$
$$f[x, x_0, x_1]=f[x_0, x_1, x_2]+f[x, x_0, x_1, x_2](x-x_2)$$
$$\vdots$$
$$f[x, x_0, x_1, \cdots, x_{n-1}]=f[x_0, x_1, \cdots, x_n]+f[x, x_0, x_1, \cdots, x_n](x-x_n)$$

依次将后一式代入前一式，最后得到

$$\begin{aligned}f(x)=&f(x_0)+f[x_0, x_1](x-x_0)+f[x_0, x_1, x_2](x-x_0)(x-x_1)+\cdots+\\&f[x_0, x_1, \cdots, x_n](x-x_0)\cdots(x-x_{n-1})+\\&f[x, x_0, x_1, \cdots, x_n]\omega_{n+1}(x)\\=&N_n(x)+R_n(x)\end{aligned}\tag{4-39}$$

其中

$$\begin{aligned}N_n(x)=&f(x_0)+f[x_0, x_1](x-x_0)+f[x_0, x_1, x_2](x-x_0)(x-x_1)+\cdots+\\&f[x_0, x_1, \cdots, x_n](x-x_0)\cdots(x-x_{n-1})\end{aligned}\tag{4-40}$$

$$R_n(x)=f(x)-N_n(x)=f[x, x_0, x_1, \cdots, x_n]\omega_{n+1}(x)\tag{4-41}$$

可以看出，$N_n(x)$是次数不超过 n 的多项式，当 $x=x_i$ 时，$R_n(x_i)=0(i=0, 1, \cdots, n)$，可知 $N_n(x)$为满足插值条件的 n 次插值多项式。称 $N_n(x)$为 **n 次牛顿插值多项式**，它的各项系数就是函数的各阶差商。每增加一个插值节点，只需在原来的基础上多计算一项，这一性质称作牛顿插值公式的承袭性；称 $R_n(x)$为**牛顿型插值余项。**

由插值多项式的存在唯一性定理 4-1 可知

$$N_n(x)=L_n(x)\tag{4-42}$$

且有

$$R_n(x)=f[x, x_0, x_1, \cdots, x_n]\omega_{n+1}(x)=\frac{f^{(n+1)}(\xi)}{(n+1)!}\omega_{n+1}(x)$$

由上式可得

$$f[x_0, x_1, \cdots, x_n]=\frac{f^{(n)}(\xi)}{n!}, \ \xi\in(a, b)$$

这就证明了差商的性质 4-3。

实际计算时，可借助于差商表 4-2。牛顿插值多项式的各项系数就是表 4-2 中第一条斜线上加横线的各阶差商。

例 4-5 已知函数 $f(x)=\text{sh}x$ 的函数表(表 4-3)，构造 4 次牛顿插值多项式并计算 $f(0.596)=\text{sh}0.596$ 的值。

表 4-3 函数 $f(x)=\text{sh}x$ 的函数表

k	0	1	2	3	4	5
x_k	0.40	0.55	0.65	0.80	0.90	1.05
$f(x_k)$	0.410 75	0.578 15	0.696 75	0.888 11	1.026 52	1.253 86

解　根据给定函数表，计算并构造出差商表，如表4-4所示。

表4-4　函数 $f(x)=\mathrm{sh}x$ 的差商表

k	x_k	$f(x_k)$	一阶差商	二阶差商	三阶差商	四阶差商
0	0.40	0.410 75				
1	0.55	0.578 15	1.116 00			
2	0.65	0.696 75	1.186 00	0.280 00		
3	0.80	0.888 11	1.275 73	0.358 95	0.197 33	
4	0.90	1.026 52	1.384 10	0.433 48	0.213 00	0.031 34
5	1.05	1.253 86	1.515 33	0.524 93	0.228 63	0.031 26

从差商表可写出4次牛顿插值多项式

$$
\begin{aligned}
N_4(x)=\;&0.410\,75+1.116(x-0.4)+0.28(x-0.4)(x-0.55)+\\
&0.197\,33(x-0.4)(x-0.55)(x-0.65)+\\
&0.031\,34(x-0.4)(x-0.55)(x-0.65)(x-0.8)
\end{aligned}
$$

于是有

$$\mathrm{sh}0.596\approx N_4(0.596)=0.631\,95$$

第四节　差分与等距节点插值

前面讨论的是节点任意分布情形下的牛顿插值多项式，在实际应用时经常会遇到等距节点的情形，这时可用差分代替差商，使得牛顿插值多项式得到进一步简化。下面先介绍差分的概念和性质。

一、差分及其性质

定义4-2　设函数 $y=f(x)$ 在等距节点 $x_k=x_0+kh(k=0,\ 1,\ \cdots,\ n)$ 上的值 $f_k=f(x_k)$ 为已知，这里 h 为常数，称为步长。称

$$\Delta f_k=f_{k+1}-f_k \tag{4-43}$$

$$\nabla f_k=f_k-f_{k-1} \tag{4-44}$$

$$\delta f_k=f(x_k+h/2)-f(x_k-h/2)=f_{k+\frac{1}{2}}-f_{k-\frac{1}{2}} \tag{4-45}$$

分别为 $f(x)$ 在 x_i 处以 h 为步长的**一阶向前差分，一阶向后差分**和**一阶中心差分**。符号 Δ、∇、δ 分别称为**向前差分算子**、**向后差分算子**和**中心差分算子**。

利用一阶差分可以定义二阶差分

$$\Delta^2 f_k=\Delta f_{k+1}-\Delta f_k=f_{k+2}-2f_{k+1}+f_k \tag{4-46}$$

$$\nabla^2 f_k=\nabla f_k-\nabla f_{k-1}=f_k-2f_{k-1}+f_{k-2} \tag{4-47}$$

$$\delta^2 f_k=\delta f_{k+\frac{1}{2}}-\delta f_{k-\frac{1}{2}}=f_{k+1}-2f_k+f_{k-1} \tag{4-48}$$

一般地可定义 m 阶差分为

$$\Delta^m f_k = \Delta^{m-1} f_{k+1} - \Delta^{m-1} f_k \tag{4-49}$$

$$\nabla^m f_k = \nabla^{m-1} f_k - \nabla^{m-1} f_{k-1} \tag{4-50}$$

$$\delta^m f_k = \delta^{m-1} f_{k+\frac{1}{2}} - \delta^{m-1} f_{k-\frac{1}{2}} \tag{4-51}$$

再引入下列常用的算子符号

$$If_k = f_k \tag{4-52}$$

$$Ef_k = f_{k+1} \tag{4-53}$$

称 I 为**不变算子**，E 为**移位算子**。各算子之间有如下关系

$$\Delta f_k = f_{k+1} - f_k = Ef_k - If_k = (E-I) f_k \tag{4-54}$$

于是得

$$\Delta = E - I \tag{4-55}$$

同理可得

$$\nabla = I - E^{-1} \tag{4-56}$$

$$\delta = E^{1/2} - E^{-1/2} \tag{4-57}$$

差分有如下基本性质。

性质 4-4　各阶差分均可用函数值的线性组合来表示，如

$$\Delta^n f_k = (E-I)^n f_k = \sum_{j=0}^{n} (-1)^j \mathrm{C}_n^j \mathrm{E}^{n-j} f_k = \sum_{j=0}^{n} (-1)^j \mathrm{C}_n^j f_{n+k-j} \tag{4-58}$$

$$\nabla^n f_k = (I-E^{-1})^n f_k = \sum_{j=0}^{n} (-1)^{n-j} \mathrm{C}_n^j \mathrm{E}^{j-n} f_k = \sum_{j=0}^{n} (-1)^{n-j} \mathrm{C}_n^j f_{k+j-n} \tag{4-59}$$

该性质可以由差分定义直接推出，留作习题供读者证明。

性质 4-5　差分与差商满足下列关系

$$f[x_0, x_1, \cdots, x_k] = \frac{\Delta^k f_0}{k!\ h^k},\quad k=1, 2, \cdots, n \tag{4-60}$$

$$f[x_n, x_{n-1}, \cdots, x_{n-k}] = \frac{\nabla^k f_n}{k!\ h^k},\quad k=1, 2, \cdots, n \tag{4-61}$$

证明　利用归纳法即可证明。

当 $k=1$ 时，有

$$f[x_0, x_1] = \frac{\Delta f_0}{h}$$

结论成立。

假设 $k=n-1$ 时结论成立，则有

$$f[x_0, x_1, \cdots, x_{n-1}] = \frac{\Delta^{n-1} f_0}{(n-1)!\ h^{n-1}}$$

$$f[x_1, x_2, \cdots, x_n] = \frac{\Delta^{n-1} f_1}{(n-1)!\ h^{n-1}}$$

则当 $k=n$ 时，有

$$f[x_0, x_1, \cdots, x_n] = \frac{f[x_1, x_2, \cdots, x_n] - f[x_0, x_1, \cdots, x_{n-1}]}{x_n - x_0}$$

$$= \frac{\Delta^{n-1}f_1 - \Delta^{n-1}f_0}{(n-1)!\ h^{n-1} \cdot nh} = \frac{\Delta^n f_0}{n!\ h^n}$$

因此式(4-60)成立。同理可证式(4-61)也成立。证毕。

性质 4-6 差分与导数满足下述关系

$$\Delta^n f_0 = h^n f^{(n)}(\xi),\ \xi \in (x_0, x_n) \tag{4-62}$$

$$\nabla^n f_0 = h^n f^{(n)}(\eta),\ \eta \in (x_0, x_n) \tag{4-63}$$

证明 将式(4-60)与式(4-38)联立，即得

$$f^{(n)}(\xi) = \frac{\Delta^n f_0}{h^n},\ \xi \in (x_0, x_n) \tag{4-64}$$

故式(4-62)成立。同理可证式(4-63)也成立。证毕。

由式(4-64)可以看出，若 $f(x)$ 是一个 n 次多项式，则它的 n 阶差分为常数，因此，如果一个列表函数的 n 阶差分已接近常数，则用一个 n 次多项式去逼近它是恰当的。

与差商一样，为了方便计算各阶差分值，可以制作差分表，如表 4-5 所示。

表 4-5 差分表

x_i	f_i	$\Delta f_k(\nabla f_k)$	$\Delta^2 f_k(\nabla^2 f_k)$	$\Delta^3 f_k(\nabla^3 f_k)$	$\Delta^4 f_k(\nabla^4 f_k)$	$\cdots$
x_0	f_0					
x_1	f_1	$\Delta f_0(\nabla f_1)$				
x_2	f_2	$\Delta f_1(\nabla f_2)$	$\Delta^2 f_0(\nabla^2 f_2)$			
x_3	f_3	$\Delta f_2(\nabla f_3)$	$\Delta^2 f_1(\nabla^2 f_3)$	$\Delta^3 f_0(\nabla^3 f_3)$		
x_4	f_4	$\Delta f_3(\nabla f_4)$	$\Delta^2 f_2(\nabla^2 f_4)$	$\Delta^3 f_1(\nabla^3 f_4)$	$\Delta^4 f_0(\nabla^4 f_4)$	
$\vdots$	$\vdots$	$\vdots$	$\vdots$	$\vdots$	$\vdots$	$\ddots$
x_n	f_n	$\Delta f_{n-1}(\nabla f_n)$	$\Delta^2 f_{n-2}(\nabla^2 f_n)$	$\Delta^3 f_{n-3}(\nabla^3 f_n)$	$\Delta^4 f_{n-4}(\nabla^4 f_n)$	$\cdots$

显然，表 4-5 所示计算差分的规则是每一个需要计算的差分值等于其左侧的数减去左上侧的数之差。

二、等距节点牛顿插值多项式

将牛顿差商插值多项式(4-40)中各阶差商用相应的差分代替，就可得到各种形式的等距节点牛顿插值多项式。本节只推导常用的前插与后插公式。

（一）牛顿向前插值多项式

给定等距节点 $x_k = x_0 + kh(k=0, 1, \cdots, n)$后，将差分与差商的关系式(4-60)代入牛顿插值多项式(4-40)，即可得到

$$N_n(x)=f(x_0)+\frac{\Delta f_0}{h}(x-x_0)+\frac{\Delta^2 f_0}{2!\ h^2}(x-x_0)(x-x_1)+\cdots+\frac{\Delta^n f_0}{n!\ h^n}(x-x_0)(x-x_1)\cdots(x-x_n) \tag{4-65}$$

若计算 x_0 点附近 $x(x_0<x<x_1)$ 的函数值，可令 $x=x_0+th$，其中 $0<t<1$，则有

$$N_n(x_0+th)=f(x_0)+t\Delta f_0+\frac{t(t-1)}{2!}\Delta^2 f_0+\cdots+\frac{t(t-1)\cdots(t-n+1)}{n!}\Delta^n f_0 \tag{4-66}$$

将差分与差商的关系式(4-60)代入牛顿型插值余项式(4-41)，又可得到

$$R_n(x)=\frac{t(t-1)\cdots(t-n)}{(n+1)!}h^{n+1}f^{(n+1)}(\xi),\ \xi\in(x_0,\ x_n) \tag{4-67}$$

式(4-66)与式(4-67)分别称为**牛顿向前插值多项式**(简称牛顿前插公式)与**牛顿向前插值多项式的余项**。

(二) 牛顿向后插值多项式

如果要计算 x_n 附近点 $x(x_{n-1}<x<x_n)$ 的函数值，可令 $x=x_n+th(-1<t<0)$，插值节点按 x_n，x_{n-1}，…，x_0 的次序排列，于是有

$$N_n(x)=f(x_n)+f[x_n,\ x_{n-1}](x-x_n)+\cdots+f[x_n,\ x_{n-1},\ \cdots x_0](x-x_n)(x-x_{n-1})\cdots(x-x_1) \tag{4-68}$$

将差分与差商的关系式(4-61)代入上式，得

$$N_n(x_n+th)=f(x_n)+t\nabla f_n+\frac{t(t+1)}{2!}\nabla^2 f_n+\cdots+\frac{t(t+1)\cdots(t+n-1)}{n!}\nabla^n f_n \tag{4-69}$$

同样，将差分与差商的关系式(4-61)代入牛顿型插值余项式(4-41)，又可得到

$$R_n(x)=\frac{t(t+1)\cdots(t+n)}{(n+1)!}h^{n+1}f^{(n+1)}(\xi),\ \xi\in(x_0,\ x_n) \tag{4-70}$$

式(4-69)与式(4-70)分别称为**牛顿向后插值多项式**(简称牛顿后插公式)与**牛顿向后插值多项式的余项**。

由差分表 4-5 可以看出，牛顿向前插值多项式(4-66)的各阶差分就是差分表中位于斜对角线的相应各数(f_0，Δf_0，$\Delta^2 f_0$，$\Delta^3 f_0$，…)，而牛顿向后插值多项式(4-69)中的各阶差分就是表中最后一行的相应各数(f_n，∇f_n，$\nabla^2 f_n$，$\nabla^3 f_n$，…)。

例 4-6 给出函数 $y=f(x)=\text{sh}x$ 在 $x\in[0.5,\ 0.8]$ 的部分函数值，如表 4-6 所示。

表 4-6 函数 $y=f(x)=\text{sh}x$ 在 $x\in[0.5,\ 0.8]$ 的部分函数值

x_k	0.50	0.55	0.60	0.65	0.70	0.75	0.80
f_k	0.521 095	0.578 152	0.636 654	0.696 748	0.754 584	0.822 317	0.888 106

试计算 $x=0.52$ 处函数 $f(x)$ 的近似值。

解　计算并列出差分表，如表 4-7 所示。

表 4-7　函数 $y=f(x)=\mathrm{sh}x$ 的差分表

x_k	f_k	Δf	$\Delta^2 f$	$\Delta^3 f$	$\Delta^4 f$
0. 50	0. 521 095				
0. 55	0. 578 152	0. 057 057			
0. 60	0. 636 654	0. 058 502	0. 001 445		
0. 65	0. 696 748	0. 060 094	0. 001 592	0. 000 147	
0. 70	0. 758 584	0. 061 836	0. 001 742	0. 000 150	0. 000 003
0. 75	0. 822 317	0. 063 733	0. 001 897	0. 000 155	0. 000 005
0. 80	0. 888 106	0. 065 789	0. 002 056	0. 000 159	0. 000 004

由表 4-7 可见，函数的四阶差分值接近于零，因此可用三次牛顿向前插值多项式计算 $f(0.52)$ 的近似值。则三次牛顿向前插值多项式可写为

$$N_3(x_0+th)=f(x_0)+t\Delta f_0+\frac{t(t-1)}{2!}\Delta^2 f_0+\frac{t(t-1)(t-2)}{3!}\Delta^3 f_0$$

此时，插值点 $x=x_0+th=0.52$，步长 $h=0.5$，设 $x_0=0.5$，则有 $t=\dfrac{x-x_0}{h}=\dfrac{0.52-0.5}{0.05}=0.4$，则

$$\begin{aligned}N_3(0.52)&=0.521\,095+0.057\,057\times 0.4+\frac{1}{2}\times 0.001\,445\times 0.4\times(0.4-1)+\\&\quad\frac{1}{6}\times 0.000\,147\times 0.4\times(0.4-1)\times(0.4-2)\\&=0.543\,753\,8\end{aligned}$$

而函数值 $y=f(0.52)=\mathrm{sh}0.52$ 的精确值为 0. 543 753 55。

第五节　埃尔米特插值

前面所讨论的插值问题，都只要求插值多项式和被插值函数在节点处具有相同的函数值，而在实际的插值问题中，有时不但要求在节点上函数值相等，而且还要求相应的导数值也相等，甚至要求高阶导数值也相等。满足这种要求的插值问题就是埃尔米特（Hermite）插值。

一、问题描述

埃尔米特插值也称为带指定导数值的插值，其核心思想就是构造一个插值函数，不仅在给定的节点上取已知函数值，而且取已知导数值，目的是使插值函数和被插值函数具有较高的密合程度。先来讨论有两个节点，且已知这两个节点的函数值和一阶导数值的情形。

设函数 $y=f(x)$ 在区间 $[a, b]$ 上有定义，x_0、x_1 是 $[a, b]$ 上两个相异节点，给定

x_0、x_1 相应的函数值 y_0、y_1 以及导数值 m_0、m_1，构造插值多项式 $H(x)$，要求 $H(x)$ 满足如下条件：

(1) $H(x)$ 是不超过三次的多项式；

(2) $H(x_0)=y_0$，$H(x_1)=y_1$，$H'(x_0)=m_0$，$H'(x_1)=m_1$。　(4-71)

这样构建的 $H(x)$ 称为**埃尔米特插值多项式**。

二、两个节点的埃尔米特插值多项式

为解决上述问题，类似于拉格朗日插值多项式的构造过程，仍采用构造插值基函数的思想。首先在每个节点上构造两个插值基函数，设 x_0 点对应的插值基函数分别为 $h_0(x)$ 和 $H_0(x)$，x_1 点对应的插值基函数分别为 $h_1(x)$ 和 $H_1(x)$，它们的取值情况如表 4-8 所示。

表 4-8　节点 x_0、x_1 对应的插值基函数的取值

	函数值		导数值	
	x_0	x_1	x_0	x_1
$h_0(x)$	1	0	0	0
$h_1(x)$	0	1	0	0
$H_0(x)$	0	0	1	0
$H_1(x)$	0	0	0	1

下面要研究在节点处的插值基函数如何构造。因为在 x_1 点，$h_0(x)$ 除函数值为零外，其导数值也是零，所以它必有因子 $(x-x_1)^2$。另外，$h_0(x)$ 最多是一个三次多项式，因此可表示为

$$h_0(x)=[a+b(x-x_0)]\left(\frac{x-x_1}{x_0-x_1}\right)^2$$

利用 $h_0(x_0)=1$ 得 $a=1$，为确定 b，对 $h_0(x)$ 求导数，再利用 $h_0'(x_0)=0$ 得

$$b=\frac{2}{x_1-x_0}$$

于是得到

$$h_0(x)=\left(1+2\frac{x-x_0}{x_1-x_0}\right)\left(\frac{x-x_1}{x_0-x_1}\right)^2 \tag{4-72}$$

用同样的方法我们可以得到 $h_1(x)$ 的表达式

$$h_1(x)=\left(1+2\frac{x-x_1}{x_0-x_1}\right)\left(\frac{x-x_0}{x_1-x_0}\right)^2 \tag{4-73}$$

接下来构造 $H_0(x)$。因 $H_0(x)$ 在点 x_0、x_1 上函数值为零，在 x_1 上导数值为零，故有因子 $(x-x_0)(x-x_1)^2$。此外，$H_0(x)$ 是一个不超过三次的多项式，于是函数可表示为

$$H_0(x)=a(x-x_0)\left(\frac{x-x_1}{x_0-x_1}\right)^2$$

其中 a 是常数。为确定 a，可对 $H_0(x)$ 求导数，再利用 $H_0'(x_0)=0$ 这个条件，容易推出 $a=1$，于是得

$$H_0(x)=(x-x_0)\left(\frac{x-x_1}{x_0-x_1}\right)^2 \tag{4-74}$$

同理可得

$$H_1(x)=(x-x_1)\left(\frac{x-x_0}{x_1-x_0}\right)^2 \tag{4-75}$$

构建的这四个插值基函数的图形如图 4-6 所示。

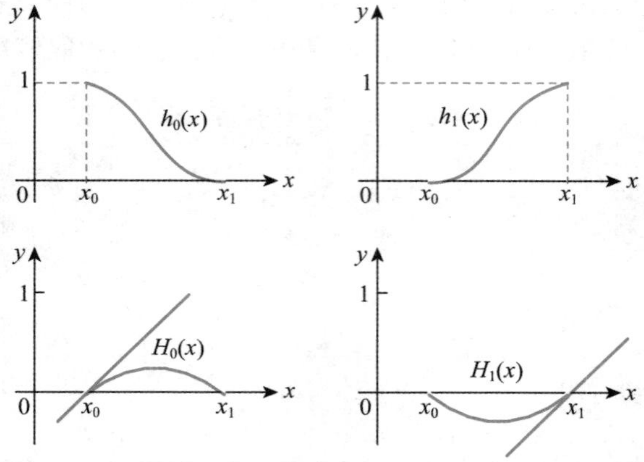

图 4-6　插值基函数 $h_0(x)$、$h_1(x)$、$H_0(x)$、$H_1(x)$ 的示意图

利用已经构造的四个插值基函数，可直接写出埃尔米特插值多项式

$$H(x)=y_0h_0(x)+y_1h_1(x)+m_0H_0(x)+m_1H_1(x) \tag{4-76}$$

容易验证所构造的 $H(x)$ 满足插值条件式(4-71)。

三、埃尔米特插值余项

关于埃尔米特插值多项式的余项，存在以下定理。

定理 4-3　设 $H(x)$ 是过点 x_0、x_1 的埃尔米特插值多项式，$f'''(x)$ 在区间 $[a,b]$ 上连续，$f^{(4)}(x)$ 在 (a,b) 内存在，其中 $[a,b]$ 是包含点 x_0、x_1 的任一区间，则对任意给定的 $x\in[a,b]$ 总存在一点 $\xi\in(a,b)$（依赖于 x）使

$$R(x)=f(x)-H(x)=\frac{f^{(4)}(\xi)}{4!}(x-x_0)^2(x-x_1)^2 \tag{4-77}$$

证明　对任一固定点 x（异于 x_0、x_1），引进辅助函数

$$\psi(t)=f(t)-H(t)-\frac{R(x)}{(x-x_0)^2(x-x_1)^2}(t-x_0)^2(t-x_1)^2$$

显然 $\psi(t)$ 具有四阶连续导数，并且有 x_0、x_1 和 x_2 三个零点，其中 x_0、x_1 是二重零点。

根据罗尔定理，$\psi'(t)$ 在 x_0、x_1 和 x 构成的两个子区间上至少各有一个零点，设为 η_0、η_1，这样 $\psi'(t)$ 共有四个零点，分别是 x_0、η_0、η_1、x_1。

反复利用罗尔定理可以推出 $\psi^{(4)}(t)$ 在 $[a, b]$ 内至少有一个零点，设为 ξ，对 $\psi(t)$ 求四阶导数，并注意到 $H(t)$ 是一个三次多项式，所以

$$\psi^{(4)}(t)=f^{(4)}(t)-4!\ \frac{R(x)}{(x-x_0)^2(x-x_1)^2}$$

把 ξ 代入，再利用 $\psi^{(4)}(\xi)=0$，即可求出埃尔米特插值的余项

$$R(x)=\frac{f^{(4)}(\xi)}{4!}(x-x_0)^2(x-x_1)^2,\ \xi\in(a, b) \tag{4-78}$$

证毕。

四、$(n+1)$ 个节点的埃尔米特插值

设函数 $y=f(x)$ 在区间 $[a, b]$ 上有定义，若给定 $n+1$ 个互异节点 $x_0, x_1, \cdots, x_n\in[a, b]$，同时给出其相应的函数值和导数值，如表 4-9 所示。

表 4-9 $n+1$ 个节点对应的函数值和导数值

x	x_0	x_1	x_2	$\cdots$	x_n
y	y_0	y_1	y_2	$\cdots$	y_n
y'	m_0	m_1	m_2	$\cdots$	m_n

则可以构造 $2n+1$ 次的埃尔米特插值多项式 $H(x)$，满足条件：

(1) $H(x)$ 不超过 $2n+1$ 次的插值多项式；

(2) $H(x_i)=y_i$，$H'(x_i)=m_i$，$i=0, 1, \cdots, n$。 (4-79)

首先，在给定的 $n+1$ 个点上构造 $2n+2$ 个插值基函数

$$\begin{aligned} h_i(x) &= \left[1+2(x-x_i)\sum_{\substack{k=0\\k\neq i}}^{n}\frac{1}{x_k-x_i}\right]l_i^2(x) \\ H_i(x) &= (x-x_i)l_i^2(x) \end{aligned} \tag{4-80}$$

其中 $i=0, 1, \cdots, n$，$l_i(x)$ 的定义如前。有了这 $2n+2$ 个插值基函数后，$2n+1$ 次的埃尔米特插值多项式就可表示为

$$H(x)=\sum_{i=0}^{n}(y_ih_i(x)+m_iH_i(x)) \tag{4-81}$$

容易证明，满足条件式(4-79)的埃尔米特插值多项式(4-81)是存在唯一的(证明过程可参考定理 4-1)。

关于 $2n+1$ 次埃尔米特插值多项式 $H(x)$ 的余项由定理 4-4 给出。

定理 4-4 设 $H(x)$ 是过 $x_0, x_1, \cdots, x_n$ 的埃尔米特插值多项式，$f^{(2n+1)}(x)$ 在区间 $[a, b]$ 上连续，$f^{(2n+2)}(x)$ 在 (a, b) 内存在，其中 $[a, b]$ 是包含点 $x_0, x_1, \cdots, x_n$ 的任一区间，则对任意给定的 $x\in[a, b]$，总存在一点 $\xi\in(a, b)$(依赖于 x)使

$$R(x)=f(x)-H(x)=\frac{f^{(2n+2)}(\xi)}{(2n+2)!}\omega_{n+1}^2(x) \tag{4-82}$$

例 4-7　已知 $y=f(x)=\sqrt{x}$ 及其一阶导数 $f'(x)=\dfrac{1}{2\sqrt{x}}$ 的数据，如表 4-10 所示，试用三次埃尔米特插值多项式计算 $\sqrt{125}$ 的近似值，并估计其截断误差。

表 4-10　例 4-7 中对应的函数值和导数值

x	121	144
$y=f(x)$	11	12
$f'(x)$	1/22	1/24

解　根据式(4-81)，结合给出的函数值和导数值，写出三次埃尔米特插值多项式为

$$H(x)=y_0h_0(x)+y_1h_1(x)+m_0H_0(x)+m_1H_1(x)$$

其中

$$h_0(x)=\left(1+2\frac{x-x_0}{x_1-x_0}\right)l_0^2(x)=\left(1+2\frac{x-x_0}{x_1-x_0}\right)\left(\frac{x-x_1}{x_0-x_1}\right)^2$$

$$h_1(x)=\left(1+2\frac{x-x_1}{x_0-x_1}\right)l_1^2(x)=\left(1+2\frac{x-x_1}{x_0-x_1}\right)\left(\frac{x-x_0}{x_1-x_0}\right)^2$$

$$H_0(x)=(x-x_0)l_0^2(x)=(x-x_0)\left(\frac{x-x_1}{x_0-x_1}\right)^2$$

$$H_1(x)=(x-x_1)l_1^2(x)=(x-x_1)\left(\frac{x-x_0}{x_1-x_0}\right)^2$$

将 $x_0=121$，$x_1=144$，$y_0=11$，$y_1=12$，$m_0=1/22$，$m_1=1/24$ 代入，令 $x=125$，可得

$$\sqrt{125}\approx H(125)=11.180\ 35$$

又因 $y=f(x)=\sqrt{x}$ 的四阶导数为 $f^{(4)}(x)=-\dfrac{15}{16x^{7/2}}$，故由式(4-82)，得 $H(x)$ 的截断误差为

$$R(x)=\frac{f^{(4)}(\xi)}{4!}(x-x_0)^2(x-x_1)^2=-\frac{1}{4!}\cdot\frac{15}{16}\cdot\frac{1}{\xi^{7/2}}(x-121)^2(x-144)^2,\ 121\leqslant\xi\leqslant144$$

则有

$$|R(125)|=\frac{15}{384}\frac{1}{\xi^3\sqrt{\xi}}(x-121)^2(x-144)^2\leqslant\frac{15}{384}\cdot\frac{1}{121^3\cdot11}\cdot4^2\cdot19^2\approx0.000\ 012$$

与例 4-4 中的结果相比较，可见埃尔米特插值效果要优于线性插值和抛物插值。

第六节　分段低次插值

一、高次多项式插值的龙格现象

在构造插值多项式时，插值节点越多，插值多项式次数就越高。根据直观想象和插值余项的估计，似乎插值多项式次数越高，其逼近效果就越好，然而事实并非如此。在实际

应用时，高次插值(例如七、八次以上)很少被采用，这是因为高次插值的逼近效果往往是不理想的。节点的增多固然使插值函数 $P(x)$ 在更多地方与 $f(x)$ 相等，但是在两个插值节点间 $P(x)$ 不一定能很好的逼近 $f(x)$，有时会差异很大。

龙格(Runge)在 20 世纪初给出了一个等距节点插值的例子。在区间[-5，5]上考察函数

$$f(x)=\frac{1}{1+x^2} \tag{4-83}$$

将区间[-5，5]分为 n 等份，取 $n+1$ 个等距节点 $x_k=-5+ih(h=10/n,\ i=0,\ 1,\ \cdots,\ n)$ 为插值节点，构造 n 次插值多项式如下

$$P_n(x)=\sum_{i=0}^{n}\frac{1}{1+x_i^2}\cdot\frac{\omega_{n+1}(x)}{(x-x_i)\omega'_{n+1}(x_i)}$$

其中 $\omega_{n+1}(x)=(x-x_0)(x-x_1)\cdots(x-x_n)$。以 $P_n(x)$ 表示取 $n+1$ 个等距节点求的插值多项式。图 4-7 给出了 $P_5(x)$ 和 $P_{10}(x)$ 的图象。

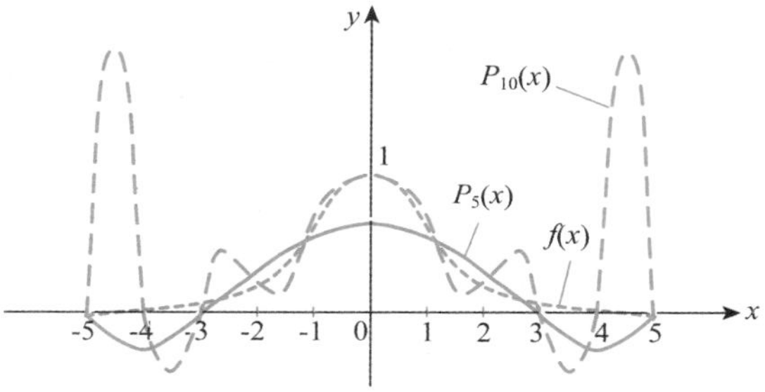

图 4-7　高次插值的龙格现象

从图 4-7 中看出，在 $x=0$ 附近，插值多项式与被插值函数的差别较小，但在 $x=\pm5$ 附近，随着次数的增高，插值多项式越来越远离 $f(x)$。虽然 $P_{10}(x)$ 在 11 个插值节点上取与所逼近函数 $f(x)$ 相同的值，但整体逼近效果是很差的，越靠近端点逼近的效果就越差。这种插值多项式在插值区间内发生剧烈震荡的现象，称为**龙格现象**。

龙格现象揭示了高次插值多项式的缺陷，即当节点加密或大范围内使用高次插值不一定能保证插值函数能很好地逼近 $f(x)$。为此，引入分段插值的概念。如果在每个小区间 $[x_k,\ x_{k+1}]$ 内采用低次插值，例如线性插值或抛物插值，则可有效避免龙格现象的发生。显然，如果把每个小区间的两个端点作为插值节点，那么相邻区间的两个插值在节点处将保持连续，也就是说，$P(x)$ 的全体是一个连续函数，但在节点处其一阶、二阶导数不一定连续。实践证明，用分段光滑的低次多项式去逼近 $f(x)$ 的效果要优于用任一光滑的高次多项式去逼近 $f(x)$。

二、分段低次插值

(一) 分段线性插值

分段线性插值就是通过插值点用折线段连接起来去逼近 $f(x)$。设函数 $y=f(x)$ 在区间 $[a,\ b]$ 上取节点 $a=x_0<x_1<\cdots<x_{n-1}<x_n=b$ 及其函数值

$$y_i=f(x_i),\ i=0,\ 1,\ \cdots,\ n \tag{4-84}$$

即已经给出了数据点$(x_i,\ y_i)$，$i=0,\ 1,\ \cdots,\ n$。连接相邻两点$(x_i,\ y_i)$和$(x_{i+1},\ y_{i+1})$作折线函数$P_1(x)$，使其满足：

(1) $P_1(x)$在$[a,\ b]$上连续；

(2) $P_1(x_i)=y_i$，$i=0,\ 1,\ \cdots,\ n$；

(3) $P_1(x)$在每个子区间$[x_i,\ x_{i+1}]$上是线性函数。

称折线函数$P_1(x)$为**分段线性插值函数**。显然，$P_1(x)$在子区间$[x_i,\ x_{i+1}]$上有

$$P_1(x)=y_i\frac{x-x_{i+1}}{x_i-x_{i+1}}+y_{i+1}\frac{x-x_i}{x_{i+1}-x_i},\ x_i\leqslant x\leqslant x_{i+1},\ i=0,\ 1,\ \cdots,\ n-1 \tag{4-85}$$

若采用插值基函数表示，则在整个区间$[a,\ b]$上$P_1(x)$可表示为

$$P_1(x)=\sum_{i=0}^{n}y_il_i(x),\ a\leqslant x\leqslant b \tag{4-86}$$

其中，基函数$l_i(x)$的形式为

$$l_i(x)=\begin{cases}\dfrac{x-x_{i-1}}{x_i-x_{i-1}}, & x\in[x_{i-1},\ x_i]\\ \dfrac{x-x_{i+1}}{x_i-x_{i+1}}, & x\in[x_i,\ x_{i+1}]\\ 0, & x\in[a,\ b],\ x\notin[x_{i-1},\ x_{i+1}]\end{cases} \tag{4-87}$$

显然，$l_i(x)$是分段线性连续函数，且满足

$$l_i(x_k)=\begin{cases}1, & i=k\\ 0, & i\neq k\end{cases} \tag{4-88}$$

即分段线性插值基函数$l_i(x)$只在x_i附近不为零，在其他地方均为零，这种性质称为**局部非零性质**。当插值点有误差时，这种局部非零性质将误差控制在一个局部区域内。

分段线性插值的优点是计算简单、曲线连续和一致收敛，但不具有光滑性，即$P_1(x)$的导数是间断的，不适用于光滑性要求较高的插值问题，因此有必要讨论具有更高光滑性的分段低次插值方法。

(二) 分段抛物插值

设函数$y_i=f(x_i)$，$i=0,\ 1,\ \cdots,\ n$，且设n为偶数，则在每个子区间$[x_{2k},\ x_{2k+2}]$，$k=0,\ 1,\ \cdots,\ n/2-1$)上分别作抛物插值，即以三个连接相邻节点$(x_{2k},\ y_{2k})$、$(x_{2k+1},\ y_{2k+1})$和$(x_{2k+2},\ y_{2k+2})$作抛物插值，使其满足：

(1) $P_2(x)$在节点x_{2k}处连续；

(2) $P_2(x_i)=y_i$，$i=0,\ 1,\ \cdots,\ n$；

(3) $P_2(x)$在每个子区间$[x_{2k},\ x_{2k+2}]$上是二次函数。

称函数$P_2(x)$为**分段抛物插值函数**。显然，$P_2(x)$在子区间$[x_{2k},\ x_{2k+2}]$上有

$$\begin{aligned}P_2(x)=&\,y_{2k}\frac{(x-x_{2k+1})(x-x_{2k+2})}{(x_{2k}-x_{2k+1})(x_{2k}-x_{2k+2})}+y_{2k+1}\frac{(x-x_{2k})(x-x_{2k+2})}{(x_{2k+1}-x_{2k})(x_{2k+1}-x_{2k+2})}+\\ &\,y_{2k+2}\frac{(x-x_{2k})(x-x_{2k+1})}{(x_{2k+2}-x_{2k})(x_{2k+2}-x_{2k+1})}\end{aligned} \tag{4-89}$$

与分段线性插值相比，分段抛物插值的光滑性要好一些，毕竟在每一个子区间内曲线都是光滑的，且在每个子区间的节点处函数也是连续的。

（三）分段三次插值

有些实际问题不但要求插值函数 $P(x)$ 在节点处的函数值相等，而且要求在节点处相应的导数值也相等，这就是下面的分段埃尔米特插值。

设函数 $f(x)$ 在区间 $[a, b]$ 上的 $n+1$ 个互异节点 $a=x_0<x_1<\cdots<x_{n-1}<x_n=b$ 处的函数值和导数值分别为 $y_0, y_1, \cdots, y_n$；$m_0, m_1, \cdots, m_n$。连接相邻两点 (x_i, y_i) 和 (x_{i+1}, y_{i+1}) 作一个导数连续的分段插值函数 $H_3(x)$，使其满足：

（1）$H_3'(x)$ 在 $[a, b]$ 上连续；

（2）$H_3(x_i)=y_i$，$H_3'(x_i)=m_i$，$i=0, 1, \cdots, n$；

（3）$H_3(x)$ 在每个子区间 $[x_i, x_{i+1}]$ 上是三次多项式。

称 $H_3(x)$ 为**分段三次埃尔米特插值函数**。根据两点三次插值多项式(4-76)得，$H_3(x)$ 在子区间 $[x_i, x_{i+1}]$ 上可表示为

$$H(x)=y_i\left(1+2\frac{x-x_i}{x_{i+1}-x_i}\right)\left(\frac{x-x_{i+1}}{x_i-x_{i+1}}\right)^2+y_{i+1}\left(1+2\frac{x-x_{i+1}}{x_i-x_{i+1}}\right)\left(\frac{x-x_i}{x_{i+1}-x_i}\right)^2+ m_i(x-x_i)\left(\frac{x-x_{i+1}}{x_i-x_{i+1}}\right)^2+m_{i+1}(x-x_{i+1})\left(\frac{x-x_i}{x_{i+1}-x_i}\right)^2 \tag{4-90}$$

若在整个区间 $[a, b]$ 上定义一组分段三次插值基函数 $h_i(x)$ 及 $H_i(x)$ $(i=0, 1, \cdots, n)$，则 $H(x)$ 可表示为

$$H(x)=\sum_{i=0}^{n}[y_ih_i(x)+m_iH_i(x)] \tag{4-91}$$

其中，基函数 $h_i(x)$、$H_i(x)$ 分别表示为

$$h_i(x)=\begin{cases}\left(1+2\dfrac{x-x_i}{x_{i-1}-x_i}\right)\left(\dfrac{x-x_{i-1}}{x_i-x_{i-1}}\right)^2, & x\in[x_{i-1}, x_i]\\ \left(1+2\dfrac{x-x_i}{x_{i+1}-x_i}\right)\left(\dfrac{x-x_{i+1}}{x_i-x_{i+1}}\right)^2, & x\in[x_i, x_{i+1}]\\ 0, & x\in[a, b], x\notin[x_{i-1}, x_{i+1}]\end{cases} \tag{4-92}$$

$$H_i(x)=\begin{cases}(x-x_i)\left(\dfrac{x-x_{i-1}}{x_i-x_{i-1}}\right)^2, & x\in[x_{i-1}, x_i]\\ (x-x_i)\left(\dfrac{x-x_{i+1}}{x_i-x_{i+1}}\right)^2, & x\in[x_i, x_{i+1}]\\ 0, & x\in[a, b], x\notin[x_{i-1}, x_{i+1}]\end{cases} \tag{4-93}$$

由于 $h_i(x)$、$H_i(x)$ 的局部非零性质，则当 $x\in[x_{i-1}, x_i]$ 时，只有 $h_i(x)$、$h_{i+1}(x)$、$H_i(x)$、$H_{i+1}(x)$ 不为零，于是式(4-90)中的 $H(x)$ 可表为

$$H(x)=y_ih_i(x)+y_{i+1}h_{i+1}(x)+m_iH_i(x)+m_{i+1}H_{i+1}(x),\quad x\in[x_i, x_{i+1}] \tag{4-94}$$

分段三次埃尔米特插值函数具有一阶光滑度，与分段线性插值相比，算法复杂了一

些，但却改善了逼近效果。但由于分段三次埃尔米特插值要求给出节点处的导数值，在应用时较为不便。

第七节　三次样条插值

通过前面的讨论可知，在插值区间上作高次插值多项式，可以保证曲线的光滑性，但计算复杂、数值稳定性较差，且有时会出现龙格现象；分段低次插值虽然可避免龙格现象，且计算简单，分段线性插值和分段三次埃尔米特插值都具有一致收敛性，能很好地逼近被插值函数，但是光滑性较差，这往往不能满足某些科学计算和实际工程应用的要求。例如对于飞机的机翼型线设计、船体放样设计等问题，往往要求曲线具有二阶光滑度，即有二阶连续导数。这就导致了三次样条插值的提出。

样条(Spline)的概念来源于工程实践。“样条”是绘制曲线的一种绘图工具，它是一种富有弹性的细长木条。早期工程师在绘图时，为了将一些指定的型值点(称作样点)连接成一条光滑曲线，往往用压铁固定样条使其通过指定的样点，并调整样条使它具有满意的形状，然后沿样条画出曲线。这种曲线称为样条曲线。

实际上，样条曲线是由分段三次曲线连接而成的，在连接点处具有二阶连续导数。从数学上加以抽象就得到三次样条插值函数的概念。

定义 4-3　在区间$[a, b]$上取 $n+1$ 个互异节点 $a=x_0<x_1<\cdots<x_{n-1}<x_n=b$，若函数 $S(x)$满足：

(1) $S(x)$在区间$[a, b]$上有连续的二阶导数；

(2) $S(x_i)=y_i$，$i=0, 1, \cdots, n$；

(3) $S(x)$在每个小区间$[x_i, x_{i+1}]$上是三次多项式。

则称 $S(x)$是**三次样条插值函数**。

由定义可知，为求出 $S(x)$，需要在每个小区间$[x_i, x_{i+1}]$内求出一个三次多项式，即确定 4 个待定系数，共有 n 个小区间，故总共需要确定有 $4n$ 个系数。由于 $S(x)$在区间$[a, b]$上二阶导数连续，那么在节点 $x_i(i=1, 2, \cdots, n-1)$处应满足连续性条件

$$\begin{cases} S(x_i-0)=S(x_i+0) \\ S'(x_i-0)=S'(x_i+0), \quad i=1, 2, \cdots, n-1 \\ S''(x_i-0)=S''(x_i+0) \end{cases} \tag{4-95}$$

共有 $3n-3$ 个条件，再加上 $S(x)$满足插值条件 $S(x_i)=y_i(i=0, 1, \cdots, n)$，共有 $4n-2$ 条件，因此还差 2 个条件就可确定 $S(x)$。为了唯一确定 $S(x)$，还需要添加两个条件。通常在区间$[a, b]$的两个端点 $a=x_0$，$b=x_n$ 各附加一个条件，称为边界条件。可根据实际问题的具体要求给定边界条件，常见的边界条件有以下三种类型。

(1) 已知两端点处的一阶导数值，记为

$$S'(x_0)=y_0'=m_0, \quad S'(x_n)=y_n'=m_n \tag{4-96}$$

(2) 已知两端点处的二阶导数值，记为

$$S''(x_0)=y_0''=M_0, \quad S''(x_n)=y_n''=M_n \tag{4-97}$$

特别地，当 $S''(x_0)=S''(x_n)=0$ 时，称为**自然边界条件**，由此确定的 $S(x)$ 称为**三次自然样条插值函数**。

(3) 当 $y=f(x)$ 是以 x_n-x_0 为周期的周期函数时，则要求 $S(x)$ 也是以 x_n-x_0 为周期的周期函数，此时边界条件应满足

$$\begin{cases}S(x_0+0)=S(x_n-0)\\ S'(x_0+0)=S'(x_n-0)\\ S''(x_0+0)=S''(x_n-0)\end{cases} \tag{4-98}$$

实际上，由于 $y=f(x)$ 是周期函数，则有 $f(x_0)=f(x_n)$，即 $y_0=y_n$。由此确定的 $S(x)$ 称为**周期样条插值函数**。

由连续性条件、插值条件和一种边界条件就可以唯一确定一个三次样条插值函数 $S(x)$。下面介绍求解 $S(x)$ 的两种常用方法：三转角插值和三弯矩插值。

一、三转角方程

假设已知 $S(x)$ 在节点 $x_i(i=0, 1, \cdots, n)$ 处的一阶导数值，则由分段三次埃米尔特插值式(4-91)得

$$S(x)=\sum_{i=0}^{n}[y_ih_i(x)+m_iH_i(x)] \tag{4-99}$$

其中 $h_i(x)$ 和 $H_i(x)$ 是埃米尔特插值基函数，其表达式由式(4-92)和式(4-93)给出。式(4-99)中的 m_i 实际是未知的，可由连续性条件

$$S''(x_i-0)=S''(x_i+0),\ i=1, 2, \cdots, n-1 \tag{4-100}$$

确定。

$S(x)$ 在区间 $[x_i, x_{i+1}]$ 上的表达式可写为

$$S(x)=y_ih_i(x)+y_{i+1}h_{i+1}(x)+m_iH_i(x)+m_{i+1}H_{i+1}(x)$$

对 $S(x)$ 求二阶导数得

$$\begin{aligned}S''(x)&=y_ih_i''(x)+y_{i+1}h_{i+1}''(x)+m_iH_i''(x)+m_{i+1}H_{i+1}''(x)\\ &=\frac{6x-2x_i-4x_{i+1}}{h_i^2}m_i+\frac{6x-4x_i-2x_{i+1}}{h_i^2}m_{i+1}+\frac{6(x_i+x_{i+1}-2x)}{h_i^3}(y_{i+1}-y_i)\end{aligned}$$

其中 $h_i=x_{i+1}-x_i$。

同理，可写出 $S''(x)$ 在区间 $[x_{i-1}, x_i]$ 上的表达式

$$S(x)=\frac{6x-2x_{i-1}-4x_i}{h_{i-1}^2}m_{i-1}+\frac{6x-4x_{i-1}-2x_i}{h_{i-1}^2}m_i+\frac{6(x_{i-1}+x_i-2x)}{h_{i-1}^3}(y_i-y_{i-1})$$

其中 $h_{i-1}=x_i-x_{i-1}$。

由连续性条件 $S''(x_i-0)=S''(x_i+0)$ 得

$$\frac{1}{h_{i-1}}m_{i-1}+2\left(\frac{1}{h_{i-1}}+\frac{1}{h_i}\right)m_i+\frac{1}{h_i}m_{i+1}=3\left(\frac{y_{i+1}-y_i}{h_i^2}+\frac{y_i-y_{i-1}}{h_{i+1}^2}\right),\ i=1, 2, \cdots, n-1$$

两边乘以 $\dfrac{h_{i-1}h_i}{h_{i-1}+h_i}$，整理后得

$$\lambda_i m_{i-1}+2m_i+\mu_i m_{i+1}=b_i,\ i=1,\ 2,\ \cdots,\ n-1 \tag{4-101}$$

其中

$$\begin{cases}\mu_i=\dfrac{h_{i-1}}{h_{i-1}+h_i} \\ \lambda_i=\dfrac{h_i}{h_{i-1}+h_i}=1-\mu_i \qquad i=1,\ 2,\ \cdots,\ n-1 \\ b_i=3\left(\lambda_i\dfrac{y_i-y_{i-1}}{h_{i-1}}+\mu_i\dfrac{y_{i+1}-y_i}{h_i}\right)\end{cases} \tag{4-102}$$

式(4-101)是关于未知数 m_0，m_1，…，m_n 的 $n-1$ 个方程，如果补充边界条件式(4-96)

$$S'(x_0)=y'_0=m_0,\ S'(x_n)=y'_n=m_n$$

即可得关于未知数 m_1，m_2，…，m_{n-1}的方程组

$$\begin{bmatrix}2 & \mu_1 & & & \\ \lambda_2 & 2 & \mu_2 & & \\ & \ddots & \ddots & \ddots & \\ & & \lambda_{n-2} & 2 & \mu_{n-2} \\ & & & \lambda_{n-1} & 2\end{bmatrix}\begin{bmatrix}m_1 \\ m_2 \\ \vdots \\ m_{n-2} \\ m_{n-1}\end{bmatrix}=\begin{bmatrix}b_1-\lambda_1 m_0 \\ b_2 \\ \vdots \\ b_{n-2} \\ b_{n-1}-\mu_{n-1}m_n\end{bmatrix} \tag{4-103}$$

方程组(4-103)称为**三转角方程组**，系数矩阵为对角占优阵，一般用追赶法求解。将解得的 m_1，m_2，…，m_{n-1}和边界条件式(4-96)代入 $S(x)$ 表达式即可求得三转角插值函数(方程)。

二、三弯矩方程

假设已知 $S(x)$ 在节点 $x_i(i=0,\ 1,\ \cdots,\ n)$处的二阶导数值，即设

$$S''(x_i)=M_i,\ i=0,\ 1,\ \cdots,\ n \tag{4-104}$$

由于 $S(x)$ 在区间$[x_i,\ x_{i+1}]$上是三次多项式，故 $S''(x)$ 在$[x_i,\ x_{i+1}]$上是线性函数，可表示为

$$S''(x)=M_i\frac{x_{i+1}-x}{h_i}+M_{i+1}\frac{x-x_i}{h_i} \tag{4-105}$$

其中 $h_i=x_{i+1}-x_i$。

对式(4-105)作两次积分，并利用 $S(x_i)=y_i$ 和 $S(x_{i+1})=y_{i+1}$定出积分常数，得

$$S(x)=M_i\frac{(x_{i+1}-x)^2}{6h_i}+M_{i+1}\frac{(x-x_i)^2}{6h_i}+\left(y_i-\frac{M_ih_i^2}{6}\right)\frac{x_{i+1}-x}{h_i}+\left(y_{i+1}-\frac{M_{i+1}h_i^2}{6}\right)\frac{x-x_i}{h_i} \tag{4-106}$$

对 $S(x)$求导得

$$S'(x)=-M_i\frac{(x_{i+1}-x)^2}{2h_i}+M_{i+1}\frac{(x-x_i)^2}{2h_i}+\frac{y_{i+1}-y_i}{h_i}-\frac{M_{i+1}-M_i}{6}h_i$$

同理，可得 $S(x)$在区间$[x_{i-1},\ x_i]$上的表达式

$$S'(x)=-M_{i-1}\frac{(x_i-x)^2}{2h_{i-1}}+M_i\frac{(x-x_{i-1})^2}{2h_{i-1}}+\frac{y_i-y_{i-1}}{h_{i-1}}-\frac{M_i-M_{i-1}}{6}h_{i-1}$$

由连续性条件 $S'(x_i-0)=S'(x_i+0)$ 得

$$\lambda_i M_{i-1}+2M_i+\mu_i M_{i+1}=g_i,\ i=1,\ 2,\ \cdots,\ n-1 \tag{4-107}$$

其中

$$\begin{cases}\mu_i=\dfrac{h_i}{h_{i-1}+h_i}\\ \lambda_i=\dfrac{h_{i-1}}{h_{i-1}+h_i}=1-\mu_i & i=1,\ 2,\ \cdots,\ n-1\\ g_i=\dfrac{6}{h_{i-1}+h_i}\left(\dfrac{y_{i+1}-y_i}{h_i}-\dfrac{y_i-y_{i-1}}{h_{i-1}}\right)\end{cases} \tag{4-108}$$

式(4-107)是关于未知数 M_1，M_2，…，M_{n-1} 的 $n-1$ 个方程。如果补充两边界条件式(4-97)

$$S''(x_0)=y''_0=M_0,\ S''(x_n)=y''_n=M_n$$

即可得关于未知数 M_1，M_2，…，M_{n-1} 的方程组

$$\begin{bmatrix}2 & \mu_1 & & & \\ \lambda_2 & 2 & \mu_2 & & \\ & \ddots & \ddots & \ddots & \\ & & \lambda_{n-2} & 2 & \mu_{n-2}\\ & & & \lambda_{n-1} & 2\end{bmatrix}\begin{bmatrix}M_1\\ M_2\\ \vdots\\ M_{n-2}\\ M_{n-1}\end{bmatrix}=\begin{bmatrix}g_1-\lambda_1 M_0\\ g_2\\ \vdots\\ g_{n-2}\\ g_{n-1}-\mu_{n-1}M_n\end{bmatrix} \tag{4-109}$$

方程组(4-109)称为**三弯矩方程组**，其系数矩阵为对角占优阵，用追赶法即可求解。将解得的 m_1，m_2，…，m_{n-1} 和边界条件式(4-97)代入 $S(x)$ 表达式即可求得三弯矩插值函数(方程)。

对于三次样条插值函数来说，当插值节点逐渐加密时，不但样条插值函数收敛于函数本身，而且其导数也收敛于函数的导数。这种性质要比多项式插值优越的多，因此三次样条插值函数在实际中得到了广泛的应用。

例 4-8　已知 $f(x)$ 的函数表，如表 4-11 所示，试求 $f(x)$ 在区间[0，3]上的三次样条插值函数，并由其求出 $f(0.5)$、$f(1.5)$ 和 $f(2.5)$ 的近似值。

表 4-11　例 4-8 的函数表

x_i	0	1	2	3
$y_i=f(x_i)$	0	3	4	6
$y'_i=f'(x_i)$	1			0

解　由已知得，$x_0=0$，$x_1=1$，$x_2=2$，$x_3=3$，对应的函数值 $y_0=f(x_0)=0$，$y_1=f(x_1)=3$，$y_2=f(x_2)=4$，$y_3=f(x_3)=6$，一阶导数值 $m_0=f'(0)=1$，$m_3=f'(3)=0$。依题意，取步长 $h_i=1$ ($i=1$，2，3)，代入式(4-102)，可求得

$$\mu_1=\mu_2=\frac{1}{2},\ \lambda_1=\lambda_2=\frac{1}{2},\ b_1=6,\ b_2=\frac{9}{2}$$

代入三转角方程组(4-103)得

$$\begin{bmatrix} 2 & \frac{1}{2} \\ \frac{1}{2} & 2 \end{bmatrix}\begin{bmatrix} m_1 \\ m_2 \end{bmatrix}=\begin{bmatrix} 6-\frac{1}{2} \\ \frac{9}{2} \end{bmatrix}$$

解之得 $m_1=\frac{7}{3}$，$m_2=\frac{5}{3}$。

记三次样条插值函数 $S(x)$ 为

$$S(x)=y_ih_i(x)+y_{i+1}h_{i+1}(x)+m_iH_i(x)+m_{i+1}H_{i+1}(x)$$

其中 $h_i(x)$、$H_i(x)$ 如式(4-91)和式(4-92)所定义。

经计算，可写出三次样条插值函数 $S(x)$ 为

$$S_1(x)=3[1+2(1-x)]x^2+x(x-1)2+\frac{7}{3}x^2(x-1)$$

$$=-\frac{8}{3}x^3+\frac{14}{3}x^2+x,\ x\in[0,\ 1]$$

$$S_2(x)=3(2x-1)(x-2)2+4(5-2x)(x-1)2+\frac{7}{3}(x-1)(x-2)2+\frac{5}{3}(x-2)(x-1)2$$

$$=2x^3-\frac{28}{3}x^2+15x-\frac{14}{3},\ x\in[1,\ 2]$$

$$S_3(x)=4(2x-3)(x-3)2+6(7-2x)(x-2)2+\frac{5}{3}(x-3)2(x-2)$$

$$=-\frac{7}{3}x^3-\frac{50}{3}x^2-37x+30,\ x\in[2,\ 3]$$

据此可得

$$f(0.5)\approx S_1(0.5)=-\frac{8}{3}\cdot\left(\frac{1}{2}\right)^3+\frac{14}{3}\cdot\left(\frac{1}{2}\right)^2+\frac{1}{2}=\frac{4}{3}$$

$$f(1.5)\approx S_2(1.5)=2\cdot\left(\frac{3}{2}\right)^3-\frac{28}{3}\cdot\left(\frac{3}{2}\right)^2+15\cdot\frac{3}{2}=\frac{43}{12}$$

$$f(2.5)\approx S_3(2.5)=-\frac{7}{3}\cdot\left(\frac{5}{2}\right)^3-\frac{50}{3}\cdot\left(\frac{5}{2}\right)^2-37\cdot\frac{5}{2}+30=\frac{125}{24}$$

第八节　曲线拟合

一、问题的提出

在科学实验或统计研究中，往往需要从一组测定的实验数据$(x_i,\ y_i)$$(i=0,\ 1,\ \cdots,\ n)$中，寻找自变量 x 与因变量 y 之间函数关系 $y=f(x)$ 的近似解析表达式 $y=\varphi(x)$。前面讲过的插值法就是处理这类问题的一种方法，但它有一定的局限性。在插值问题中，要求插

值函数的曲线通过所有的数据点(x_i, y_i)，然而实验数据总是会有观测误差的，因此插值函数也将保留全部观测误差的影响，导致插值函数不能很好地反映数据集$(x_i, y_i)(i=0, 1, \cdots, n)$的总体趋势。

为克服上述缺点，常采用曲线拟合的方法来进行数据处理。所谓曲线拟合是一种“整体趋势”逼近的方法，就是从数据集$(x_i, y_i)(i=0, 1, \cdots, n)$中找出总体变化规律，并构造一条能较好地反映这种规律的曲线$P(x)$。这里并不要求曲线$P(x)$全部通过数据点，但是希望$P(x)$能尽可能地靠近数据点，也就是要求其误差$\delta_i=P(x_i)-y_i(i=0, 1, \cdots, n)$按某种标准达到最小。这里称$P(x)$为拟合函数。

记函数$P(x)$同所给数据$(x_i, y_i)(i=0, 1, \cdots, n)$的偏差为$\delta$，则有

$$\delta_i=P(x_i)-y_i \quad (i=0, 1, \cdots, n) \tag{4-110}$$

可得误差向量$\delta=(\delta_1, \delta_2, \cdots, \delta_n)^T$。通常可采用下列三种标准来度量误差的大小，利用的是误差向量范数的定义，可参见第三章第四节的内容。

(1) 衡量标准1　$\|\delta\|_1=\sum\limits_{i=0}^{n}|\delta_i|$，即误差向量的$\delta_i$的1－范数；

(2) 衡量标准2　$\|\delta\|_2=\left(\sum\limits_{i=0}^{n}\delta_i^2\right)^{1/2}$，即误差向量的$\delta_i$的2－范数；

(3) 衡量标准3　$\|\delta\|_\infty=\max\limits_{0\leqslant i\leqslant n}|\delta_i|$，即误差向量的$\delta_i$的$\infty$－范数。

由于误差向量δ_i的1－范数和∞－范数含有绝对值的计算，不便于微分计算，而2－范数在计算上较方便，因此通常采用2－范数(即误差的平方和)作为总体误差的衡量标准。把使范数$\|\delta\|_2$达到最小的曲线拟合方法称为曲线拟合的最小二乘法。

二、最小二乘拟合

对给定的一组数据$(x_i, y_i)(i=0, 1, \cdots, n)$，在取定的函数类$\Phi$中寻求一个函数$P(x)$，且有$P(x)\in\Phi$，使误差的平方和

$$\|\delta\|_2^2=\sum_{i=0}^{n}\delta_i^2=\sum_{i=0}^{n}(P(x_i)-y_i)^2 \tag{4-111}$$

达到最小。从几何意义上看，就是寻求在给定节点$x_0, x_1, \cdots, x_n$处与点(x_0, y_1)，(x_1, y_1)，…，(x_n, y_n)的距离平方和最小的曲线$y=P(x)$，这就是**最小二乘曲线拟合**问题。满足式(4-111)的函数$P(x)$称为**最小二乘拟合函数**，称求解函数$P(x)$的方法为曲线拟合的**最小二乘法**。

三、最小二乘拟合多项式

在曲线拟合问题中，拟合函数可以有不同的类型，其中较为常用的是多项式。

给定数据点$(x_i, y_i)(i=0, 1, \cdots, n)$，求一个$m$次多项式

$$P_m(x)=a_0+a_1x+a_2x^2+\cdots+a_mx^m,\quad m<n \tag{4-112}$$

使其满足

$$Q=\sum_{i=0}^{n}(P_m(x_i)-y_i)^2=\sum_{i=0}^{n}\left(\sum_{j=0}^{m}a_jx_i^j-y_i\right)^2=\min \tag{4-113}$$

即求多项式 Q 的最小值。当拟合曲线取为多项式时，这样的曲线拟合问题称为**多项式拟合**问题。满足式(4-113)的多项式 $P_m(x)$ 称为**最小二乘拟合多项式**。特别地，当 $m=1$ 时，一次多项式拟合又称为**直线拟合**。

由于 Q 可看作是 a_0，a_1，…，a_m 的多元函数，且是非负的，所以上述拟合多项式的构造问题可归结为多元函数的极值问题。根据多元函数取得极值的必要条件可知

$$\frac{\partial Q}{\partial a_k}=2\sum_{i=0}^{n}\left(\sum_{j=0}^{m}a_jx_i^j-y_i\right)x_i^k=2\left(\sum_{i=0}^{n}\sum_{j=0}^{m}a_jx_i^{k+j}-\sum_{i=0}^{n}x_i^ky_i\right)=0,\quad k=0,1,\cdots,m$$

则有

$$\sum_{i=0}^{n}\sum_{j=0}^{m}a_jx_i^{k+j}=\sum_{i=0}^{n}x_i^ky_i,\quad k=0,1,\cdots,m \tag{4-114}$$

这是关于 a_0，a_1，…，a_m 的线性方程组，写成矩阵形式为

$$\begin{bmatrix}\sum_{i=0}^{n}1 & \sum_{i=0}^{n}x_i & \cdots & \sum_{i=0}^{n}x_i^m\\ \sum_{i=0}^{n}x_i & \sum_{i=0}^{n}x_i^2 & \cdots & \sum_{i=0}^{n}x_i^{m+1}\\ \vdots & \vdots & \ddots & \vdots\\ \sum_{i=0}^{n}x_i^m & \sum_{i=0}^{n}x_i^{m+1} & \cdots & \sum_{i=0}^{n}x_i^{2m}\end{bmatrix}\begin{bmatrix}a_0\\ a_1\\ \vdots\\ a_m\end{bmatrix}=\begin{bmatrix}\sum_{i=0}^{n}y_i\\ \sum_{i=0}^{n}x_iy_i\\ \vdots\\ \sum_{i=0}^{n}x_i^my_i\end{bmatrix} \tag{4-115}$$

方程组(4-115)称为**正则方程组**或法方程。

可以证明，当 x_0，x_1，…，x_n 彼此互异时，方程组(4-115)的系数矩阵非奇异，从而方程组有唯一解。根据方程组解出 a_0，a_1，…，a_m，于是得到多项式

$$P_m(x)=\sum_{j=0}^{m}a_jx^j$$

进一步可以证明求得的 a_0，a_1，…，a_m(即多项式 $P_m(x)$)使 $Q(a_0, a_1, \cdots, a_m)$ 取最小值，因此 $P_m(x)$ 即为所求的最小二乘拟合多项式。

多项式拟合的一般步骤可以归纳为：

(1) 根据已知数据点绘制散点图，观察数据点的分布情况，确定拟合多项式的次数 m；

(2) 根据式(4-115)建立正则方程组，求出 a_0，a_1，…，a_m；

(3) 写出最小二乘拟合多项式 $P_m(x)$。

例 4-9 已知一组实验数据，如表 4-12 所示，求它的拟合曲线。

表 4-12 例 4-9 的实验数据

i	0	1	2	3	4	5
x_i	1	2	3	4	5	6
y_i	15	6	3	2	7	14

解　将给定的数据在坐标系中画出，如图 4-8 所示。可以看出各点大致落在一条抛物线附近，因此可以选择二次多项式对数据进行拟合。

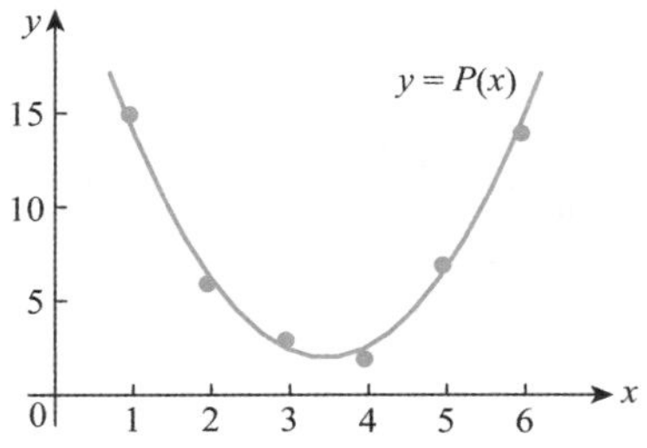

图 4-8　例 4-9 中数据点及拟合曲线

设拟合多项式为

$$P(x)=a_0+a_1x+a_2x^2$$

经计算得

$$\sum_{i=0}^{5}1=6,\quad \sum_{i=0}^{5}x_i=21,\quad \sum_{i=0}^{5}x_i^2=91,\quad \sum_{i=0}^{5}x_i^3=441,\quad \sum_{i=0}^{5}x_i^4=2\ 275$$

$$\sum_{i=0}^{5}y_i=47,\quad \sum_{i=0}^{5}x_iy_i=163,\quad \sum_{i=0}^{5}x_i^2y_i=777$$

于是得到正则方程组为

$$\begin{bmatrix}6 & 21 & 91\\ 21 & 91 & 441\\ 91 & 441 & 2\ 275\end{bmatrix}\begin{bmatrix}a_0\\ a_1\\ a_2\end{bmatrix}=\begin{bmatrix}47\\ 163\\ 777\end{bmatrix}$$

解得 $a_0=26.8$，$a_1=-14.085\ 7$，$a_2=2$，因此所求的拟合多项式为

$$P(x)=26.8-14.085\ 7x+2x^2$$

四、一般最小二乘拟合

前面我们介绍了最小二乘多项式拟合及其求解方法。在实际应用中，针对所讨论问题的特点，拟合函数可能选取其他类型的函数，如指数函数、三角函数等，这就属于一般最小二乘拟合问题。

设 $\varphi_0(x)$，$\varphi_1(x)$，…，$\varphi_m(x)$ 是 $n+1$ 个线性无关的基函数，函数 Φ 为由其所有线性组合生成的函数集合，记作

$$\Phi=\mathrm{Span}\{\varphi_0(x),\ \varphi_1(x),\ \cdots,\ \varphi_m(x)\}$$

任取 $P(x)\in\Phi$，则有

$$P(x)=a_0\varphi_0(x)+a_1\varphi_1(x)+\cdots+a_m\varphi_m(x),\quad m\leqslant n \tag{4-116}$$

将式(4-116)代入式(4-111)中后可知，使误差的平方和 $\|\delta\|_2^2$ 取最小值问题可转化为求下列多元函数

$$F(a_0,\ a_1,\ \cdots,\ a_m)=\sum_{i=0}^{n}\left(\sum_{j=0}^{m}a_j\varphi_j(x_i)-y_i\right)^2 \tag{4-117}$$

的极小值点(a_0^*，a_1^*，…，a_m^*)，即令

$$\frac{\partial F}{\partial a_k}=0,\ k=0,\ 1,\ \cdots,\ m$$

由此得

$$\sum_{i=0}^{n}\left(\sum_{j=0}^{m}a_j\varphi_j(x_i)-y_i\right)\varphi_k(x_i)=\sum_{i=0}^{n}\sum_{j=0}^{m}a_j\varphi_j(x_i)\varphi_k(x_i)-\sum_{i=0}^{n}\varphi_k(x_i)y_i=0,\ k=0,\ 1,\ \cdots,\ m$$

则有

$$\sum_{i=0}^{n}\sum_{j=0}^{m}a_j\varphi_j(x_i)\varphi_k(x_i)=\sum_{i=0}^{n}\varphi_k(x_i)y_i,\ k=0,\ 1,\ \cdots,\ m \tag{4-118}$$

这是关于 a_0，a_1，…，a_m 的线性方程组，写成矩阵形式为

$$\begin{bmatrix} \sum_{i=0}^{n}\varphi_0^2(x_i) & \sum_{i=0}^{n}\varphi_0(x_i)\varphi_1(x_i) & \cdots & \sum_{i=0}^{n}\varphi_0(x_i)\varphi_m(x_i) \\ \sum_{i=0}^{n}\varphi_1(x_i)\varphi_0(x_i) & \sum_{i=0}^{n}\varphi_1^2(x_i) & \cdots & \sum_{i=0}^{n}\varphi_1(x_i)\varphi_m(x_i) \\ \vdots & \vdots & \ddots & \vdots \\ \sum_{i=0}^{n}\varphi_m(x_i)\varphi_0(x_i) & \sum_{i=0}^{n}\varphi_m(x_i)\varphi_1(x_i) & \cdots & \sum_{i=0}^{n}\varphi_m^2(x_i) \end{bmatrix}\begin{bmatrix} a_0 \\ a_1 \\ \vdots \\ a_m \end{bmatrix}=\begin{bmatrix} \sum_{i=0}^{n}\varphi_0(x_i)y_i \\ \sum_{i=0}^{n}\varphi_1(x_i)y_i \\ \vdots \\ \sum_{i=0}^{n}\varphi_m(x_i)y_i \end{bmatrix} \tag{4-119}$$

记

$$(\varphi_j,\ \varphi_k)=\sum_{i=0}^{n}\varphi_j(x_i)\varphi_k(x_i)$$

$$(\varphi_k,\ y)=\sum_{i=0}^{n}\varphi_k(x_i)y_i$$

则式(4-119)可简记为

$$\begin{pmatrix} (\varphi_0,\ \varphi_0) & (\varphi_0,\ \varphi_1) & \cdots & (\varphi_0,\ \varphi_m) \\ (\varphi_1,\ \varphi_0) & (\varphi_1,\ \varphi_1) & \cdots & (\varphi_1,\ \varphi_m) \\ \vdots & \vdots & \ddots & \vdots \\ (\varphi_m,\ \varphi_0) & (\varphi_m,\ \varphi_1) & \cdots & (\varphi_m,\ \varphi_m) \end{pmatrix}\begin{pmatrix} a_0 \\ a_1 \\ \vdots \\ a_m \end{pmatrix}=\begin{pmatrix} (\varphi_0,\ y) \\ (\varphi_1,\ y) \\ \vdots \\ (\varphi_m,\ y) \end{pmatrix} \tag{4-120}$$

这是关于系数 $a_j(j=0,\ 1,\ \cdots,\ m)$ 的线性方程组，也是正则方程组。由于 φ_0，φ_1，…，φ_m 线性无关，故方程组式(4-119)或(4-120)的系数矩阵行列式不为零，因此可以证明方程组式(4-119)或(4-120)有唯一解为(a_0^*，a_1^*，…，a_m^*)。

例 4-10 已知一组实验数据，如表 4-13 所示，求其拟合曲线。

表 4-13 例 4-10 的实验数据

i	0	1	2	3	4
x_i	165	123	150	123	141
y_i	187	126	172	125	148

解　将给定的数据在坐标系中画出，可以看出各点在一条直线附近，故设拟合曲线为线性函数 $y=a_0+a_1x$。由已知得，数据点个数 $n=4$，拟合多项式次数 $m=1$，且有 $\varphi_0(x)=1$，$\varphi_1(x)=x$。

计算得

$$(\varphi_0, \varphi_0)=\sum_{i=0}^{4}\varphi_0(x_i)\varphi_0(x_i)=5$$

$$(\varphi_0, \varphi_1)=\sum_{i=0}^{4}\varphi_0(x_i)\varphi_1(x_i)=\sum_{i=0}^{4}x_i=702$$

$$(\varphi_1, \varphi_0)=\sum_{i=0}^{4}\varphi_1(x_i)\varphi_0(x_i)=702$$

$$(\varphi_1, \varphi_1)=\sum_{i=0}^{4}\varphi_1(x_i)\varphi_1(x_i)=\sum_{i=0}^{4}x_i^2=99\ 864$$

$$d_0=\sum_{i=0}^{4}y_i\varphi_0(x_i)=758$$

$$d_1=\sum_{i=0}^{4}y_i\varphi_1(x_i)=\sum_{i=0}^{4}y_ix_i=108\ 396$$

正则方程组可写为

$$\begin{bmatrix}5 & 702\\702 & 9\ 986\end{bmatrix}\begin{bmatrix}a_0\\a_1\end{bmatrix}=\begin{bmatrix}758\\108\ 396\end{bmatrix}$$

解得

$$a_0=-60.939\ 2,\quad a_1=1.513\ 8$$

则所求拟合曲线为

$$y=-60.939\ 2+1.513\ 8x$$

本章小结

由已知数据 $(x_i, y_i)(i=0, 1, \cdots, n)$ 寻找自变量 x 与因变量 y 的函数变化关系 $y=f(x)$，是科学研究和实践应用中经常遇到的函数逼近问题。函数插值和曲线拟合是计算方法中常用的两种函数逼近方法。

插值法是函数逼近的一种重要方法，它是数值微积分、微分方程数值解等数值计算的基础和工具。由于多项式具有形式简单、计算方便等诸多优点，因此本章主要介绍了多项式插值，它是插值法中常用和最基本的方法。

拉格朗日插值多项式的优点是公式结构紧凑、形式规范，便于理论分析和编程计算。它的缺点是当增加或减少一个插值节点时，拉格朗日插值基函数需要全部重新计算，插值多项式也会发生变化，这在实际计算时是很不方便的。

牛顿插值多项式对此作了改进，当增加一个节点时只需在原牛顿插值多项式基础上增加一项，此时原有的项无须改变，从而达到节省计算次数、节约存储单元、应用较少节点能达到应有精度的目的。在等距节点条件下，利用差分型的牛顿前插或后插公式可以简化计算。

高次插值多项式虽然可以保证曲线的光滑性，但计算复杂、数值稳定性较差，且有时会出现龙格现象，因此当区间较大、节点较多时，常用分段低次插值，如分段线性插值和分段二次插值。分段低次插值可避免龙格现象，且计算简单，分段线性插值和分段三次埃尔米特插值都具有一致收敛性，能很好地逼近被插值函数，因此它是计算机上常用的一种方法。分段插值的缺点是不能保证曲线在连接点处的光滑性。

为了保证插值曲线在节点处不仅连续而且光滑，可采用样条插值法。三次样条插值法是最常用的方法，它在整个插值区间上可保证具有直到二阶导数的连续性。用它来求数值微分、微分方程数值解等，都能起到良好的效果。

曲线拟合的最小二乘法是函数逼近的一种重要方法，是计算机对数据处理的常用方法。它可以反映给定数据的整体变化趋势，能够有效地消除原有数据含有观测误差的影响，因此在工程技术中有着广泛的应用。

思考题

4-1　什么是插值法、插值函数、插值多项式、插值余项？

4-2　如何构造拉格朗日插值多项式？截断误差如何表示，如何估计？

4-3　什么是差商，如何构造差商表？如何构造牛顿插值多项式，误差如何表示？

4-4　牛顿插值多项式与拉格朗日插值多项式有何关系，各有什么优缺点？

4-5　什么是差分，差分和差商有何关系，如何构造差分型牛顿插值多项式？

4-6　分段插值主要有哪几种常用形式，有什么优点？

4-7　如何构造埃米尔特插值的基函数及插值多项式，有什么特点？

4-8　在插值区间上，随着节点的增多，插值多项式是否越来越接近被插函数，什么是龙格现象，应如何避免？

4-9　什么是样条插值函数，样条插值有何优点，如何构造三次样条插值函数？

4-10　用最小二乘法求函数近似表达式的一般步骤如何，它与插值函数求近似式有何区别？

习题四

4-1　已知$f(-1)=-3$，$f(1)=0$，$f(2)=4$，求$f(x)$的二次插值多项式。

4-2　已知$\sin 30°=0.5$，$\sin 45°=\sqrt{2}/2$，$\sin 60°=\sqrt{3}/2$分别用一次插值和二次插值计算$\sin 50°$近似值(计算取4位小数)，并估计误差。

4-3　设$f(x)$在区间$[a, b]$上具有二阶连续导数，且$f(a)=f(b)=0$，证明

$$\max_{a\leqslant x\leqslant b}|f(x)|\leqslant\frac{1}{8}(b-a)^2\max_{a\leqslant x\leqslant b}|f''(x)|$$

4-4 已知 $y=f(x)=\sin x$ 的函数表

x_i	0.4	0.5	0.6	0.7	0.8
$f(x_i)$	0.389 42	0.479 43	0.564 64	0.644 22	0.717 36

分别用线性插值和抛物插值计算 $f(0.55)$ 的近似值(计算取 4 位小数)。

4-5 用拉格朗日插值和牛顿插值找经过点 $(-1, -3)$, $(0, 2)$, $(3, -2)$, $(6, 10)$ 的三次插值多项式，并验证插值多项式的唯一性。

4-6 证明 n 阶差商有下列性质。

(1) 若 $F(x)=cf(x)$，则 $F[x_0, x_1, \cdots, x_n]=cf[x_0, x_1, \cdots, x_n]$；

(2) 若 $F(x)=f(x)+g(x)$，则 $F[x_0, x_1, \cdots, x_n]=f[x_0, x_1, \cdots, x_n]+g[x_0, x_1, \cdots, x_n]$；

(3) 若 $F(x)=a_nx^n+a_{n-1}x^{n-1}+\cdots+a_0$，则 $F[x_0, x_1, \cdots, x_n]=a_n$。

4-7 证明

$$f[x_0, x_1, \cdots, x_n]=\sum_{j=0}^{n}\frac{f(x_j)}{(x_j-x_0)\cdots(x_j-x_{j-1})(x_j-x_{j+1})\cdots(x_j-x_n)}$$

4-8 利用函数表

x_i	1.615	1.634	1.702	1.828	1.921
$y_i=f(x_i)$	2.414 50	2.464 59	2.652 71	3.030 35	3.340 66

做出差商表，并利用牛顿插值公式计算 $f(x)$ 在 $x=1.682$，$x=1.813$ 处的近似值(计算取 5 位小数)。

4-9 已知函数 $f(x)=\mathrm{sh}x$ 的函数表，作出差分表，并构造牛顿插值多项式，同时计算 $f(0.596)=\mathrm{sh}0.596$ 的值。

k	0	1	2	3	4	5
x_k	0.40	0.55	0.65	0.80	0.90	1.05
$f(x_k)$	0.410 75	0.578 15	0.696 75	0.888 11	1.026 52	1.235 86

4-10 已知函数表

x_i	0	1	2	3
$f(x_i)$	1	2	17	64

试分别做出三次牛顿向前插值公式和牛顿向后插值公式，并分别计算 $x=0.5$ 及 $x=2.5$ 时函数的近似值(计算取 3 位小数)。

4-11 证明 $\Delta^n y_i=y_{n+i}-C_n^1y_{n+i-1}+C_n^2y_{n+i-2}+\cdots+(-1)^kC_n^ky_{n+i-k}+\cdots+(-1)^ny_i$，其中

$$C_n^k=\frac{n!}{k!\ (n-k)!}=\frac{n(n-1)\cdots(n-k+1)}{k!}$$

4-12 将区间 $[a, b]$ 分成 n 等份，求 $f(x)=x^4$ 在 $[a, b]$ 上的分段三次埃米尔特插值

多项式，并计算截断误差。

4-13 在区间[-4，4]上给出$f(x)=e^x$ 的等距节点函数表，若用二次插值求 e^x 的近似值，要使截断误差不超过10^{-5}，问使用函数表其步长应取多少(计算取 5 位小数)？

4-14 求满足如下函数表的埃尔米特三次插值多项式，并估计插值余项。

(1)

x_i	1	2
$f(x_i)$	2	3
$f'(x_i)$	0	-1

(2)

x_i	1	2	3
$f(x_i)$	1	0	2
$f'(x_i)$		-1/2	

4-15 已知 $y=f(x)$ 的函数表如下，求其三次样条插值函数 $S(x)$，并用 $S(x)$求 $f(-0.5)$和$f(2)$的近似值。

x_i	-1	0	1	3
$y_i=f(x_i)$	-1	1	3	31
$y'_i=f'(x_i)$	4			28

4-16 已知$y=f(x)$的函数表如下，求其三次样条插值函数$S(x)$，并用$S(x)$求$f(2)$和$f(3.5)$的近似值。

x_i	0	1	3	4
$y_i=f(x_i)$	-2	0	4	5
$y''_i=f''(x_i)$	0			0

4-17 已知实验数据表，求其最小二乘拟合多项式(计算取 4 位小数)。

i	0	1	2	3	4	5	6
x_i	19.1	25.0	30.1	36.0	40.0	45.1	50.0
y_i	76.30	77.80	79.25	80.80	82.35	83.90	85.10

4-18 已知实验数据表如下

x_i	19	25	31	38	44
$y_i=f(x_i)$	19.0	32.2	49.0	73.3	97.8

用最小二乘法求形如 $y=a+bx^2$ 的拟合函数(计算取 4 位小数)。

上机实验

实验 4-1　已知 $y=f(x)=\sin x$ 的函数表如下，试用拉格朗日插值多项式，求解 sin(0.45)、sin(0.55)、sin(0.75)的近似值。

x_i	0.4	0.5	0.6	0.7	0.8
$f(x_i)$	0.389 42	0.479 43	0.564 64	0.644 22	0.717 36

实验 4-2　利用实验 4-1 给出的函数表，构造差商表，并用牛顿差商插值多项式，求解 sin(0.45)、sin(0.55)、sin(0.75)的近似值。

第五章

数值积分与数值微分

【本章重点】数值积分的基本思想和基本公式；低阶的牛顿-科特斯求积公式；复化求积公式；高斯求积公式

【本章难点】龙贝格求积法

在科学研究和工程应用中，常常需要计算定积分。依据微积分基本定理，对于定积分

$$I=\int_a^b f(x)\,\mathrm{d}x$$

若$f(x)$在区间$[a,\ b]$上连续，且$f(x)$的原函数为$F(x)$，则可用牛顿-莱布尼兹公式

$$I=\int_a^b f(x)\,\mathrm{d}x=F(b)-F(a)$$

来解决定积分的计算问题。牛顿-莱布尼兹公式提供了计算定积分的一种简便有效的方法，在微积分理论中发挥了重要作用。这种方法原则上可行，但实际应用起来往往有困难。因为在工程计算和科学研究中，经常会遇到被积函数$f(x)$的下列一些情况：

(1) $f(x)$的原函数不能用初等函数形式表示，例如$f(x)$为e^{-x}，$\sin x^2$，$\frac{1}{\ln x}$，$\frac{\sin x}{x}$等。

(2) $f(x)$虽有初等函数形式表示的原函数，但其原函数表示形式比较复杂，不便计算，例如$f(x)=\frac{1}{1+x^5}$。

(3) $f(x)$本身形式比较复杂，求其原函数将更加困难，例如$f(x)=\sqrt{ax^2+bx+c}$。

(4) $f(x)$本身没有解析表达式，其函数关系由表格或图形给出，难以求出其原函数，例如$f(x)$为实验或测量数据。

在这些情况下，无法利用牛顿-莱布尼兹公式直接计算函数的定积分，因此有必要研究定积分的数值计算问题，所以在解决实际问题时，常常采用数值积分和数值微分。本章主要介绍数值积分和数值微分的求解方法。

第一节　引　言

一、问题的提出

我们知道，定积分是求和式的极限，即

$$I=\int_a^b f(x)\,\mathrm{d}x=\lim_{n\to\infty}\sum_{k=1}^{n}f(\xi_k)\Delta x_k$$

定积分的几何意义是曲边梯形的面积。由定义可知，定积分的基本分析方法可分为四步，即分割、近似、求和、取极限。(1)分割，就是把总量分成若干个分量，即把整块曲边梯形分解成若干个小曲边梯形；(2)近似，就是用容易计算的量去近似表示每个分量，这里用矩形面积近似表示曲边梯形面积；(3)求和，就是把分量的近似值加起来得到总近似值；(4)取极限，就是求和的极限得到积分近似值。可以看出，前三步都比较容易，只是最后一步计算极限比较困难。既然现在把求积分的精确值转变成求积分的近似值，在计算时就可以省略取极限这一步，只要经过前三步就能得到积分的近似值。这就是建立数值积分公式的基本思想。可以构造如下形式的数值积分公式

$$I=\int_a^b f(x)\,\mathrm{d}x\approx\sum_{k=0}^{n}A_k f(x_k)\tag{5-1}$$

其中 $x_k(k=0,1,\cdots,n)$称为**求积节点**，$A_k(k=0,1,\cdots,n)$称为**求积系数**。由于求积系数 A_k 仅与节点选择有关，而与被积函数 $f(x)$ 无关，因此求积公式(5-1)具有通用性，又被称为**机械求积公式**。其特点是将积分求值问题转化为函数值的计算，避免了求原函数的困难。

记

$$R[f]=\int_a^b f(x)\,\mathrm{d}x-\sum_{k=0}^{n}A_k f(x_k)\tag{5-2}$$

称 $R[f]$ 为求积公式(5-1)的**截断误差**，又称为**求积余项**。

二、代数精度的概念

数值求积公式由节点 x_k 和系数 A_k 决定，每选择一组节点 x_k 和系数 A_k，就得到一个相应的求积公式。一般来说，求积公式中的节点 x_k 和系数 A_k 可以按照所希望的方式随意选取。由于数值求积方法是近似方法，为了保证精度，自然希望求积公式能对“尽可能多”的函数准确地成立，这就提出了代数精度的概念。

定义 5-1 如果某个求积公式对于次数不大于 m 的多项式均能准确地成立，且至少对 1 个 $m+1$ 次多项式不准确成立，则称该求积公式具有 ***m* 次代数精度**。

以代数精度作为标准可获得构造求积公式的一种方法，称之为**待定系数法**。如果令公式(5-1)对 $f(x)=x^i(i=0,1,\cdots,m)$ 准确成立，则可得线性方程组

$$\sum_{k=0}^{n}A_k x_k^i=\frac{b^{i+1}-a^{i+1}}{i+1},\quad k=0,1,\cdots,n,\quad i=0,1,\cdots,m\tag{5-3}$$

当节点 $x_k(k=0,1,\cdots,N)$ 给定且互异时，系数 A_k 即可由(5-3)确定。

例 5-1 试确定一个具有 3 次代数精度的公式

$$\int_0^3 f(x)\,\mathrm{d}x\approx A_0f(0)+A_1f(1)+A_2f(2)+A_3f(3)$$

解 依据式(5-3)，若要公式具有 3 次代数精度，将 $f(x)=x^i(i=0,1,2,3)$ 分别代入，则必有

$$\begin{cases} A_0 + A_1 + A_2 + A_3 = 3 \\ A_1 + 2A_2 + 3A_3 = \dfrac{9}{2} \\ A_1 + 4A_2 + 3A_3 = 9 \\ A_1 + 8A_2 + 27A_3 = \dfrac{81}{4} \end{cases}$$

解之得

$$A_0=\frac{3}{8},\ A_1=\frac{9}{8},\ A_2=\frac{9}{8},\ A_3=\frac{3}{8}$$

由此，得公式

$$\int_0^3 f(x)\,\mathrm{d}x \approx \frac{3}{8}[f(0)+3f(1)+3f(2)+f(3)]$$

由于将 $f(x)=x^4$ 代入上式时，其不能精确成立，故所得公式具有 3 次代数精度。

三、插值型求积公式

常用的一类构造求积公式的方法是使用简单函数对被积函数 $f(x)$ 做插值逼近。下面介绍以插值的思想来构造求积公式，即根据已知节点处的函数值，构造一个插值多项式 $P_n(x)$ 代替被积函数 $f(x)$，然后用 $\int_a^b P_n(x)\,\mathrm{d}x$ 作为积分 $\int_a^b f(x)\,\mathrm{d}x$ 的近似值。这样获得的求积公式称为**插值型求积公式**。

对于积分 $I=\int_a^b f(x)\,\mathrm{d}x$，设 $[a,\ b]$ 上的节点为 $a=x_0<x_1<\cdots<x_n=b$，构造函数 $f(x)$ 的拉格朗日插值多项式

$$L_n(x)=\sum_{k=0}^{n} l_k(x)f(x_k) \tag{5-4}$$

其中

$$l_k(x)=\prod_{\substack{j=0\\ j\neq k}}^{n}\frac{x-x_j}{x_k-x_j}=\frac{\omega_{n+1}(x)}{(x-x_k)\omega'_{n+1}(x_k)},\ k=0,\ 1,\ \cdots,\ n \tag{5-5}$$

是拉格朗日插值基函数。

用 $L_n(x)$ 的积分作为 $f(x)$ 积分的近似，得到如下积分公式

$$I\approx\int_a^b L_n(x)\,\mathrm{d}x=\int_a^b\sum_{k=0}^{n} l_k(x)f(x_k)\,\mathrm{d}x=\sum_{k=0}^{n}\left[\int_a^b l_k(x)\,\mathrm{d}x\right]f(x_k) \tag{5-6}$$

记

$$A_k=\int_a^b l_k(x)\,\mathrm{d}x,\ k=0,\ 1,\ \cdots,\ n \tag{5-7}$$

即得插值型求积公式

$$I\approx\sum_{k=0}^{n} A_k f(x_k) \tag{5-8}$$

由拉格朗日插值余项可知，式(5-8)的截断误差为

$$R_n[f] = \int_a^b [f(x) - L_n(x)]\mathrm{d}x = \frac{1}{(n+1)!}\int_a^b f^{(n+1)}(\xi_x)\omega_{n+1}(x)\mathrm{d}x \tag{5-9}$$

其中

$$\omega_{n+1}(x) = \prod_{k=0}^{n}(x - x_k),\ \xi_x \in (a,\ b) \tag{5-10}$$

关于插值型求积公式的代数精度，有如下定理。

定理 5-1　具有 $n+1$ 个节点的求积公式为插值型的充要条件是它至少具有 n 次代数精度。

证明　先证必要性。设求积公式(5-1)是插值型的，则对于任意次数不超过 n 的多项式 $f(x)=x^i(i=0,\ 1,\ \cdots,\ n)$ 均有 $f^{(n+1)}(x)=0$，从而有 $R_n[f]=0$，即求积公式(5-8)对 $f(x)=x^i(i=0,\ 1,\ \cdots,\ n)$ 均准确成立，故式(5-8)至少具 n 次代数精度。

再证充分性。设式(5-1)至少具 n 次代数精度，则其对 n 次多项式的拉格朗日插值基函数

$$l_k(x)=\frac{\omega_{n+1}(x)}{(x-x_k)\omega'_{n+1}(x_k)},\quad k=0,\ 1,\ \cdots,\ n$$

精确成立，即

$$\int_a^b f(x)\mathrm{d}x = \sum_{j=0}^{n} A_j l_k(x_j)$$

而

$$l_k(x_j)=\begin{cases}1, & j=k\\ 0, & j\neq k\end{cases}$$

因此

$$A_k = \int_a^b l_k(x)\mathrm{d}x$$

故式(5-8)成立，即式(5-1)为插值型的。证毕。

需要说明的是，定理 5-1 只表明 $n+1$ 个节点的插值型公式至少具有 n 次代数精度，但并不意味着此公式仅具有 n 次代数精度。

第二节　牛顿-柯特斯求积公式

本节介绍求积节点等距分布时的插值型求积公式，即牛顿-科特斯(Newton-Cotes)求积公式。

一、牛顿-柯特斯求积公式

在插值型求积公式中，将积分区间[a，b]分为 n 等份，步长 $h=(b-a)/n$，求积节点可以表示为

$$x_k=a+kh,\ k=0,\ 1,\ \cdots,\ n$$

由此构造插值型求积公式，则由式(5-7)得其求积系数为

$$A_k = \int_a^b \prod_{\substack{j=0 \\ j \neq k}}^{n} \frac{x - x_j}{x_k - x_j} \mathrm{d}x$$

作变量替换 $x=a+th$，则有

$$A_k = h \int_0^n \prod_{\substack{j=0 \\ j \neq k}}^{n} \frac{t-j}{k-j} \mathrm{d}t = \frac{b-a}{n} \cdot \frac{(-1)^{n-k}}{k!\,(n-k)!} \int_0^n \prod_{\substack{j=0 \\ j \neq k}}^{n} (t-j)\mathrm{d}t \tag{5-11}$$

记

$$\mathrm{C}_k^{(n)} = \frac{1}{n} \cdot \frac{(-1)^{n-k}}{k!\,(n-k)!} \int_0^n \prod_{\substack{j=0 \\ j \neq k}}^{n} (t-j)\mathrm{d}t \tag{5-12}$$

则有 $A_k=(b-a)\mathrm{C}_k^{(n)}$，其中 $\mathrm{C}_k^{(n)}$ 是不依赖于 $f(x)$ 和区间 $[a, b]$ 的常数。于是得求积公式

$$I \approx (b-a) \sum_{k=0}^{n} \mathrm{C}_k^{(n)} f(x_k) \triangleq I_n \tag{5-13}$$

称式(5-13)为 n 阶**牛顿-柯特斯求积公式**，$\mathrm{C}_k^{(n)}$ 称为**柯特斯系数**。

由式(5-12)可知，柯特斯系数 $\mathrm{C}_k^{(n)}$ 与求积节点和积分区间无关，仅与节点的总数有关，因此可以事先计算出科特斯系数，做成表格的形式，方便进行查阅。表 5-1 给出了部分柯特斯系数。

此外，柯特斯系数还具有以下性质。

(1) $\mathrm{C}_k^{(n)}=\mathrm{C}_{n-k}^{(n)}$(对称性)；

(2) $\sum_{k=0}^{n} \mathrm{C}_k^{(n)} = 1$(权性)。

读者可自行推导证明。

表 5-1　柯特斯系数表(部分)

n	$\mathrm{C}_k^{(n)}$							
1	$\frac{1}{2}$	$\frac{1}{2}$						
2	$\frac{1}{6}$	$\frac{2}{3}$	$\frac{1}{6}$					
3	$\frac{1}{8}$	$\frac{3}{8}$	$\frac{3}{8}$	$\frac{1}{8}$				
4	$\frac{7}{90}$	$\frac{16}{45}$	$\frac{2}{15}$	$\frac{16}{45}$	$\frac{7}{90}$			
5	$\frac{19}{288}$	$\frac{25}{96}$	$\frac{25}{144}$	$\frac{25}{144}$	$\frac{25}{96}$	$\frac{19}{288}$		
6	$\frac{41}{840}$	$\frac{9}{35}$	$\frac{9}{280}$	$\frac{34}{105}$	$\frac{9}{280}$	$\frac{9}{35}$	$\frac{41}{840}$	
7	$\frac{751}{17\ 280}$	$\frac{3\ 577}{17\ 280}$	$\frac{1\ 323}{17\ 280}$	$\frac{2\ 989}{17\ 280}$	$\frac{2\ 989}{17\ 280}$	$\frac{1\ 323}{17\ 280}$	$\frac{3\ 577}{17\ 280}$	$\frac{751}{17\ 280}$

理论分析表明，当式(5-13)的阶数 n 较大时，其稳定性较差，会产生较大的误差积累，因此牛顿-柯特斯求积公式中有实用价值的往往是一些低阶公式。

二、梯形公式、辛普森公式和柯特斯公式

（一）梯形公式

在求积公式(5-13)中，取 $n=1$，相应的牛顿-柯特斯公式为

$$I\approx\frac{b-a}{2}[f(a)+f(b)]\triangleq T \tag{5-14}$$

式(5-14)称为**梯形公式**。不难验证，梯形公式的代数精度为 1。从几何意义来看，积分 $\int_a^b f(x)\mathrm{d}x$ 就是由曲线 $y=f(x)$、直线 $x=a$，$x=b$ 和 x 轴所围成的曲边梯形的面积，而梯形公式是用梯形的面积近似曲边梯形的面积，如图 5-1 所示。

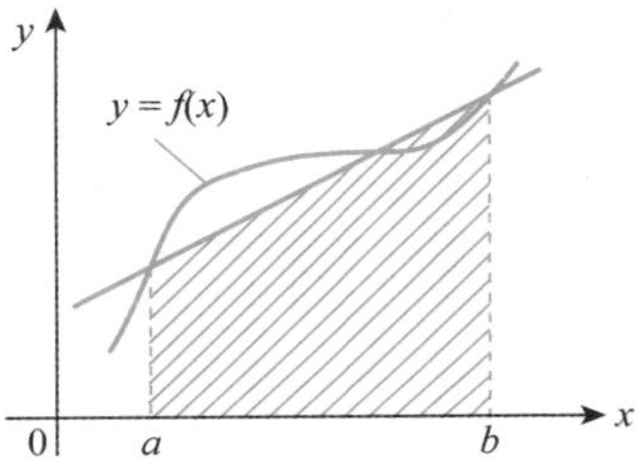

图 5-1　梯形公式示意图

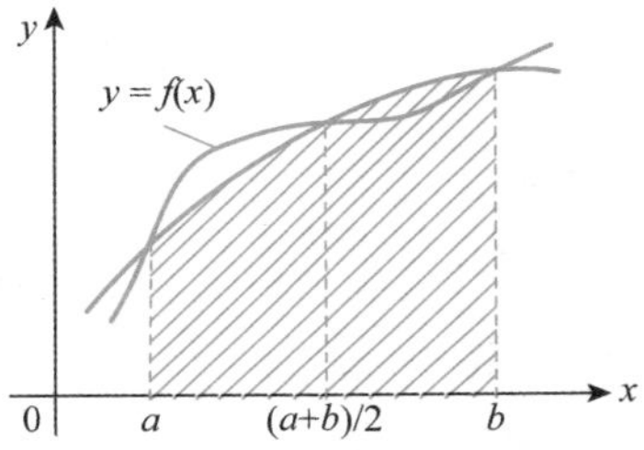

图 5-2　辛普森公式示意图

设 $f(x)$ 在区间 (a, b) 内具有二阶连续导数，根据积分中值定理，梯形公式的截断误差为

$$\begin{aligned}R_T[f]&=I-T=\int_a^b\frac{f''(\xi)}{2!}(x-a)(x-b)\mathrm{d}x=\frac{f''(\eta)}{2}\int_a^b(x-a)(x-b)\mathrm{d}x\\&=-\frac{(b-a)^3}{12}f''(\eta),\ \eta\in(a, b)\end{aligned} \tag{5-15}$$

（二）辛普森公式

在求积公式(5-13)中，取 $n=2$，相应的牛顿-柯特斯公式为

$$I\approx\frac{b-a}{6}\left[f(a)+4f\left(\frac{a+b}{2}\right)+f(b)\right]\triangleq S \tag{5-16}$$

式(5-16)称为**辛普森(Simpson)公式**。从几何意义来看，它是用过 $(a, f(a))$、$(b, f(b))$ 和 $((a+b)/2, f((a+b)/2))$ 三点的抛物线近似代替曲边梯形的曲边 $y=f(x)$ 得到的，如图 5-2 所示。可以证明，辛普森公式具有 3 次代数精度。

下面讨论辛普森公式的截断误差。设 $f(x)$ 在区间 (a, b) 内具有四阶连续导数，并构造一个满足条件

$$\begin{cases}H(a)=f(a),\ H\left(\dfrac{a+b}{2}\right)=f\left(\dfrac{a+b}{2}\right),\ H(b)=f(b)\\H'\left(\dfrac{a+b}{2}\right)=f'\left(\dfrac{a+b}{2}\right)\end{cases} \tag{5-17}$$

的三次多项式 $H(x)$。由 Hermite 插值公式得

$$f(x)=H(x)+\frac{f^{(4)}(\xi)}{4!}(x-a)\left(x-\frac{a+b}{2}\right)^2(x-b),\ \xi\in(a,\ b)$$

由于辛普森公式具有 3 次代数精度，则根据式(5-17)及积分中值定理得

$$\begin{aligned}\int_a^b f(x)\mathrm{d}x &\approx \int_a^b H(x)\mathrm{d}x+\frac{1}{4!}\int_a^b f^{(4)}(\xi)(x-a)\left(x-\frac{a+b}{2}\right)^2(x-b)\mathrm{d}x\\ &=\frac{b-a}{6}\left[H(a)+4H\left(\frac{a+b}{2}\right)+H(b)\right]+\frac{f^{(4)}(\eta)}{4!}\int_a^b(x-a)\left(x-\frac{a+b}{2}\right)^2(x-b)\mathrm{d}x\\ &=\frac{b-a}{6}\left[f(a)+4f\left(\frac{a+b}{2}\right)+f(b)\right]-\frac{(b-a)^5}{2\ 880}f^{(4)}(\eta)\end{aligned}$$

其中 $\eta\in(a,\ b)$，故辛普森公式(5-16)的截断误差为

$$R_S[f]=I-S=-\frac{(b-a)^5}{2\ 880}f^{(4)}(\eta),\ \eta\in(a,\ b) \qquad (5-18)$$

（三）柯特斯公式

在求积公式(5-13)中，取 $n=4$，此时节点 $x_k=a+kh(k=0,\ 1,\ 2,\ 3,\ 4)$，$h=(b-a)/4$，相应的牛顿-柯特斯公式为

$$I\approx\frac{b-a}{90}[7f(x_0)+32f(x_1)+12f(x_2)+32f(x_3)+7f(x_4)]\triangleq C \qquad (5-19)$$

式(5-19)称为**柯特斯(Cotes)公式**。

类似地可求出柯特斯公式(5-19)的截断误差为

$$R_C[f]=I-C=-\frac{2(b-a)}{945}\left(\frac{b-a}{4}\right)^6 f^{(6)}(\eta),\ \eta\in(a,\ b) \qquad (5-20)$$

可以证明，柯特斯公式具有 5 次代数精度。

关于 n 阶牛顿-柯特斯求积公式的代数精度，见定理 5-2。

定理 5-2 n 阶牛顿-柯特斯求积公式的代数精度为

$$m=\begin{cases}n+1, & \text{当 } n \text{ 为偶数}\\ n, & \text{当 } n \text{ 为奇数}\end{cases}$$

定理 5-2 的详细证明，见参考文献[1]。对于低阶牛顿-柯特斯求积公式，不难验证定理结论成立。例如一阶牛顿-柯特斯公式(梯形公式)具有 1 次代数精度，二阶牛顿-柯特斯公式(辛普森公式)和三阶牛顿-柯特斯公式都具有 3 次代数精度，四阶牛顿-柯特斯公式(柯特斯公式)具有 5 次代数精度。在几种低阶的牛顿-柯特斯公式中，人们感兴趣的是梯形公式、辛普森公式和柯特斯公式。

例 5-2 试分别用梯形公式、辛普森公式和柯特斯公式计算定积分 $\int_{0.5}^1\sqrt{x}\,\mathrm{d}x$(计算取 6 位小数)。

解 (1) 由梯形公式得

$$\int_{0.5}^1\sqrt{x}\,\mathrm{d}x\approx\frac{1-0.5}{2}[\sqrt{0.5}+\sqrt{1}]\approx 0.426\ 777$$

（2）由辛普森公式得

$$\int_{0.5}^{1}\sqrt{x}\,\mathrm{d}x \approx \frac{1-0.5}{6}[\sqrt{0.5}+4\sqrt{0.75}+\sqrt{1}] \approx 0.430\ 934$$

（3）由柯特斯公式得

$$\int_{0.5}^{1}\sqrt{x}\,\mathrm{d}x \approx \frac{0.5}{90}[7\sqrt{0.5}+32\sqrt{0.625}+12\sqrt{0.75}+32\sqrt{0.875}+7\sqrt{1}] \approx 0.430\ 964$$

事实上，积分的准确值为

$$\int_{0.5}^{1}\sqrt{x}\,\mathrm{d}x = \frac{2}{3}x^{\frac{3}{2}}\Big|_{0.5}^{1} \approx 0.430\ 964\ 41$$

通过比较可以看出，柯特斯公式的结果最好，辛普森公式的结果次之，梯形公式的结果最差。

第三节　复化求积公式

从牛顿–柯特斯求积公式的余项可以看出，被积函数所用的插值多项式的次数越高，相应的求积公式的代数精度也越高。然而高次插值多项式具有数值不稳定性，这也导致了高次插值求积公式同样具有数值不稳定性，因此为了提高数值积分的精度，常采用将求积区间等分成 N 个子区间，在每个子区间上用低阶的牛顿–柯特斯求积公式，然后将所有子区间上的计算结果加起来作为所求积分的近似值，这样得到的公式称为**复化求积公式**。

一、复化梯形公式

将区间$[a, b]$等分为 n 个子区间，步长为 $h=(b-a)/n$，节点 $x_k=a+kh(k=0, 1, \cdots, n)$，在每个子区间$[x_k, x_{k+1}]$上用梯形公式

$$I_k=\int_{x_k}^{x_{k+1}}f(x)\,\mathrm{d}x \approx \frac{h}{2}[f(x_k)+f(x_{k+1})] \tag{5-21}$$

相加后得

$$I \approx \frac{h}{2}[f(a)+2\sum_{k=1}^{n-1}f(x_k)+f(b)] \triangleq T_n \tag{5-22}$$

式(5-22)称为**复化梯形公式**。

定理 5-3　设$f(x)$在区间$[a, b]$上具有连续的二阶导数，则复化梯形公式的截断误差为

$$R_T^{(n)}[f]=-\frac{b-a}{12}h^2f''(\eta),\ \eta\in(a, b) \tag{5-23}$$

证明　由式(5-15)得，在子区间$[x_k, x_{k+1}]$上的梯形公式的截断误差为$-\dfrac{h^3}{12}f''(\eta_k)$，其中 $\eta_k\in(x_k, x_{k+1})$，$k=0, 1, \cdots, n$。将所有子区间的截断误差相加得

$$R_1^{(n)}=\int_a^b f(x)\mathrm{d}x-T_n=-\frac{h^3}{12}\sum_{k=0}^{n-1}f''(\eta_k)$$

因为$f''(x)$在区间$[a, b]$上连续，所以在$[a, b]$内必存在一点η，使得

$$f''(\eta)=\frac{1}{n}\sum_{k=0}^{n-1}f''(\eta_k)$$

于是有

$$R_T^{(n)}[f]=-\frac{b-a}{12}h^2 f''(\eta),\ \eta\in(a, b)$$

证毕。

二、复化辛普森公式

将区间$[a, b]$等分成n个子区间，把子区间$[x_k, x_{k+1}]$的中点记为$x_{k+1/2}$，则在每个子区间$[x_k, x_{k+1}]$上用辛普森公式

$$I_k=\int_{x_k}^{x_{k+1}}f(x)\mathrm{d}x\approx\frac{h}{6}[f(x_k)+4f(x_{k+1/2})+f(x_{k+1})] \tag{5-24}$$

相加后得

$$I\approx\frac{h}{6}\left[f(a)+4\sum_{k=0}^{n-1}f(x_{k+1/2})+2\sum_{k=1}^{n-1}f(x_k)+f(b)\right]\triangleq S_n \tag{5-25}$$

式(5-25)称为**复化辛普森公式**。

设$f(x)$在区间(a, b)内具有四阶连续导数，由定理5-3，类似地可推出复化辛普森公式的截断误差为

$$R_S^{(n)}[f]=-\frac{b-a}{180}\left(\frac{h}{2}\right)^4 f^{(4)}(\eta),\ \eta\in(a, b) \tag{5-26}$$

三、复化柯特斯公式

如果再将每个子区间$[x_k, x_{k+1}]$四等分，内分点依次记为$x_{k+1/4}$、$x_{k+1/2}$、$x_{k+3/4}$，则**复化柯特斯公式**为

$$\begin{aligned}I\approx\frac{h}{90}\Big[&7f(a)+32\sum_{k=0}^{n-1}f(x_{k+1/4})+12\sum_{k=0}^{n-1}f(x_{k+1/2})+\\&32\sum_{k=0}^{n-1}f(x_{k+3/4})+14\sum_{k=1}^{n-1}f(x_k)+7f(b)\Big]\triangleq C_n\end{aligned} \tag{5-27}$$

类似地，可推出复化柯特斯公式的截断误差为

$$R_C^{(n)}[f]=-\frac{2(b-a)}{945}\left(\frac{h}{4}\right)^6 f^{(6)}(\eta),\ \eta\in(a, b) \tag{5-28}$$

例5-3 利用表5-2中给定的数据，分别用复化梯形公式、复化辛普森公式和复化柯特斯公式计算积分$\int_0^1\frac{4}{1+x^2}\mathrm{d}x$的近似值(计算取6位小数)。

表 5-2　例 5-3 中的数据

x_k	0	1/8	1/4	3/8	1/2	5/8	3/4	7/8	1
$f(x_k)$	4. 000 000	3. 938 462	3. 764 706	3. 506 849	3. 200 000	2. 876 405	2. 560 000	2. 265 487	2. 000 000

解　(1)取 $n=8$，$h=1/8$，用复化梯形公式得

$$T_8=\frac{1}{2}\cdot\frac{1}{8}\left\{f(0)+2\left[f\left(\frac{1}{8}\right)+f\left(\frac{1}{4}\right)+f\left(\frac{3}{8}\right)+f\left(\frac{1}{2}\right)+f\left(\frac{5}{8}\right)+f\left(\frac{3}{4}\right)+f\left(\frac{7}{8}\right)\right]+f(1)\right\}$$
$$=3.138\ 989$$

(2) 取 $n=4$，$h=1/4$，用复化辛普森公式得

$$S_4=\frac{1}{6}\cdot\frac{1}{4}\left\{f(0)+4\left[f\left(\frac{1}{8}\right)+f\left(\frac{3}{8}\right)+f\left(\frac{5}{8}\right)+f\left(\frac{7}{8}\right)\right]+2\left[f\left(\frac{1}{4}\right)+f\left(\frac{1}{2}\right)+f\left(\frac{3}{4}\right)\right]+f(1)\right\}$$
$$=3.141\ 593$$

(3) 取 $N=2$，$h=1/4$，用复化柯特斯公式得

$$C_2=\frac{1}{90}\cdot\frac{1}{4}\left\{7f(0)+32\left[f\left(\frac{1}{8}\right)+f\left(\frac{5}{8}\right)\right]+12\left[f\left(\frac{1}{4}\right)+f\left(\frac{3}{4}\right)\right]+\right.$$
$$\left.32\left[f\left(\frac{3}{8}\right)+f\left(\frac{7}{8}\right)\right]+14f\left(\frac{1}{2}\right)+7f(1)\right\}$$
$$=3.141\ 594$$

表 5-3 给出了计算结果及各节点对应的求积系数。

表 5-3　例 5-3 的计算结果

x_k	$f(x_k)$	梯形求积系数	辛普森求积系数	柯特斯求积系数
0	4	1	1	7
0. 125	3. 938 462	2	4	32
0. 250	3. 764 706	2	2	12
0. 375	3. 506 849	2	4	32
0. 500	3. 200 000	2	2	14
0. 625	2. 876 405	2	4	32
0. 750	2. 560 000	2	2	12
0. 875	2. 265 487	2	4	32
1. 000	2. 000 000	1	1	7
积分近似值		3. 138 989	3. 141 593	3. 141 594

事实上，积分的准确值为

$$\int_0^1 \frac{4}{1+x^2}\mathrm{d}x = 4\arctan x\Big|_0^1 = \pi = 3.141\ 592\ 65\cdots$$

由此可见，计算 T_8、S_4 和 C_2 的计算量相同，但计算结果的精度不同。

四、变步长复化求积法

复化求积公式是提高精度的一种有效方法，但在使用复化求积公式之前，必须根据复化求积公式的余项进行先验估计，以确定节点数目，从而确定合适的等分步长。步长取得太大，精度难以保证，步长取得太小，则导致计算量过大。而事先确定适当的步长往往比较困难，因此在实际计算中常常采用变步长的计算方案。

变步长复化求积法的基本思想：在计算过程中，通过对计算结果精度的不断估计，逐步改变步长(逐次分半)，反复利用复化求积公式进行计算，直至所求得的积分值满足精度要求为止。这是一种事后误差估计的方法。

下面以复化梯形法为例介绍变步长求积法。

对于积分 $I=\int_a^b f(x)\mathrm{d}x$，将求积区间$[a, b]$分成 n 等份，则一共有 $n+1$ 个分点，在每个子区间$[x_k, x_{k+1}]$$(k=0, 1, \cdots, n)$内应用梯形公式，得到复化梯形公式

$$T_n = \frac{h}{2}\left[f(a) + 2\sum_{k=1}^{n-1} f(x_k) + f(b)\right] \tag{5-29}$$

其中步长 $h=(b-a)/n$。显然，计算 T_n 需要提供 $n+1$ 个函数值。

如果将求积区间再二分一次，即区间$[a, b]$分成 $2n$ 等份，则分点增至 $2n+1$ 个，这就相当于在每个子区间$[x_k, x_{k+1}]$内引入分点 $x_{k+1/2}=(x_k+x_{k+1})/2$。再对二分之后的各个更小的子区间内应用梯形公式，求得子区间$[x_k, x_{k+1}]$上的积分值为

$$\frac{h}{4}[f(x_k)+2f(x_{k+1/2})+f(x_{k+1})]$$

注意，这里 $h=(b-a)/n$ 仍然是二分前的步长。将所有子区间$[x_k, x_{k+1}]$上的积分值相加，就得到将区间分成 $2n$ 等份所得的复化梯形公式

$$T_{2n} = \frac{h}{4}\sum_{k=0}^{n-1}[f(x_k) + f(x_{k+1})] + \frac{h}{2}\sum_{k=0}^{n-1} f(x_{k+1/2}) \tag{5-30}$$

再利用式(5-29)，可导出下列递推公式

$$T_{2n} = \frac{1}{2}T_n + \frac{h}{2}\sum_{k=0}^{n-1} f(x_{k+1/2}) \tag{5-31}$$

式(5-31)就是递推化的复化梯形公式。

根据式(5-23)，复化梯形公式 T_n 和 T_{2n} 的截断误差分别为

$$R_T^{(n)}[f] = I-T_n = -\frac{b-a}{12}h^2 f''(\eta_1),\ \eta_1\in(a, b) \tag{5-32}$$

$$R_T^{(2n)}[f] = I-T_{2n} = -\frac{b-a}{12}\left(\frac{h}{2}\right)^2 f''(\eta_2),\ \eta_2\in(a, b) \tag{5-33}$$

若$f''(x)$在区间$[a, b]$上变化不大，可近似认为$f''(\eta_1)\approx f''(\eta_2)$，由式(5-32)和(5-33)得

$$\frac{I-T_{2n}}{I-T_n}\approx\frac{1}{4}$$

整理可得

$$I-T_{2n}\approx\frac{1}{3}(T_{2n}-T_n) \tag{5-34}$$

这就表明以T_{2n}作为积分I的近似值，其误差大致等于$\frac{1}{3}(T_{2n}-T_n)$，这就是复化梯形公式的**事后误差估计式**。由此提供了一个误差估计的判别条件：对给定的误差限ε，如果

$$|T_{2n}-T_n|<\varepsilon \tag{5-35}$$

那么可以认为T_{2n}已经满足精度要求。

变步长复化梯形法的具体计算过程为

(1) 按式(5-29)计算$T_1=\frac{b-a}{2}[f(a)+f(b)]$；

(2) 从$n=1$开始，利用递推式(5-31)计算T_{2n}；

(3) 判别误差估计式(5-35)是否成立，若成立，则取$I\approx T_{2n}$；否则，继续二等分(步长折半)，重复步骤(2)(3)，直到满足式(5-35)为止。

例 5-4　用变步长复化梯形公式计算积分$I=\int_0^1\frac{\sin x}{x}dx$的值。

解　对于被积函数$f(x)=\frac{\sin x}{x}$，它在$x=0$的值定义为$f(0)=1$，而$f(1)=0.841\ 470\ 9$。

(1) 在整个区间$[0, 1]$上使用梯形公式($n=1$)，即步长$h=1$得

$$T_1=\frac{1}{2}[f(0)+f(1)]=0.920\ 735\ 5$$

(2) 将区间$[0, 1]$二等分($n=2$)，并求出中点的函数值$f\left(\frac{1}{2}\right)=0.958\ 851\ 0$。利用递推公式(5-31)，有

$$T_2=\frac{1}{2}T_1+\frac{1}{2}f\left(\frac{1}{2}\right)=0.939\ 793\ 3$$

(3) 进一步二分求积区间($n=4$)，并计算新增分点上的函数值

$$f\left(\frac{1}{4}\right)=0.989\ 615\ 8,\ f\left(\frac{3}{4}\right)=0.908\ 851\ 6$$

再利用递推公式(5-31)有

$$T_4=\frac{1}{2}T_2+\frac{1}{4}\left[f\left(\frac{1}{4}\right)+f\left(\frac{3}{4}\right)\right]=0.944\ 513\ 5$$

这样不断二分下去，计算结果如表5-4所示。表5-4中，k表示二分次数，$n=2^k$表示区间等分数。

表 5-4　例 5-4 的计算结果

$n=2^k$	2^1	2^2	2^3	2^4	2^5
T_n	0.939 793 3	0.944 513 5	0.945 690 9	0.945 985 0	0.946 059 6
$n=2^k$	2^6	2^7	2^8	2^9	2^{10}
T_n	0.946 076 9	0.946 081 5	0.946 082 7	0.946 083 0	0.946 083 1

事实上，积分 I 的准确值为 $I=0.946\ 083\ 07\cdots$。用变步长复化梯形公式求解，经过二分 10 次得到了具有 7 位有效数字的结果。

第四节　龙贝格求积公式

变步长复化梯形法的算法简单，但收敛速度缓慢。如何提高收敛速度以节省计算量，是人们极为关心的课题。下面介绍的龙贝格求积公式就可以有效地提高收敛速度。

一、龙贝格求积公式

对于积分 $I=\int_a^b f(x)\mathrm{d}x$，假设将求积区间 $[a,b]$ 进行 n 等分时，由复化梯形公式(5-22)算出的积分近似值为 T_n，由其截断误差公式(5-23)可知，积分值为

$$I=T_n+\frac{b-a}{12}\left(\frac{b-a}{n}\right)^2 f''(\eta_1),\ a<\eta_1<b \tag{5-36}$$

再将各子区间二等分，使得子区间成了 $2n$ 等份。由公式(5-33)可知，积分值为

$$I=T_{2n}-\frac{b-a}{12}\left(\frac{b-a}{2n}\right)^2 f''(\eta_2),\ a<\eta_2<b \tag{5-37}$$

假定 $f''(x)$ 在 $[a,b]$ 上变化不大，即有 $f''(\eta_1)\approx f''(\eta_2)$，于是得

$$\frac{I-T_n}{I-T_{2n}}\approx 4$$

将上式移项、整理可得

$$I-T_{2n}\approx\frac{1}{3}(T_{2n}-T_n)=\frac{T_{2n}-T_n}{4-1} \tag{5-38}$$

由式(5-38)可知，积分近似值 T_{2n} 的误差大致等于 $\frac{1}{3}(T_{2n}-T_n)$。可以设想，如果用这个误差作为 T_{2n} 的一种补偿，记

$$\overline{T}=T_{2n}+\frac{1}{3}(T_{2n}-T_n)=\frac{4T_{2n}-T_n}{4-1} \tag{5-39}$$

作为积分 I 的近似值，则有望提高其精确度和收敛速度。

考察第三节例 5-4，用所求的数据检验一下 $\overline{T}$ 是否提高了精度。在例 5-4 中，所求得的两个近似值 $T_4=0.944\ 513\ 5$ 和 $T_8=0.945\ 690\ 9$ 的精度都很差，与准确值 $I=0.940\ 807\cdots$

比较，只有两三位有效数字。但如果将它们按式(5-38)作线性组合，则新的近似值

$$\overline{T}=\frac{4T_8-T_4}{4-1}=0.946\ 083\ 4$$

却有六位有效数字。

那么，按照式(5-39)作线性组合得到的近似值 $\overline{T}$，有什么实质含义吗？这里，考察在子区间$[x_k, x_{k+1}]$上分别应用梯形公式、复化梯形公式和辛普森公式，得到

$$T_1=\frac{h}{2}[f(x_k)+f(x_{k+1})]$$

$$T_2=\frac{h}{4}[f(x_k)+2f(x_{k+1/2})+f(x_{k+1})]$$

$$S_1=\frac{h}{6}[f(x_k)+4f(x_{k+1/2})+f(x_{k+1})]$$

不难验证

$$S_1=T_2+\frac{1}{3}(T_2-T_1)=\frac{4T_2-T_1}{4-1}$$

若求整个区间$[a, b]$上的积分值，相当于从 0 到 $N-1$ 对 k 累加求和得

$$S_n=T_{2n}+\frac{1}{3}(T_{2n}-T_n)=\frac{4T_{2n}-T_n}{4-1} \tag{5-40}$$

式(5-40)表明，将区间对分前后得到的复化梯形公式求得的积分值 T_n 和 T_{2n}，按式(5-39)作线性组合，恰好等于复化辛普森公式求得的积分值 S_n，它比 T_{2n}更接近于近似值。

再来考察辛普森公式，假定$f^{(4)}(x)$在$[a, b]$上变化不大，由误差公式(5-26)可得其截断误差大致与 h^4 成正比，因此若将区间对分，则误差将减至原有误差的1/16，即有

$$\frac{I-S_n}{I-S_{2n}}\approx 16$$

将上式移项、整理可得

$$I-S_{2n}\approx\frac{1}{15}(S_{2n}-S_n)=\frac{S_{2n}-S_n}{4^2-1}$$

同理，利用补偿的思想，把$\frac{1}{15}(S_{2n}-S_n)$作为 S_{2n}的补偿，可以得到更好的结果。类似于前面的分析，结合辛普森公式和柯特斯公式之间的关系，可得

$$C_n=S_{2n}+\frac{1}{15}(S_{2n}-S_n)=\frac{4^2S_{2n}-S_n}{4^2-1} \tag{5-41}$$

式(5-41)表明，将区间对分前后得到的复化辛普森公式求得的积分值 S_n 和 S_{2n}，按式(5-41)作线性组合，恰好等于复化柯特斯公式求得的积分值 C_n，它比 S_{2n}更接近于近似值。

重复同样的手段，依据柯特斯公式的误差公式(5-20)，用 C_n 与 C_{2n}作线性组合，可

进一步导出比 C_{2n} 更精确的值，通常记为 R_n，即

$$R_n=C_{2n}+\frac{1}{63}(C_{2n}-C_n)=\frac{4^3C_{2n}-C_n}{4^3-1} \tag{5-42}$$

式(5-42)称为**龙贝格(Romberg)求积公式**。需要注意的是，龙贝格求积公式已经不属于牛顿-柯特斯公式了。

在区间二分的过程中，运用式(5-40)至式(5-42)，就能将粗糙的梯形积分值 T_n 加工成收敛迅速的龙贝格公式求得的积分值 R_n，计算的精度和收敛速度都将大大提高。

二、外推加速法

这种利用二分前、后的两个积分近似值进行线性组合，推算出更为精确的积分近似值的方法，称为**逐次分半外推加速求积法**，简称**外推加速法**。将序列 $\{T_n\}$、$\{S_n\}$、$\{C_n\}$ 和 $\{R_n\}$ 分别称为梯形序列、辛普森序列、柯特斯序列和龙贝格序列。当然，由龙贝格序列还可以进行外推，得到新的求积序列。但由于在新的求积序列中，其线性组合的系数分别为 $\frac{4^m}{4^m-1}\approx1$ 与 $\frac{1}{4^m-1}\approx0(m\geqslant4)$，因此新的求积序列与前一个序列结果相差不大。故实际计算时，通常外推到龙贝格序列为止。

外推加速法的计算步骤可见表 5-5。

表 5-5 外推加速法的计算步骤

k	区间等分数 $n=2^k$	梯形序列 T_{2^k}	辛普森序列 $S_{2^{k-1}}$	柯特斯序列 $C_{2^{k-2}}$	龙贝格序列 $R_{2^{k-3}}$
0	$2^0=1$	①T_1			
1	$2^1=2$	②T_2	③S_1		
2	$2^2=4$	④T_4	⑤S_2	⑥C_1	
3	$2^3=8$	⑦T_8	⑧S_4	⑨C_2	⑩R_1
4	$2^4=16$	⑪T_{16}	⑫S_8	⑬C_4	⑭R_2
⋮	⋮	⋮	⋮	⋮	⋮

注：①、②、…表示计算顺序。

可以证明，由梯形序列外推得到辛普森序列，由辛普森序列外推得到柯特斯序列，由柯特斯序列外推得到龙贝格序列，而且每次外推都可以使误差阶提高二阶，加快了收敛速度。

利用龙贝格序列求积的算法称为**龙贝格算法**。这种算法具有占用内存少、精确度高的优点，因此成为实际中常用的求积算法。

例 5-5 用龙贝格算法计算积分 $\int_0^1\frac{4}{1+x^2}\mathrm{d}x$，要求误差不超过 $\varepsilon=\frac{1}{2}\times10^{-5}$(积分的精确值为 $\pi=3.141\ 592\ 65\cdots$)

解 使用龙贝格算法进行计算，计算结果见表 5-6。

表 5-6 例 5-5 的计算结果

k	T_{2^k}	$S_{2^{k-1}}$	$C_{2^{k-2}}$	$R_{2^{k-3}}$
0	3. 000 000			
1	3. 100 000	3. 133 333		
2	3. 131 177	3. 141 569	3. 142 118	
3	3. 138 989	3. 141 593	3. 141 595	3. 141 586
4	3. 140 942	3. 141 593	3. 141 593	3. 141 593
5	3. 141 430	3. 141 593	3. 141 593	3. 141 593

因此满足精度要求的结果为$\int_0^1 \frac{4}{1+x^2}\mathrm{d}x \approx 3.141\,593$。

第五节 高斯求积公式

一、问题的提出

前面介绍的牛顿-柯特斯公式和龙贝格求积公式都是等距节点的插值型求积公式，而插值型求积公式的代数精度与节点的个数有关。欲提高求积公式的精度，要以增加节点的个数为代价，但节点的无限增加会减弱求积公式的稳定性，甚至导致不能收敛于积分准确值。由定理 5-1 可知，要提高求积公式(5-1)的代数精度，唯一可行的途径就是选择合适的求积节点和求积系数。那么应该如何选取求积节点和求积系数呢？

对于具有 $n+1$ 个节点的插值型求积公式

$$I = \int_a^b f(x)\,\mathrm{d}x \approx \sum_{k=0}^{n} A_k f(x_k) \tag{5-43}$$

其代数精度至少为 n 次。那么其最高代数精度能达到多少呢？如何适当地选择节点位置和相应的系数，使求积公式具有最高代数精度呢？

二、高斯求积公式

已经证明，对于具有 $n+1$ 个节点的插值型求积公式(5-43)，只要适当选取求积节点 x_k 和系数 $A_k(k=0, 1, \cdots, n)$，就可使其具有 $2n+1$ 次代数精度，这是所能达到的最高代数精度。把这种具有最高代数精度的求积公式称为**高斯(Gauss)求积公式**，简称**高斯公式**，对应的求积节点 x_k 称为**高斯点**。

下面的问题是如何选取这些高斯点。为不失一般性，把积分区间取为$[-1, 1]$，这是因为利用变换

$$x = \frac{a+b}{2} + \frac{b-a}{2}t$$

总可将任意区间$[a, b]$变成$[-1, 1]$。而积分式可变为

$$I=\int_a^b f(x)\,\mathrm{d}x=\frac{b-a}{2}\int_{-1}^{1}g(t)\,\mathrm{d}t$$

其中 $g(t)=f\left(\frac{a+b}{2}+\frac{b-a}{2}t\right)$。接下来讨论建立在区间$[-1,1]$上的高斯公式

$$\int_{-1}^{1}f(x)\,\mathrm{d}x\approx\sum_{k=0}^{n}A_k f(x_k)\tag{5-44}$$

形如式(5-44)的高斯公式特别地称为**高斯-勒让德(Gauss-Legendre)求积公式**。

若取 $x_0=0$ 为节点构造求积公式，则有 $\int_{-1}^{1}f(x)\,\mathrm{d}x\approx A_0 f(x_0)$，令其对 $f(x)=1$ 准确成立，可求出 $A_0=2$，即

$$\int_{-1}^{1}f(x)\,\mathrm{d}x=2f(0)\tag{5-45}$$

这就是代数精度为1的**一点高斯-勒让德求积公式**(简称**一点高斯公式**)，也是我们所熟悉的中矩形公式。此时，高斯点是 $x_0=0$。

现在推导两点高斯-勒让德求积公式

$$\int_{-1}^{1}f(x)\,\mathrm{d}x=A_0 f(x_0)+A_1 f(x_1)$$

令它对于 $f(x)=1,x,x^2,x^3$ 准确成立，有

$$\begin{cases}A_0+A_1=2\\A_0x_0+A_1x_1=0\\A_0x_0^2+A_1x_1^2=2/3\\A_0x_0^3+A_1x_1^3=0\end{cases}$$

这是一个非线性方程组，由其中的第二、第四两式可知 $x_0^2=x_1^2$，再利用第一、第三两式得 $x_0^2=x_1^2=1/3$，故 $x_1=-x_0=1/\sqrt{3}$。将其回代入到该方程组的第一、第二两式，可确定出求积系数 $A_0=A_1=1$。于是，得

$$\int_{-1}^{1}f(x)\,\mathrm{d}x=f\left(-\frac{1}{\sqrt{3}}\right)+f\left(\frac{1}{\sqrt{3}}\right)\tag{5-46}$$

式(5-46)就是**两点高斯-勒让德求积公式**(简称**两点高斯公式**)，其代数精度为3。

从几何意义来看，两点高斯-勒让德求积公式就是通过点$(x_0,f(x_0))$和$(x_1,f(x_1))$的直线在$[-1,1]$上围成的面积同 $y=f(x)$ 在$[-1,1]$上围成的面积相等，如图5-3所示。

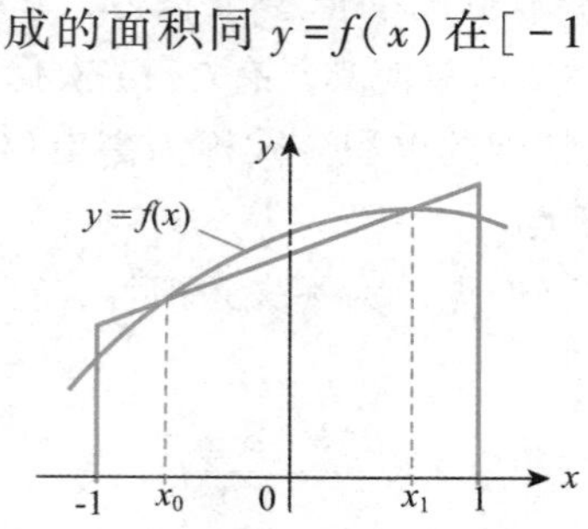

图 5-3　高斯公式的几何意义

前面讨论过，对任意求积区间[a，b]上的积分$\int_a^b f(x)\mathrm{d}x$，可通过变换$x=\frac{b-a}{2}t+\frac{b+a}{2}$化为[-1，1]上的积分，这时利用一点高斯-勒让德求积公式可得

$$\int_a^b f(x)\mathrm{d}x=\frac{b-a}{2}\int_{-1}^{1} f\left(\frac{b+a}{2}\right)\mathrm{d}t \tag{5-47}$$

由两点高斯-勒让德求积公式，得

$$\int_a^b f(x)\mathrm{d}x\approx\frac{b-a}{2}\left[f\left(\frac{b-a}{2\sqrt{3}}+\frac{b+a}{2}\right)+f\left(-\frac{b-a}{2\sqrt{3}}+\frac{b+a}{2}\right)\right] \tag{5-48}$$

由以上分析可得，关于高斯点的确定，虽然原则上可以转化为一个代数问题，但由其得到的方程组是非线性的，求解起来比较困难。下面从高斯点的基本特性着手来解决高斯求积公式的构造问题。

三、高斯求积公式的构造

设x_k($k=0$，1，…，n)是求积公式(5-43)的高斯点，作多项式

$$\omega_{n+1}(x)=(x-x_0)(x-x_1)\cdots(x-x_n) \tag{5-49}$$

对于任意次数不超过n的多项式$P(x)$，$P(x)\omega(x)$是次数不超过$2n+1$的多项式，因而高斯公式对于它是准确成立的，即

$$\int_{-1}^{1} P(x)\omega_{n+1}(x)\mathrm{d}x\approx\sum_{k=0}^{n}A_kP(x_k)\omega_{n+1}(x_k) \tag{5-50}$$

由于$\omega_{n+1}(x_k)=0$($k=0$，1，…，n)，则由式(5-50)可得

$$\int_{-1}^{1} P(x)\omega_{n+1}(x)\mathrm{d}x=0 \tag{5-51}$$

表明以高斯点为零点的$n+1$次多项式$\omega_{n+1}(x)$与一切次数不超过n的多项式正交。

下面推导其逆命题也成立，即如果$\omega_{n+1}(x)$与一切次数不超过n的多项式正交，则其零点必为高斯点。

事实上，对于任意一个次数不超过$2n+1$的多项式$f(x)$，用$\omega_{n+1}(x)$来除，设商为$P(x)$，余式为$q(x)$，则

$$f(x)=P(x)\omega_{n+1}(x)+q(x)$$

这里$P(x)$与$q(x)$均为次数不超过n的多项式。由于

$$\int_{-1}^{1} f(x)\mathrm{d}x=\int_{-1}^{1} p(x)\omega_{n+1}(x)\mathrm{d}x+\int_{-1}^{1} q(x)\mathrm{d}x$$

利用正交性条件式(5-51)得

$$\int_{-1}^{1} f(x)\mathrm{d}x=\int_{-1}^{1} q(x)\mathrm{d}x \tag{5-52}$$

假设所给求积公式(5-43)是插值型的，则它至少具有n次代数精度，因而对于$q(x)$准确成立，再注意到$\omega_{n+1}(x_k)=0$，$q(x_k)=f(x_k)$($k=0$，1，…，n)，有

$$\int_{-1}^{1} q(x)\mathrm{d}x=\sum_{k=0}^{n}A_kq(x_k)=\sum_{k=0}^{n}A_kf(x_k) \tag{5-53}$$

于是由式(5-52)有

$$\int_{-1}^{1} f(x)\mathrm{d}x = \sum_{k=0}^{n} A_k f(x_k) \tag{5-54}$$

这说明所给求积公式(5-43)对于任意次数不超过 $2n+1$ 的多项式 $f(x)$ 均能准确成立，因而它是高斯公式。

综上所述，可得如下定理。

定理 5-4 对插值型求积公式(5-43)，节点 $x_k(k=0, 1, \cdots, n)$ 是高斯点的充分必要条件是

$$\omega_{n+1}(x) = \prod_{k=0}^{n}(x - x_k) \tag{5-55}$$

与所有次数不超过 n 的多项式 $P(x)$ 正交，即式(5-56)成立。

$$\int_{-1}^{1} P(x)\omega_{n+1}(x)\mathrm{d}x = 0 \tag{5-56}$$

证明 上述推导过程分别证明了定理的必要性和充分性，故该定理成立。证毕。

由定理 5-4 可知，高斯点的确定问题可转化为求满足式(5-55)的 $n+1$ 次多项式 $\omega_{n+1}(x)$ 的问题。在此省略推导过程，直接给出这个多项式 $P_n(x)$

$$P_n(x)=\begin{cases}1, & n=0 \\ \dfrac{n!}{(2n)!}\dfrac{\mathrm{d}^n}{\mathrm{d}x^n}[(x^2-1)^n], & n=1, 2, \cdots\end{cases} \tag{5-57}$$

式(5-57)称作**勒让德(Legendre)多项式**。基于此，可写出各阶勒让德多项式如下。

$$P_0(x)=1$$

$$P_1(x)=x$$

$$P_2(x)=\frac{1}{2}(3x^2-1)$$

$$P_3(x)=\frac{1}{2}(5x^3-3x)$$

$$\cdots$$

于是可以取勒让德多项式的零点作为求积节点，从而构造高斯求积公式。

例 5-6 试构造三点高斯-勒让德求积公式

$$\int_{-1}^{1} f(x)\mathrm{d}x = \sum_{k=0}^{2} A_k f(x_k) \tag{5-58}$$

解 可取三次勒让德多项式 $L_3(x)$ 的零点

$$x_0=-\sqrt{\frac{3}{5}},\ x_1=0,\ x_2=\sqrt{\frac{3}{5}}$$

作为求积节点，并且令求积公式(5-58)对于 $f(x)=1, x, x^2$ 准确成立，则有

$$\begin{cases}A_0+A_1+A_2=2 \\ A_0x_0+A_1x_1+A_2x_2=0 \\ A_0x_0^2+A_1x_1^2+A_2x_2^2=2/3\end{cases}$$

求解非线性方程组得

$$A_0=\frac{5}{9},\ A_1=\frac{8}{9},\ A_2=\frac{5}{9}$$

则三点高斯-勒让德求积公式(简称**三点高斯公式**)可写为

$$\int_{-1}^{1}f(x)\,\mathrm{d}x=\frac{5}{9}f\left(-\sqrt{\frac{3}{5}}\right)+\frac{8}{9}f(0)+\frac{5}{9}f\left(\sqrt{\frac{3}{5}}\right) \tag{5-59}$$

类似地，可以求出四点和更多点的高斯-勒让德求积公式。

四、高斯求积公式的余项、稳定性和收敛性

关于高斯求积公式的余项、稳定性和收敛性，由以下的定理进行详细说明。

定理 5-5　若函数 $f(x)$ 在区间 $[a,\ b]$ 上有连续的 $2n+2$ 阶导数，则高斯求积公式(5-42)的余项为

$$\begin{aligned}R[f]&=\int_a^b f(x)\,\mathrm{d}x-\sum_{k=0}^{n}A_k f(x_k)\\&=\frac{f^{(2n+2)}(\eta)}{(2n+2)!}\int_a^b\omega_{n+1}^2(x)\,\mathrm{d}x,\ \eta\in[a,\ b]\end{aligned} \tag{5-60}$$

其中 $\omega_{n+1}(x)=(x-x_0)(x-x_1)\cdots(x-x_n)$。特别地，高斯-勒让德求积公式(5-43)的余项为

$$\begin{aligned}R[f]&=\int_{-1}^{1}f(x)\,\mathrm{d}x-\sum_{k=0}^{n}A_k f(x_k)\\&=\frac{2^{2n+3}[(n+1)!]^4}{(2n+3)![(2n+2)!]^3}f^{(2n+2)}(\eta),\ \eta\in[-1,\ 1]\end{aligned} \tag{5-61}$$

定理 5-6　高斯求积公式(5-42)的求积系数 $A_k(k=0,\ 1,\ \cdots,\ n)$ 全是正的。

定理 5-7　若函数 $f(x)$ 在区间 $[a,\ b]$ 上连续，则高斯求积公式是收敛的，即有

$$\lim_{n\to\infty}\sum_{k=0}^{n}A_k f(x_k)=\int_a^b f(x)\,\mathrm{d}x$$

定理 5-5 表明，与牛顿-柯特斯求积公式比较，高斯求积公式不但精度高，而且数值稳定，但是求积节点和求积系数的计算稍显麻烦。由定理 5-6 可推导出，高斯求积公式是数值稳定的算法。定理 5-7 说明了高斯求积公式的收敛性。

关于以上定理的证明，可见参考文献[1]、[3]。

例 5-7　分别采用梯形公式、两点高斯公式、辛普森公式和三点高斯公式计算积分 $\int_{-1}^{1}\sqrt{x+1.5}\,\mathrm{d}x$ 的值，并比较其精度的优劣。

解

(1) 由梯形公式得

$$\int_{-1}^{1}\sqrt{x+1.5}\,\mathrm{d}x=\frac{1-(-1)}{2}\left(\sqrt{1+1.5}+\sqrt{-1+1.5}\right)=2.288\ 246$$

(2) 利用两点高斯-勒让德公式得

$$\int_{-1}^{1}\sqrt{x+1.5}\,\mathrm{d}x=\sqrt{1.5-0.577\ 350}+\sqrt{1.5+0.577\ 350}=2.401\ 848$$

(3) 利用辛普森公式得

$$\int_{-1}^{1}\sqrt{x+1.5}\,\mathrm{d}x=\frac{1-(-1)}{6}(\sqrt{0.5}+4\sqrt{1.5}+\sqrt{2.5})=2.395\ 742$$

(4) 利用三点高斯-勒让德公式得

$$\int_{-1}^{1}\sqrt{x+1.5}\,\mathrm{d}x=\frac{5}{9}(\sqrt{1.5-0.774\ 596}+\sqrt{1.5+0.774\ 596})+\frac{8}{9}\sqrt{1.5+0}=2.399\ 709$$

积分的准确值为 $\int_{-1}^{1}\sqrt{x+1.5}\,\mathrm{d}x=2.399\ 529$，说明在求积节点数相同时，高斯型求积公式精度较高。

第六节 数值微分

一、问题的提出

在微分学中，通常可以利用导数的定义或求导法则来求得函数的导数。如果函数是由表格的形式给出时，就无法采用上述方法计算了，因此有必要研究求函数微分的数值方法。给定函数表 $(x_i,\ f(x_i))(i=0,\ 1,\ \cdots,\ n)$，求函数 $f(x)$ 在 x_i 处的导数值，这类问题就称为数值微分。换句话说，数值微分就是用离散方法近似地求出函数在某点的导数值。

由高等数学理论可知，导数 $f'(a)$ 定义为差商的极限

$$f'(a)=\lim_{h\to 0}\frac{f(a+h)-f(a)}{h}=\lim_{h\to 0}\frac{f(a)-f(a-h)}{h}$$
$$=\lim_{h\to 0}\frac{f(a+h)-f(a-h)}{2h}$$

如果精度要求不高或 h 较小时，可以简单地取差商作为导数的近似值，这样便得到如下几种数值微分公式。

(1) 向前差商公式

$$f'(a)\approx\frac{f(a+h)-f(a)}{h} \tag{5-62}$$

(2) 向后差商公式

$$f'(a)\approx\frac{f(a)-f(a-h)}{h} \tag{5-63}$$

(3) 中心差商公式

$$f'(a)\approx\frac{f(a+h)-f(a-h)}{2h} \tag{5-64}$$

其中增量 h 称为步长。中心差商公式也称为中点公式，它其实是前两种方法的算术平均。

用向前差商、向后差商和中心差商近似计算导数的方法都是将导数的计算归结为计算函数 $f(x)$ 若干节点的函数值的线性组合。这种方法称为**机械求导法**。

要利用中点公式

$$G(h)=\frac{f(a+h)-f(a-h)}{2h} \tag{5-65}$$

计算导数值 $f'(a)$，首先必须选取合适的步长 h，为此需要进行误差分析。在 $x=a$ 处，分别将 $f(a+h)$ 和 $f(a-h)$ 进行泰勒展开有

$$f(a+h)=f(a)+hf'(a)+\frac{h^2}{2!}f''(a)+\frac{h^3}{3!}f'''(a)+\frac{h^4}{4!}f^{(4)}(a)+\frac{h^4}{5!}f^{(5)}(a)+\cdots$$

$$f(a-h)=f(a)-hf'(a)+\frac{h^2}{2!}f''(a)-\frac{h^3}{3!}f'''(a)+\frac{h^4}{4!}f^{(4)}(a)-\frac{h^4}{5!}f^{(5)}(a)+\cdots$$

代入式(5-65)得

$$G(h)=f'(a)+\frac{h^2}{3!}f'''(a)+\frac{h^4}{5!}f^{(5)}(a)+\cdots$$

由此得知，从截断误差的角度来看，步长 h 越小，计算结果越精确。

再考察舍入误差。按中点公式计算，当步长 h 很小时，由于 $f(a+h)$ 与 $f(a-h)$ 很接近，直接相减会造成有效数字的严重损失，因此从舍入误差的角度来看，步长是不宜太小的。

例 5-8　选取不同的 h 值，用中点公式求 $f(x)=\sqrt{x}$ 在 $x=2$ 处的一阶导数值(计算取四位小数)。

解　写出计算公式

$$f'(2)\approx G(h)=\frac{\sqrt{2+h}-\sqrt{2-h}}{2h}$$

分别选取不同的 h 值进行计算，计算结果如表 5-7 所示。

表 5-7　例 5-8 的计算结果

h	$G(h)$	h	$G(h)$	h	$G(h)$
1	0.366 0	0.050	0.353 0	0.001 0	0.350 0
0.5	0.356 4	0.010	0.350 0	0.000 5	0.300 0
0.1	0.353 5	0.005	0.350 0	0.000 1	0.300 0

导数的精确值 $f'(2)=0.353\ 553$，由表 5-7 所示的计算结果来看，当 $h=0.1$ 时逼近效果最好，若进一步缩小 h，则逼近效果会越来越差。

综上所述，如果步长过大，则截断误差较大；但如果步长太小，又会导致舍入误差的增长，因此在实际计算时，总是希望在保证截断误差满足精度要求的前提下选取尽可能大的步长，然而事先选择一个合适的步长往往是困难的，通常在变步长的过程中实现步长的自动选择。

二、插值型求导公式

若函数 $f(x)$ 由表格给出，或已知在节点 $x_k(k=0,1,\cdots,n)$ 处的函数值 $f(x_k)$。运用插值原理，构建 n 次插值多项式 $y=P_n(x)$ 作为函数 $f(x)$ 的近似，即

$$P_n(x)=f(x)-R(x)=f(x)-\frac{f^{(n+1)}(\xi)}{(n+1)!}\omega_{n+1}(x) \tag{5-66}$$

式中 $R(x)$ 为**插值余项**，$\omega_{n+1}(x)=(x-x_0)(x-x_1)\cdots(x-x_n)$。由于多项式的求导比较容易，取 $P'_n(x)$ 的值作为 $f'(x)$ 的近似值，这样建立的数值公式

$$f'(x)=P'_n(x) \tag{5-67}$$

统称为**插值型求导公式**。

需要说明的是，即使 $f(x)$ 与 $P_n(x)$ 的值相差不多，其导数的近似值 $P'_n(x)$ 与导数的真值 $f'(x)$ 仍可能差别很大，因而在使用求导公式(5-67)时应特别注意误差的分析。

依据插值余项定理，求导公式(5-67)的余项为

$$f'(x)-P'_n(x)=\frac{f^{(n+1)}(\xi)}{(n+1)!}\omega'_{n+1}(x)+\frac{\omega_{n+1}(x)}{(n+1)!}\frac{\mathrm{d}}{\mathrm{d}x}f^{(n+1)}(\xi) \tag{5-68}$$

在这一余项公式中，由于 ξ 是 x 的未知函数，无法对它的第二项

$$\frac{\omega_{n+1}(x)}{(n+1)!}\frac{\mathrm{d}}{\mathrm{d}x}f^{(n+1)}(\xi)$$

作出进一步的说明，因此对于随意给出的点 x，误差 $f'(x)-P'_n(x)$ 是无法估计的。但是如果只是求某个节点 $x_k(k=0, 1, \cdots, n)$ 上的导数值，则式(5-68)的第二项因 $\omega_{n+1}(x_k)=0$ 而等于0，这时有余项公式

$$f'(x_k)-P'_n(x_k)=\frac{f^{(n+1)}(\xi)}{(n+1)!}\omega'_{n+1}(x_k) \tag{5-69}$$

下面仅考察节点处的导数值。为简化讨论，假定所给的节点是等距的。在此我们只介绍实用的两点公式和三点公式。

(一) 两点公式

设已给出两个节点 x_0、x_1 上的函数值 $f(x_0)$、$f(x_1)$，作线性插值

$$P_1(x)=\frac{x-x_1}{x_0-x_1}f(x_0)+\frac{x-x_0}{x_1-x_0}f(x_1) \tag{5-70}$$

对上式两端求导，记 $h=x_1-x_0$，则有

$$P'_1(x)=\frac{1}{h}[-f(x_0)+f(x_1)]=\frac{1}{h}[f(x_0)-f(x_1)]$$

于是有下列求导公式

$$P'_1(x_0)=\frac{1}{h}[f(x_1)-f(x_0)]$$

$$P'_1(x_1)=\frac{1}{h}[f(x_1)-f(x_0)]$$

此处 $P'_1(x_0)=P'_1(x_1)$，但它们的截断误差是不同的

$$R_1(x_0)=f'(x_0)-P'_1(x_0)=\frac{f''(\xi)}{2!}(x_0-x_1)=-\frac{h}{2!}f''(\xi)$$

$$R_1(x_1)=f'(x_1)-P'_1(x_1)=\frac{f''(\xi)}{2!}(x_1-x_0)=\frac{h}{2!}f''(\xi)$$

因此带余项的两点公式是

$$\begin{cases} f'(x_0)=\dfrac{1}{h}[f(x_1)-f(x_0)]-\dfrac{h}{2}f''(\xi) \\ f'(x_1)=\dfrac{1}{h}[f(x_1)-f(x_0)]+\dfrac{h}{2}f''(\xi) \end{cases} \tag{5-71}$$

（二）三点公式

设已给出三个节点 x_0、$x_1=x_0+h$、$x_2=x_0+2h$ 上的函数值，作二次插值

$$\begin{aligned} P_2(x)&=\frac{(x-x_1)(x-x_2)}{(x_0-x_1)(x_0-x_2)}f(x_0)+\frac{(x-x_0)(x-x_2)}{(x_1-x_0)(x_1-x_2)}f(x_1)+\frac{(x-x_0)(x-x_1)}{(x_2-x_0)(x_2-x_1)}f(x_2) \\ &=\frac{(x-x_1)(x-x_2)}{2h^2}f(x_0)+\frac{(x-x_0)(x-x_2)}{(-h^2)}f(x_1)+\frac{(x-x_0)(x-x_1)}{2h^2}f(x_2) \end{aligned}$$

对 x 求导有

$$P_2'(x)=\frac{(x-x_1)+(x-x_2)}{2h^2}f(x_0)+\frac{(x-x_0)+(x-x_2)}{(-h^2)}f(x_1)+\frac{(x-x_0)+(x-x_1)}{2h^2}f(x_2)$$

分别将 x_0、x_1、x_2 代入上式，于是得到三点公式

$$\begin{cases} f'(x_0)\approx P_2'(x_0)=\dfrac{1}{2h}[-3f(x_0)+4f(x_1)-f(x_2)] \\ f'(x_1)\approx P_2'(x_1)=\dfrac{1}{2h}[-f(x_0)+f(x_2)] \\ f'(x_2)\approx P_2'(x_2)=\dfrac{1}{2h}[f(x_0)-4f(x_1)+3f(x_2)] \end{cases} \tag{5-72}$$

其中 $f'(x_1)$ 是上面讲过的中点公式，但在上述的三点公式中，由于它少用了一个函数值 $f(x_1)$ 而常被采用。

利用余项公式可导出三点公式的余项

$$R_2(x_0)=f'(x_0)-P_2'(x_0)=\frac{h^2}{3}f'''(\xi)$$

$$R_2(x_1)=f'(x_1)-P_2'(x_1)=-\frac{h^2}{6}f'''(\xi)$$

$$R_2(x_2)=f'(x_2)-P_2'(x_2)=\frac{h^2}{3}f'''(\xi)$$

式中 $x_0<\xi<x_2$，截断误差是 $O(h^2)$。

对于三点的二次插值多项式，还可以求二阶差商，得二阶数值求导公式

$$\begin{aligned} f''(x_0)=f''(x_1)=f''(x_2)&\approx P_2''(x_0)=P_2''(x_1)=P_2''(x_2) \\ &=\frac{1}{h^2}[f(x_0)-2f(x_1)+f(x_2)] \end{aligned} \tag{5-73}$$

用插值多项式 $P_n(x)$ 作为 $f(x)$ 的近似函数，还可以建立高阶数值求导公式

$$f^{(k)}(x)=P_n^{(k)}(x),\ k=0,\ 1,\ \cdots,\ n \tag{5-74}$$

例 5-9　已知 $y=f(x)$ 的下列函数值，如表 5-8 所示。用两点、三点数值微分公式计

算 $x=2.7$ 处的函数的一阶、二阶导数值。

表 5-8 例 5-9 的计算结果

x	2.5	2.6	2.7	2.8	2.9
y	12.182 5	13.463 7	14.879 7	16.444 6	18.174 1

解 $h=0.2$ 时

$$f'(2.7)\approx\frac{1}{0.2}(14.8797-12.1825)=13.486$$

$$f'(2.7)\approx\frac{1}{2\times0.2}(18.1741-12.1825)=14.979$$

$$f''(2.7)\approx\frac{1}{0.2^2}(12.1825-2\times14.8797+18.1741)=14.930$$

$h=0.1$ 时

$$f'(2.7)\approx\frac{1}{0.1}(14.8797-13.4637)=14.160$$

$$f'(2.7)\approx\frac{1}{2\times0.1}(16.4446-13.4637)=14.9045$$

$$f''(2.7)\approx\frac{1}{0.1^2}(13.4637-2\times14.8797+16.4446)=14.890$$

题中已知的数据是函数 $y=e^x$ 在相应点的数值，因此有 $f'(2.7)=f''(2.7)=14.87973$。计算结果表明，三点公式比两点公式准确。步长越小，结果越准确，这是在高阶导数有界和舍入误差不超过截断误差的前提下得到的。

本章小结

本章主要介绍了数值积分和数值微分的相关理论和计算方法，基本思想是函数逼近，理论基础是函数的泰勒展开、插值等方法。

牛顿-柯特斯求积公式是在等距节点情形下的插值型求积公式，最常用的是低阶情形，如梯形公式、辛普森公式和柯特斯公式。虽然梯形公式和辛普森公式是低精度公式，但是其对被积函数的光滑性要求不高。而高阶牛顿-柯特斯求积公式稳定性较差，收敛速度较慢。

复化求积公式是改善求积公式精度、提高收敛速度的一种行之有效的方法，特别是复化梯形公式、复化辛普森公式，由于使用方便，在实际计算中得到广泛应用。

龙贝格求积公式是在区间逐次分半过程中，对用梯形法所得的近似值进行外推加速处理，而获得的准确程度较高的求积公式近似值的一种方法。它具有自动选取步长的特点，便于通过计算机编程实现。

高斯型求积公式是一种高精度、稳定且收敛的求积公式。在求积节点数相同，即计算量相近的情况下，利用高斯型求积公式往往可以获得准确度较高的积分近似值，但需确定高斯点，且当节点数据改变时，所有数据都要重新查表计算。

关于数值微分，本章仅介绍了简单形式的差商型和插值型求导公式，在精度要求不高时可采用。

对具体的实际问题而言，一个公式使用的效果如何，与被积分、被微分的函数形态及计算结果的精度要求等有关。我们要根据具体问题，选择合适的公式进行计算。

思考题

5-1　数值求积的基本思想是什么？

5-2　什么是代数精度，怎样确定求积公式的代数精度？

5-3　什么是插值型求积公式，它的截断误差如何表示？

5-4　牛顿-柯特斯求积公式是在什么条件下产生的，有什么优缺点？

5-5　梯形公式、辛普森公式、柯特斯公式及其余项表达式都具有什么形式？代数精度是多少次？

5-6　复化求积法的基本思想是什么，与分段插值的思想有何联系？复化梯形公式、复化辛普森公式和复化柯特斯公式是如何建立的，三者有什么关系，其截断误差各是步长的几阶无穷小量？

5-7　龙贝格求积公式是怎样形成的？怎样用龙贝格方法求积分的近似值？利用外推加速法的思想说明龙贝格方法是如何提高收敛速度的？

5-8　什么是高斯求积公式和高斯点？$x_k(k=0,\ 1,\ \cdots,\ n)$是高斯点的充分必要条件是什么？高斯型求积公式具有最高代数精度的含义是什么？什么是一点、两点、三点高斯公式？

5-9　插值型求导公式是怎样形成的，其误差怎样估计？

习题五

5-1　试确定下面求积公式的待定系数，使其代数精度尽可能高，并指明所构造出的求积公式所具有的代数精度。

$$\int_{-2}^{2} f(x)\,\mathrm{d}x \approx A_0 f(-1) + A_1 f(0) + A_2 f(1)$$

5-2　分别用梯形公式、辛普森公式和柯特斯公式计算积分 $I=\int_0^1 \mathrm{e}^{-x}\mathrm{d}x$，并估计其误差(计算取5位小数)。

5-3　推导出中矩形公式及其截断误差，并说明该公式的几何意义。

$$\int_a^b f(x)\,\mathrm{d}x \approx (b-a) f\left(\frac{a+b}{2}\right)$$

$$R[f]=\frac{f''(\xi)}{24}(b-a)^3,\ \xi\in(a,\ b)$$

5-4　已知函数 $f(x)$ 的数据表

x_k	1.8	2.0	2.2	2.4	2.6
$y_k=f(x_k)$	3.120 14	4.426 59	6.042 41	8.030 14	10.466 75

试用柯特斯公式计算积分 $\int_{1.8}^{2.6} f(x)\,\mathrm{d}x$（计算取5位小数）。

5-5　取9个节点，分别用复化梯形、复化辛普森公式和复化柯特斯公式计算积分 $I=\int_0^1 \frac{x}{4+x^2}\mathrm{d}x$（计算取6位小数）。

5-6　用复化梯形公式计算 $I=\int_0^1 \mathrm{e}^x\mathrm{d}x$，问区间[0，1]应分为多少等份才能使截断误差不超过 $\varepsilon=0.5\times10^{-5}$？若改用复化辛普森公式，要达到同样精度至少要等分多少份？

5-7　用龙贝格公式计算积分 $I=\int_0^1 \frac{\sin x}{x}\mathrm{d}x$，要求误差不超过 $\varepsilon=0.5\times10^{-6}$。

5-8　证明求积公式

$$\int_{-1}^{1} f(x)\,\mathrm{d}x\approx\frac{1}{9}\left[5f(-\sqrt{0.6})+8f(0)+5f(\sqrt{0.6})\right]$$

对于不高于5次的多项式准确成立。

5-9　用两点、三点高斯-勒让德求积公式计算积分 $I=\int_{0.6}^{1}\frac{1}{1+x^2}\mathrm{d}x$（计算取7位小数）。

5-10　已知函数 $f(x)=\frac{1}{(1+x)^2}$ 的数据表

x	1.0	1.1	1.2
$y=f(x)$	0.250 0	0.226 8	0.206 6

试用三点公式分别计算函数 $f'(x)$ 在 $x=1.0$、1.1和1.2处的值，并估计误差。

上机实验

实验5-1　用复化梯形公式、复化辛普森公式计算积分

$$I=\int_0^1\frac{4}{1+x^2}\mathrm{d}x$$

实验5-2　用龙贝格求积公式计算积分

$$I=\int_0^1\frac{4}{1+x^2}\mathrm{d}x$$

要求误差不超过 $\varepsilon=10^{-6}$。

第六章

常微分方程数值解法

【本章重点】一阶常微分方程的初值问题；欧拉方法；预估–校正法；龙格–库塔法；局部截断误差

【本章难点】龙格–库塔法

第一节　引　言

工程技术和科学研究中常常会遇到常微分方程或常微分方程组的求解问题。例如对于图 6–1 所示的由质量、弹簧和空气阻尼器组成的运动系统。

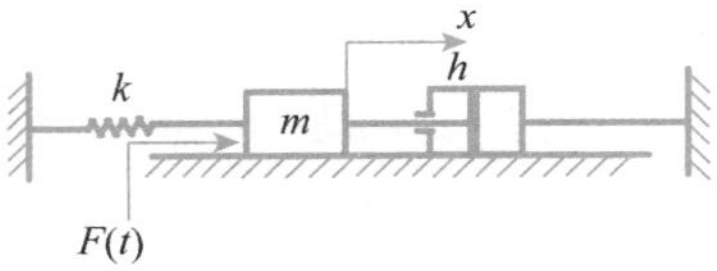

图 6–1　运动系统示意图

如果忽略摩擦，根据牛顿定律，可以写出描述这个运动系统的方程

$$F(t)-kx-h\frac{\mathrm{d}x}{\mathrm{d}t}=m\frac{\mathrm{d}^2x}{\mathrm{d}t^2} \tag{6-1}$$

这是一个二阶微分方程。

在常微分方程课程中，我们已经讨论了这类方程解的存在唯一性问题，以及一些典型方程求解析解的基本方法。但是在实际过程中遇到的常微分方程一般都比较复杂，很难求出解的解析表达式；有时，即使可以获得解的解析表达式，又因计算量太大或计算过程太复杂而不实用。同时，在大多数的应用中，常常只需要求得解在若干个已知点上满足规定精度的近似值，因此研究微分方程数值解是十分有意义的。本章研究微分方程初值问题的数值解法。重点讨论一阶方程的初值问题

$$\begin{cases} y'=f(x,\ y),\ a\leqslant x\leqslant b \\ y(a)=y_0 \end{cases} \tag{6-2}$$

为了便于讨论，总是假设 $f(x,\ y)$ 满足一定的光滑条件，使得初值问题(6–2)的解 $y(x)$ 在区间 $[a,\ b]$ 上的解存在唯一，并且足够光滑。

所谓**数值解法**，就是求解 $y(x)$ 在一系列离散点，也称节点 $a=x_0<x_1<\cdots<x_n=b$ 上的近似值 y_0，y_1，…，y_n。相邻两个节点之间的距离 $h_i=x_{i+1}-x_i$，称为**步长**。在本章中，如果不特别说明，总是假定步长 h_i 为常数，即 $h_i=h$，这时节点 $x_i=x_0+ih$，$i=0$，1，2，…，n。此时，称节点是等距的。

初值问题(6-2)的数值解法的特点是："离散化"、"步进式"，即先对方程(6-2)离散化，再构造求数值解的递推公式，求解过程也是依照节点排列的次序一步一步向前推进。描述这类算法，只要给出用已知信息 y_i，y_{i-1}，…计算 y_{i+1} 的递推公式即可。

第二节　欧拉方法

一、欧拉方法

（一）欧拉方法的导出

欧拉方法是求解初值问题(6-2)的一种最简单、最基本的数值方法。

在式(6-2)中用向前差商代替微商，得到

$$\frac{y_{i+1}-y_i}{x_{i+1}-x_i}=f(x_i,\ y_i) \tag{6-3}$$

或

$$y_{i+1}=y_i+hf(x_i,\ y_i) \tag{6-4}$$

式(6-4)称为**欧拉(Euler)公式**。当初值 y_0 已知时，利用欧拉公式，可以递推求出 y_1，y_2，…，y_n。

例 6-1　用欧拉公式求解初值问题

$$\begin{cases} y'=y-\dfrac{2x}{y},\ 0<x\leqslant 1 \\ y(0)=1 \end{cases} \tag{6-5}$$

取步长 $h=0.2$。

解　求解该问题的欧拉公式是

$$\begin{cases} y_{i+1}=y_i+h\left(y_i-\dfrac{2x_i}{y_i}\right) \\ y_0=1 \end{cases} \tag{6-6}$$

其精确解是 $y=\sqrt{1+2x}$，计算结果和误差列于表 6-1 中。

表 6-1　例 6-1 的计算结果和误差

k	x_k	y_k	$y(x_k)$	$y_k-y(x_k)$
0	0	1	1	0
1	0.2	1.200 0	1.183 2	0.016 8

表 6-1(续)

k	x_k	y_k	$y(x_k)$	$y_k-y(x_k)$
2	0.4	1.373 3	1.341 6	0.031 7
3	0.6	1.531 5	1.483 2	0.048 3
4	0.8	1.681 1	1.612 5	0.068 6
5	1	1.826 9	1.732 1	0.094 8

(二) 欧拉方法的几何意义

从几何意义的角度，微分方程(6-2)的解 $y=y(x)$ 在 xOy 平面称作积分曲线。积分曲线上任一点$(x,\ y)$处的斜率等于函数$f(x,\ y)$的值。我们知道，函数$f(x,\ y)$在 xOy 平面构造了一个方向场，而积分曲线上的每一点的切线方向都与方向场在该点的方向相同。

在此意义下，欧拉方法可以解释为：从初始点 $P_0(x_0,\ y_0)$出发，沿方向场在该点的方向前进到 $x=x_1$ 上的点 $P_1(x_1,\ y_1)$，然后从 P_1 出发，沿方向场在该点的方向前进到 $x=x_2$ 上的点 $P_2(x_2,\ y_2)$，逐次进行上述过程，可以得到一条折线$\overline{P_0P_1\cdots P_n}$，如图 6-2 所示。把这条折线看作初值问题(6-2)的积分曲线的近似，因此欧拉方法又称为**欧拉折线法**。

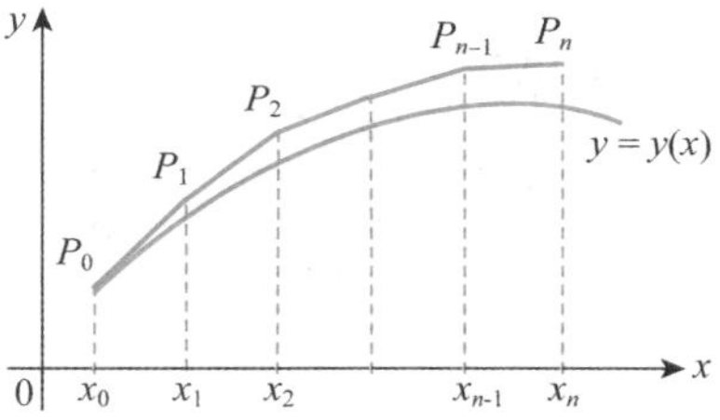

图 6-2　欧拉折线法示意图

基于上述几何解释，还可以直观考察欧拉方法的精度。假设 $y_i=y(x_i)$，即顶点 P_i 落在积分曲线 $y=y(x)$上，那么根据欧拉方法做出的折线$\overline{P_iP_{i+1}}$就是 $y=y(x)$过点 P_i 的切线，如图 6-3 所示。线段 $P_{i+1}A$ 的长度就是欧拉方法在点 x_{i+1}处的误差，称为**局部截断误差**。

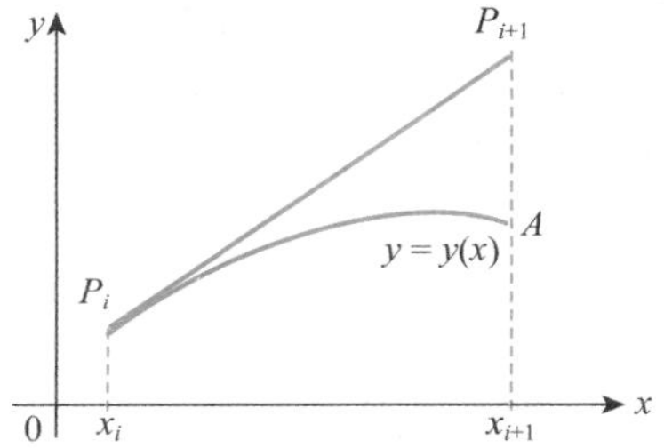

图 6-3　欧拉折线法的误差示意图

定义 6-1 若 y_{i+1} 是在 $y_j=y(x_j)$，$j\leqslant i$ 的假定下，由某种数值方法得到的 $y(x_{i+1})$ 的近似值，称 $R_{i+1}=y(x_{i+1})-y_{i+1}$ 为该数值方法的**局部截断误差**。

局部截断误差刻画了数值求解公式逼近微分方程的精确程度。下面分析欧拉公式(6-4)的局部截断误差。根据泰勒公式，

$$y(x_{i+1})=y(x_i)+hy'(x_i)+\frac{h^2}{2}y''(x_i)+O(h^3) \tag{6-7}$$

注意到

$$f(x_i,\ y_i)=f(x_i,\ y(x_i))=y'(x_i) \tag{6-8}$$

及

$$y_i=y(x_i)$$

则欧拉公式(6-4)的局部截断误差为

$$R_{i+1}=y(x_{i+1})-y_{i+1}=\frac{h^2}{2}y''(x_i)+O(h^3)=\frac{h^2}{2}y''(\xi_i)=O(h^2) \tag{6-9}$$

其中 $\xi_i\in(x_i,\ x_{i+1})$。

定义 6-2 如果某种方法的局部截断误差是 $O(h^{p+1})$，则称该方法具有 p 阶精度。

根据定义 6-2，欧拉方法具有一阶精度。

(三) 欧拉方法的积分学解释

在区间 $[x_i,\ x_{i+1}]$ 上对微分方程式(6-2)积分得到

$$\int_{x_i}^{x_{i+1}}y'(x)\,\mathrm{d}x=\int_{x_i}^{x_{i+1}}f(x,\ y(x))\,\mathrm{d}x \tag{6-10}$$

即

$$y(x_{i+1})=y(x_i)+\int_{x_i}^{x_{i+1}}f(x,\ y(x))\,\mathrm{d}x \tag{6-11}$$

利用左矩形公式可得

$$y(x_{i+1})=y(x_i)+hf(x_i,\ y(x_i))+O(h^2) \tag{6-12}$$

略去 $O(h^2)$，并用 y_i，y_{i+1} 分别代替 $y(x_i)$ 和 $y(x_{i+1})$ 得

$$y_{i+1}=y_i+hf(x_i,\ y_i)$$

(四) 后退的欧拉公式

在式(6-2)中用向后差商代替微商得到

$$\frac{y_{i+1}-y_i}{x_{i+1}-x_i}=f(x_{i+1},\ y_{i+1}) \tag{6-13}$$

或

$$y_{i+1}=y_i+hf(x_{i+1},\ y_{i+1}) \tag{6-14}$$

式(6-14)称为**后退的欧拉公式**。

下面，考察后退的欧拉公式的局部截断误差。假定 $y_i=y(x_i)$，根据微分中值定理有

$$f(x_{i+1},\ y_{i+1})=f(x_{i+1},\ y(x_{i+1}))+f_y(x_{i+1},\ \eta_{i+1})(y_{i+1}-y(x_{i+1})) \tag{6-15}$$

式中 $\eta_{i+1}\in[x_i,\ x_{i+1}]$。将式(6-15)代入式(6-14)得

$$y_{i+1}=y_i+hf(x_{i+1},\ y(x_{i+1}))+hf_y(x_{i+1},\ \eta_{i+1})(y_{i+1}-y(x_{i+1})) \tag{6-16}$$

根据泰勒公式得

$$f(x_{i+1},\ y(x_{i+1}))=y'(x_{i+1})=y'(x_i)+hy''(x_i)+O(h^2) \tag{6-17}$$

代入式(6-16)可得

$$y_{i+1}=y_i+h[y'(x_i)+f_y(x_{i+1},\ \eta_{i+1})(y_{i+1}-y(x_{i+1}))]+h^2y''(x_i)+O(h^3) \tag{6-18}$$

注意到

$$y(x_{i+1})=y(x_i)+hy_{i+1}+\frac{h^2}{2}y''(x_{i+1})+O(h^3) \tag{6-19}$$

式(6-19)减式(6-18)得

$$y(x_{i+1})-y_{i+1}=hf_y(x_{i+1},\ \eta_{i+1})(y(x_{i+1})-y_{i+1})-\frac{h^2}{2}y''(x_i)+O(h^3) \tag{6-20}$$

由泰勒公式可得

$$\frac{1}{1-hf_y(x_{i+1},\ \eta_{i+1})}=1+hf_y(x_{i+1},\ \eta_{i+1})+O(h^2) \tag{6-21}$$

代入式(6-20)得

$$R_{i+1}=y(x_{i+1})-y_{i+1}=-\frac{h^2}{2}y''(x_i)+O(h^3)=O(h^2) \tag{6-22}$$

后退的欧拉公式和欧拉公式有本质的差别，后者是关于 y_{i+1} 的解析表达式，这类公式称作**显式的**；前者是关于 y_{i+1} 的隐函数表达式，这类公式称作**隐式的**。显式方法和隐式方法各有其特点，一般来讲，隐式方法的数值稳定性较显式方法要好，但从计算的角度看，显式方法远比隐式方法简单。

二、梯形公式

比较欧拉公式截断误差(6-9)和后退的欧拉公式截断误差(6-22)，可以得知，如果将这两种方法进行算术平均，即可消除误差的主要部分 $(h^2/2)y''(x_i)$，从而获得更高的精度，其计算公式为

$$y_{i+1}=y_i+\frac{h}{2}[f(x_i,\ y_i)+f(x_{i+1},\ y_{i+1})] \tag{6-23}$$

该方法称作**梯形方法**。

还可以利用数值积分的方法推导梯形公式。对式(6-10)中的积分应用梯形公式，则有

$$y(x_{i+1})=y(x_i)+\frac{h}{2}[f(x_i,\ y(x_i))+f(x_{i+1},\ y(x_{i+1}))]-\frac{h^3}{12}y^{(3)}(\xi_i) \tag{6-24}$$

略去 $-h^3y^{(3)}(\xi_i)/12$，并用 y_i、y_{i+1} 代替 $y(x_i)$ 和 $y(x_{i+1})$ 即得式(6-23)。式(6-24)表明梯形公式的局部截断误差是 $-h^3y^{(3)}(\xi_i)/12$，因此梯形公式具有二阶精度。

三、改进的欧拉方法

梯形公式虽然提高了计算精度，但它是隐式的，一般用迭代法求解，计算量较大。实

际计算时常常将欧拉公式和梯形公式联合使用，先用欧拉方法得出 $y(x_{i+1})$ 的一个粗糙的近似值 $\bar{y}_{i+1}$，称之为**预估值**，然后对预估值使用梯形公式对它进行精确化，得到 $y(x_{i+1})$ 的一个较为精确的近似值 y_{i+1}，称之为**校正值**，即

$$\begin{cases}\bar{y}_{i+1}=y_i+hf(x_i,\ y_i)\\ y_{i+1}=y_i+\dfrac{h}{2}[f(x_i,\ y_i)+f(x_{i+1},\ \bar{y}_{i+1})]\end{cases}\tag{6-25}$$

这样建立起来的预估-校正系统称为**改进的欧拉方法**。

例 6-2 用改进的欧拉方法求解例 6-1 中的初值问题。

解 求解该问题改进的欧拉公式是

$$\begin{cases}\bar{y}_{i+1}=y_i+h\left(y_i-\dfrac{2x_i}{y_i}\right)\\ y_{i+1}=y_i+\dfrac{h}{2}\left(y_i-\dfrac{2x_i}{y_i}+\bar{y}_{i+1}-\dfrac{2x_{i+1}}{\bar{y}_{i+1}}\right)\end{cases}\tag{6-26}$$

计算结果和误差列于表 6-2 中。

表 6-2 例 6-2 的计算结果和误差

k	x_k	y_k	$y(x_k)$	$y_k-y(x_k)$
0	0	1	1	0
1	0.2	1.186 7	1.183 2	0.003 5
2	0.4	1.348 3	1.341 6	0.006 7
3	0.6	1.493 7	1.483 2	0.010 5
4	0.8	1.627 9	1.612 5	0.015 4
5	1	1.754 2	1.732 1	0.022 1

为了便于编程计算，常常将改进的欧拉公式改写成

$$\begin{cases}y_p=y_i+hf(x_i,\ y_i)\\ y_c=y_i+hf(x_{i+1},\ y_p)\\ y_{i+1}=(y_p+y_c)/2\end{cases}\tag{6-27}$$

四、欧拉两步公式

在改进的欧拉公式(6-25)中，预测公式的局部截断误差是一阶的，比校正公式的局部截断误差低一阶，精度上不匹配。下面构造与梯形方法在精度上匹配的显式方法。

在第五章中，我们知道

$$y'(x_i)=\frac{y(x_{i+1})-y(x_{i-1})}{2h}+O(h^3)\tag{6-28}$$

将其代入式(6-2)式，舍去高阶无穷小量，并用 y_{i+1} 代替 $y(x_{i+1})$，用 y_i 代替 $y(x_i)$，用

y_{i-1}代替 $y(x_{i-1})$可得

$$y_{i+1}=y_{i-1}+2hf(x_i,\ y_i) \tag{6-29}$$

式(6-29)称为**欧拉两步公式**。

前面介绍的求数值解的方法与欧拉两步公式相比，有一个共同的特点，即在计算 y_{i+1}时只用到前面一步的信息 y_i，这种方法称为**单步方法**。单步方法一般可以统一地写成

$$y_{i+1}=y_i+h\varphi(x_i,\ y_i,\ h) \tag{6-30}$$

式中 $\varphi(x_i,\ y_i,\ h)$称为**增量函数**。欧拉两步公式由于使用了前面两步的信息，因此称作**两步方法**。一般地，如果某种计算格式使用了前面 k 步的信息，这种方法称为 ***k* 步方法**。

将欧拉两步公式与改进的欧拉公式相匹配，得到下列预估-校正系统

$$\begin{cases}\bar{y}_{i+1}=y_{i-1}+2hf(x_i,\ y_i)\\ y_{i+1}=y_i+\dfrac{h}{2}(f(x_i,\ y_i)+f(x_{i+1},\ \bar{y}_{i+1})\end{cases} \tag{6-31}$$

例 6-3　用预估-校正公式(6-31)求解例 6-1 中的初值问题。

解　求解该问题的计算公式是

$$\begin{cases}\bar{y}_{i+1}=y_{i-1}+2h\left(y_i-\dfrac{2x_i}{y_i}\right)\\ y_{i+1}=y_i+\dfrac{h}{2}\left(y_i-\dfrac{2x_i}{y_i}+\bar{y}_{i+1}-\dfrac{2x_{i+1}}{\bar{y}_{i+1}}\right)\end{cases} \tag{6-31}$$

计算结果和误差列于表 6-3 中。

表 6-3　例 6-3 的计算结果和误差

k	x_k	y_k	$y(x_k)$	$y_k-y(x_k)$
0	0	1	1	0
1	0.2	1.183 2	1.183 2	0
2	0.4	1.341 7	1.341 6	$0.108\ 8\times10^{-3}$
3	0.6	1.483 4	1.483 2	$0.200\ 0\times10^{-3}$
4	0.8	1.612 8	1.612 5	$0.311\ 3\times10^{-3}$
5	1	1.732 5	1.732 1	$0.457\ 9\times10^{-3}$

五、步长的自动选择

在用数值方法求解微分方程的过程中，步长的选择是非常重要的。步长大往往达不到计算精度要求；步长小，虽然每步计算的截断误差也小，但在一定的求解范围内，需要完成的计算步数就越多，这不仅加大了计算工作量，而且计算量的增加又会造成舍入误差的严重积累。解决此类问题的一种有效措施是：在计算过程中，根据计算结果的误差自动调整步长，即引入变步长技巧。下面介绍一种常用的变步长方法——理查森(Richardson)外推法。

假定使用 p 阶方法。从节点 x_i 出发，先以 h 为步长，经一步计算出 $y(x_{i+1})$ 的一个近似值 $y_{i+1}^{(h)}$，则

$$y(x_{i+1})-y_{i+1}^{(h)}=ch^{p+1}+O(h^{p+2}) \tag{6-33}$$

当 h 较小时，式中系数 c 可近似地看作常数。

将步长折半，即以 $h/2$ 为步长，仍从 x_i 出发，经两步计算求得 $y(x_{i+1})$ 的另一个近似值 $y_{i+1}^{(h/2)}$，每一步的截断误差约为 $c(h/2)^{p+1}$，则有

$$y(x_{i+1})-y_{i+1}^{(h/2)}=2c\ (h/2)^{p+1}+O(h^{p+2}) \tag{6-34}$$

以 2^p 乘式(6-34)两端，减去式(6-33)得

$$(2^p-1)y(x_{i+1})-2^p y_{i+1}^{(h/2)}+y_{i+1}^{(h)}=O(h^{p+2}) \tag{6-35}$$

整理得

$$y(x_{i+1})=\frac{2^p y_{i+1}^{(h/2)}-y_{i+1}^{(h)}}{2^p-1}+O(h^{p+2}) \tag{6-36}$$

上式表明，如果取

$$y_{i+1}=\frac{2^p y_{i+1}^{(h/2)}-y_{i+1}^{(h)}}{2^p-1} \tag{6-37}$$

作为 $y(x_{i+1})$ 的近似值，其精度比 $y_{i+1}^{(h)}$ 与 $y_{i+1}^{(h/2)}$ 高一阶。

将式(6-37)改写成

$$y_{i+1}=y_{i+1}^{(h/2)}+\frac{1}{2^p-1}(y_{i+1}^{(h/2)}-y_{i+1}^{(h)}) \tag{6-38}$$

考虑到 $y(x_{i+1})\approx y_{i+1}$，则有

$$y(x_{i+1})-y_{i+1}^{(h/2)}\approx\frac{1}{2^p-1}(y_{i+1}^{(h/2)}-y_{i+1}^{(h)}) \tag{6-39}$$

式(6-39)表明，如果用 $y_{i+1}^{(h/2)}$ 作为 $y(x_{i+1})$ 的近似值，则其误差可用前后两次计算结果的差来表示。

算法 6-1(步长选择算法)

给定精度 ε，记

$$\Delta=|y_{i+1}^{(h/2)}-y_{i+1}^{(h)}| \tag{6-40}$$

(1) 若 $\Delta\geqslant\varepsilon$，则反复将步长折半进行计算，直至 $\Delta<\varepsilon$，并取最后一次步长所得值作为 y_{i+1}；

(2) 若 $\Delta<\varepsilon$，则反复将步长加倍进行计算，直至 $\Delta\geqslant\varepsilon$，并取上一次步长所得值作为 y_{i+1}。

第三节　龙格-库塔方法

一、龙格-库塔方法的基本思想

考察差商 $\dfrac{y(x_{i+1})-y(x_i)}{h}$，由微分中值定理

$$\frac{y(x_{i+1})-y(x_i)}{h}=y'(x_i+\theta h),\ 0<\theta<1 \tag{6-41}$$

并利用微分方程 $y'=f(x, y)$ 得

$$y(x_{i+1})=y(x_i)+hf(x_i+\theta h,\ y(x_i+\theta h)) \tag{6-42}$$

这里 $f(x_i+\theta h, y(x_i+\theta h))$ 称作区间 $[x_i, x_{i+1}]$ 上的平均斜率，记做 K^*。

$$K^*=f(x_i+\theta h,\ y(x_i+\theta h)) \tag{6-43}$$

由此可见，只要对平均斜率 K^* 提供一种算法，那么根据式(6-42)便可相应地获得求式(6-2)数值解的一种算法。下面就以此观点为基础来研究欧拉公式和改进的欧拉公式。

在欧拉公式中，相当于取一个点 x_i 上的斜率值 $f(x_i, y_i)$ 作为平均斜率 K^* 的近似值，因此精度较低，只有一阶。再考察改进的欧拉公式，将它进一步改写成

$$\begin{cases} y_{i+1}=(K_1+K_2)/2 \\ K_1=y_i+hf(x_i,\ y_i) \\ K_2=y_i+hf(x_{i+1},\ y_i+hK_1) \end{cases} \tag{6-44}$$

改进的欧拉公式可以这样解释：它用 x_i、x_{i+1} 两个点上的斜率 K_1 和 K_2 的算术平均值作为平均斜率 K^* 的近似值，而 x_{i+1} 处的斜率通过已知信息 y_i 预测。可以看出，改进的欧拉公式的精度比欧拉公式提高了。

关于欧拉公式和改进的欧拉公式的这种理解提示我们，如果在 $[x_i, x_{i+1}]$ 内能多预测几个点的斜率值，然后取它们的加权平均作为平均斜率 K^* 的近似值，有可能构造出具有更高精度的计算公式。这就是龙格-库塔(Runge-Kutta)方法的基本思想。

二、二阶龙格-库塔公式

推广改进的欧拉方法。考察区间 $[x_i, x_{i+1}]$ 上一点

$$x_{i+p}=x_i+ph,\ 0<p\leqslant 1 \tag{6-45}$$

用 x_i 和 x_{i+p} 两个点上的斜率值 K_1 和 K_2 的加权平均作为平均斜率 K^* 的近似值

$$K^*=\lambda_1K_1+\lambda_2K_2 \tag{6-46}$$

即取

$$y_{i+1}=y_i+h(\lambda_1K_1+\lambda_2K_2) \tag{6-47}$$

其中 λ_1 和 λ_2 为待定常数。与改进的欧拉方法类似，取

$$K_1=f(x_i,\ y_i) \tag{6-48}$$

问题在于如何预测 x_{i+p} 的斜率 K_2。

仍然仿照改进的欧拉方法，用欧拉方法预测 $y(x_{i+p})$ 的值

$$y_{i+p}=y_i+phK_1 \tag{6-49}$$

然后利用预测值 y_{i+p} 估计斜率 K_2

$$K_2=f(x_{i+p},\ y_{i+p}) \tag{6-50}$$

如此设计出的算法具有形式

$$\begin{cases} y_{i+1}=y_i+h(\lambda_1 K_1+\lambda_2 K_2) \\ K_1=f(x_i,\ y_i) \\ K_2=f(x_{i+p},\ y_i+phK_1) \end{cases} \tag{6-51}$$

式(6-51)中含有3个未知参数 λ_1，λ_2 和 p，我们希望适当选取这些未知参数的值，使得公式具有二阶精度。

下面，考察式(6-51)的局部截断误差。根据泰勒公式，当 $y_i=y(x_i)$ 时

$$\begin{aligned} y(x_{i+1}) &= y(x_i)+hy'(x_i)+\frac{h^2}{2}y''(x_i)+O(h^3) \\ &= y_i+hf(x_i,\ y_i)+\frac{h^2}{2}[f_x(x_i,\ y_i)+f_y(x_i,\ y_i)f(x_i,\ y_i)]+O(h^3) \end{aligned} \tag{6-52}$$

及

$$\begin{aligned} y_{i+1} &= y_i+h(\lambda_1 K_1+\lambda_2 K_2) \\ &= y_i+h[\lambda_1 f(x_i,\ y_i)+\lambda_2 f(x_{i+p},\ y_i+phf(x_i,\ y_i))] \end{aligned} \tag{6-53}$$

考虑到

$$f(x_{i+p},\ y_i+phf(x_i,\ y_i))=f(x_i,\ y_i)+ph[f_x(x_i,\ y_i)+f_y(x_i,\ y_i)f(x_i,\ y_i)]+O(h^2) \tag{6-54}$$

有

$$\begin{aligned} y(x_{i+1})-y_{i+1} = {} & (1-\lambda_1-\lambda_2)hf(x_i,\ y_i)+ \\ & \left(\frac{1}{2}-\lambda_2 p\right)h^2[f_x(x_i,\ y_i)+f_y(x_i,\ y_i)f(x_i,\ y_i)]+O(h^3) \end{aligned} \tag{6-55}$$

由此可见，欲使式(6-51)具有二阶精度，只要式(6-56)成立即可。

$$\begin{cases} \lambda_1+\lambda_2=1 \\ \lambda_2 p=\dfrac{1}{2} \end{cases} \tag{6-56}$$

满足条件式(6-56)的一簇公式(6-51)统称为**二阶龙格-库塔公式**。

特别地，当 $p=1$ 时，即 $x_{i+p}=x_{i+1}$，$\lambda_1=\lambda_2=1/2$ 时，二阶龙格-库塔公式就是改进的欧拉公式。

如果取 $p=1/2$，则 $\lambda_1=0$，$\lambda_2=1$，这时二阶龙格-库塔公式的形式为

$$\begin{cases} y_{i+1}=y_i+hK_2 \\ K_1=f(x_i,\ y_i) \\ K_2=f(x_{i+1/2},\ y_i+(h/2)K_1) \end{cases} \tag{6-57}$$

式(6-57)称为**变形的欧拉公式**。

三、高阶龙格-库塔公式

为了进一步提高精度，可以考虑在区间 $[x_i,\ x_{i+1}]$ 上，除 x_i 和 x_p 之外再增加几个点，如增加一个点 $x_{i+m}=x_i+mh(p\leqslant m\leqslant 1)$，并用 x_i，x_{i+p} 和 x_{i+m} 处的斜率 K_1，K_2 和 K_3 的加权平均作为 K^* 的近似值

$$K^*=\lambda_1 K_1+\lambda_2 K_2+\lambda_3 K_3 \tag{6-58}$$

此时计算公式为

$$y_{i+1}=y_i+h(\lambda_1K_1+\lambda_2K_2+\lambda_3K_3) \tag{6-59}$$

式中 K_1，K_2 的取法与式(6-51)中的取法相同。

为了预测 x_{i+m} 处的斜率 K_3，需要确定 x_{i+m} 处的函数值 $y(x_{i+m})$。用二阶龙格-库塔公式估计 $y(x_{i+m})$ 的近似值 y_{i+m}

$$y_{i+m}=y_i+mh(\mu_1K_1+\mu_2K_2) \tag{6-60}$$

再通过计算函数值 f 得到

$$K_3=f(x_{i+m},\ y_{i+m})=f(x_i+mh,\ y_i+mh(\mu_1K_1+\mu_2K_2)) \tag{6-61}$$

这样设计出的计算公式具有形式

$$\begin{cases}y_{i+1}=y_i+h(\lambda_1K_1+\lambda_2K_2+\lambda_3K_3)\\K_1=f(x_i,\ y_i)\\K_2=f(x_{i+p},\ y_i+phK_1)\\K_3=f(x_i+mh,\ y_i+mh(\mu_1K_1+\mu_2K_2))\end{cases} \tag{6-62}$$

我们希望能适当选取这些未知参数的值，使得公式具有三阶精度。

采用与上面同样的处理方法，可以得到这些参数需要满足的条件

$$\begin{cases}\mu_1+\mu_2=1\\\lambda_1+\lambda_2+\lambda_3=1\\\lambda_1p+\lambda_2m=1/2\\\lambda_1p^2+\lambda_2m^2=1/3\\\lambda_3pm\mu_2=1/6\end{cases} \tag{6-63}$$

满足条件(6-63)的一簇公式(6-62)统称为**三阶龙格-库塔公式**。其中常用的是库塔公式

$$\begin{cases}y_{i+1}=y_i+\dfrac{h}{6}(K_1+4K_2+K_3)\\K_1=f(x_i,\ y_i)\\K_2=f\left(x_i+\dfrac{h}{2},\ y_i+\dfrac{h}{2}K_1\right)\\K_3=f(x_i+h,\ y_i-hK_1+2hK_2)\end{cases} \tag{6-64}$$

若要将精度提高到四阶，仍用上述的处理方法，只是在区间$[x_i,\ x_{i+1}]$上用 4 个点处斜率的加权平均值作为 K^* 的近似值。常用的四阶龙格-库塔公式如下。

(1) 经典龙格-库塔公式(四阶龙格-库塔公式)

$$\begin{cases}y_{i+1}=y_i+\dfrac{h}{6}(K_1+2K_2+2K_3+K_4)\\K_1=f(x_i,\ y_i)\\K_2=f\left(x_i+\dfrac{h}{2},\ y_i+\dfrac{h}{2}K_1\right)\\K_3=f\left(x_i+\dfrac{h}{2},\ y_i+\dfrac{h}{2}K_2\right)\\K_4=f(x_i+h,\ y_i+hK_3)\end{cases} \tag{6-65}$$

（2）基尔（Gill）公式

$$\begin{cases} y_{i+1}=y_i+\dfrac{h}{6}(K_1+(2-\sqrt{2})K_2+(2+\sqrt{2})K_3+K_4) \\ K_1=f(x_i,\ y_i) \\ K_2=f\left(x_i+\dfrac{h}{2},\ y_i+\dfrac{h}{2}K_1\right) \\ K_3=f\left(x_i+\dfrac{h}{2},\ y_i+\dfrac{\sqrt{2}-1}{2}hK_1+\left(1-\dfrac{\sqrt{2}}{2}\right)hK_2\right) \\ K_4=f\left(x_i+h,\ y_i-\dfrac{\sqrt{2}}{2}hK_2+\left(1+\dfrac{\sqrt{2}}{2}\right)hK_3\right) \end{cases} \tag{6-66}$$

例 6-4 用经典龙格-库塔公式求解例 6-1 中的初值问题。

解 求解该问题的经典龙格-库塔公式是

$$\begin{cases} y_{i+1}=y_i+\dfrac{h}{6}(K_1+2K_2+2K_3+K_4) \\ K_1=y_i-\dfrac{2x_i}{y_i} \\ K_2=y_i+0.1K_1-\dfrac{2(x_i+0.1)}{y_i+0.1K_1} \\ K_3=y_i+0.1K_2-\dfrac{2(x_i+0.1)}{y_i+0.1K_2} \\ K_4=y_i+K_3-\dfrac{2(x_i+0.2)}{y_i+K_3} \end{cases} \tag{6-67}$$

计算结果和误差列于表 6-4 中。

表 6-4 例 6-4 的计算结果和误差

k	x_k	y_k	$y(x_k)$	$y_k-y(x_k)$
0	0	1	1	0
1	0.2	1.183 2	1.183 2	0.000 0
2	0.4	1.341 7	1.341 6	0.000 1
3	0.6	1.483 3	1.483 2	0.000 1
4	0.8	1.612 5	1.612 5	0.000 0
5	1	1.732 1	1.732 1	0.000 0

由于龙格-库塔公式的推导基于泰勒展开方法，因此它要求所求的解具有很好的光滑性质。反之，如果光滑性差，那么使用四阶龙格-库塔方法求得的数值解，其精度可能反而不如改进的欧拉方法，因此在实际计算时，应当针对问题的具体特点选择合适的算法。对于光滑性不太好的解，最好采用小步长的低阶算法。

第四节　单步法的收敛性和稳定性

构造微分方程数值解公式的基本思想是，通过离散化将微分方程转化成差分方程，然后求解。转化是否合理，不仅要考虑差分问题的解 y_i 当步长 $h \to 0$ 是否收敛到微分方程的精确解 $y(x_i)$，同时还要考虑算法的稳定性。只有既收敛又稳定的算法，才能提供可靠的计算结果。

一、单步法的收敛性

在讨论收敛性问题时，如果只考虑 $h \to 0$，那么节点 $x_i = x_0 + ih$ 固定的 i 将趋向于 x_0，这时讨论收敛性是没有任何意义的。

定义 6-3　如果某种数值方法对任意固定的点 $x_i = x_0 + ih$，当 $h = (x_i - x_0)/i \to 0$（同时 $i \to \infty$）时，有 $y_i \to y(x_i)$，则称该数值方法是**收敛的**。

例 6-5　考察用欧拉公式求下列初值问题的收敛性。

$$\begin{cases} y' = \lambda y \\ y(0) = y_0 \end{cases} \tag{6-68}$$

解　方程(6-68)的欧拉公式是

$$y_{i+1} = y_i + h\lambda y_i = (1+\lambda h) y_i \tag{6-69}$$

其解为

$$y_i = (1+\lambda h)^i y_0 \tag{6-70}$$

注意到 $x_0 = 0$ 及 $x_i = ih$，则有

$$y_i = [(1+\lambda h)^{\frac{1}{\lambda h}}]^{i\lambda h} y_0 = [(1+\lambda h)^{\frac{1}{\lambda h}}]^{\lambda x_i} y_0 \tag{6-71}$$

由于当 $h \to 0$ 时

$$(1+\lambda h)^{\frac{1}{\lambda h}} \to \mathrm{e} \tag{6-72}$$

因此

$$y_i = y_0 \mathrm{e}^{\lambda x_i}, \quad h \to 0 \tag{6-73}$$

这说明，用欧拉公式求(6-68)初值问题是收敛的。

定理 6-1　假设单步法(6-30)具有 p 阶精度，且增量函数 $\varphi(x, y, h)$ 关于 y 满足李普希兹条件，即存在正常数 L，使

$$|\varphi(x, y, h) - \varphi(x, \tilde{y}, h)| \leqslant L|y - \tilde{y}| \tag{6-74}$$

那么当初值 y_0 是精确的，即 $y_0 = y(x_0)$，单步法(6-30)的整体截断误差满足

$$y(x_i) - y_i = O(h^p) \tag{6-75}$$

证明　令

$$\bar{y}_{i+1} = y(x_i) + h\varphi(x_i, y_i, h) \tag{6-76}$$

根据假设，单步法式(6-30)具有 p 阶精度，由定义 6-2，存在正常数 C，使

$$|y(x_{i+1}) - \bar{y}_{i+1}| \leqslant Ch^{p+1} \tag{6-77}$$

于是有

$$
\begin{aligned}
|\bar{y}_{i+1}-y_{i+1}| &\leqslant |y(x_i)-y_i|+h|\varphi(x_i, y(x_i), h)-\varphi(x_i, y_i, h)| \\
&\leqslant |y(x_i)-y_i|+hL|y(x_i)-y_i| \\
&\leqslant (1+hL)|y(x_i)-y_i|
\end{aligned}
\tag{6-78}
$$

从而

$$
|y(x_{i+1})-y_{i+1}| \leqslant |y(x_{i+1})-\bar{y}_{i+1}|+|\bar{y}_{i+1}-y_{i+1}| \tag{6-79}
$$

递推即得

$$
|y(x_i)-y_i| \leqslant (1+hL)^i|y(x_0)-y_0|+\frac{Ch^p}{L}((1+hL)^i-1) \tag{6-80}
$$

注意到 $x_i-x_0=ih\leqslant b-a$，则有

$$
(1+hL)^i \leqslant (e^{hL})^i=(e^{ih})^L \leqslant e^{(b-a)L} \tag{6-81}
$$

因此

$$
|y(x_i)-y_i| \leqslant e^{(b-a)L}|y(x_0)-y_0|+\frac{Ch^p}{L}(e^{(b-a)L}-1) \tag{6-82}
$$

所以当初值精确时，(6-75)式成立。证毕。

对于欧拉方法，还有下面的结论。

定理 6-2 假设 $f(x, y)$ 关于 y 满足李普希兹条件，即存在正常数 L，使

$$
|f(x, y)-f(x, \tilde{y})| \leqslant L|y-\tilde{y}| \tag{6-83}
$$

且 $y''(x)$ 有界，那么欧拉方法的整体截断误差满足

$$
|y(x_i)-y_i| \leqslant e^{L(b-a)}|y(x_0)-y_0|+\frac{Mh}{2L}(e^{L(b-a)}-1) \tag{6-84}
$$

其中 $M=\max\limits_{x\in[a,b]}|y''(x)|$。

二、单步法的稳定性

上面在讨论收敛性时有一个前提，即计算是精确的。事实上，由于计算机的精度限制，计算过程中总是存在误差。这些误差随着计算的进行，必然会传播下去，对以后的计算产生影响。算法的数值稳定性，主要是研究某一步产生的误差在后面的计算中是否能够被控制，甚至是衰减的。

定义 6-4 若某种数值方法在计算 y_i 时，产生大小为 δ_i 的误差，且由误差 δ_i 引起以后各点 $y_j(j>i)$ 的误差为 δ_j，如果当 $j>i$ 时，总有 $|\delta_j|\leqslant|\delta_i|$，就称该数值方法是**绝对稳定的**。

一般来讲，某个数值方法是否绝对稳定，不仅与方法本身有关，还与微分方程式(6-2)的右端项 $f(x, y)$ 和计算步长 h 有关。这使得稳定性的讨论变得十分复杂。为了简单，下面以模型方程

$$
y'=\lambda y \tag{6-85}
$$

为例，讨论稳定性问题。

首先讨论欧拉方法的稳定性。模型方程的欧拉公式为

$$y_{n+1}=(1+h\lambda)y_n \tag{6-86}$$

设节点值 y_n 存在误差 ε_n，它的传播使节点值 y_{n+1} 产生大小为 ε_{n+1} 的误差，假定用 $y_n^*=y_n+\varepsilon_n$ 按欧拉公式得出 $y_{n+1}^*=y_{n+1}+\varepsilon_{n+1}$ 的计算过程没有产生新的误差，那么

$$\varepsilon_{n+1}=(1+h\lambda)\varepsilon_n \tag{6-87}$$

这说明，只要差分方程式(6-86)的解是不增长的，即

$$|y_{n+1}|\leqslant|y_n| \tag{6-88}$$

它就是稳定的。这一论断对于下面将要研究的其他方法同样适用。

为了要保证差分方程式(6-86)的解是不增长的，只需选取 h 满足

$$|1+h\lambda|\leqslant 1 \tag{6-89}$$

即可。这说明当 $h\leqslant -2/\lambda$ 时，欧拉方法是**条件稳定的**，式(6-89)称为**稳定性条件**。记 $\tau=-1/\lambda$，则稳定性条件式(6-89)可表示为

$$h\leqslant 2\tau \tag{6-90}$$

再考虑后退的欧拉方法。后退的欧拉公式为

$$y_{n+1}=y_n+h\lambda y_{n+1} \tag{6-91}$$

求解得

$$y_{n+1}=\frac{1}{1-h\lambda}y_n \tag{6-92}$$

由于 $\lambda<0$，恒有

$$\left|\frac{1}{1-h\lambda}\right|\leqslant 1 \tag{6-93}$$

从而有 $|y_{n+1}|\leqslant|y_n|$，因此后退的欧拉方程**恒稳定**(或称**无条件稳定**)。

第五节　线性多步法

在计算 y_{i+1} 时，已经求出了一系列的近似值 y_i，y_{i-1}，…。如果能充分利用已经求得的多个信息来预测 y_{i+1}，那么可以期望获得较高的精度，这就是构造线性多步法的基本思想。

线性 r 步法一般形式是

$$y_{i+1}=\sum_{j=0}^{r-1}\alpha_j y_{i-j}+h\sum_{j=-1}^{r-1}\beta_j f(x_{i-j},\ y_{i-j}) \tag{6-94}$$

当 $\beta_{-1}=0$ 时，式(6-94)是显式公式，当 $\beta_{-1}\neq 0$ 时，是隐式公式。

一、阿当姆斯显式方法

在区间 $[x_i,\ x_{i+1}]$ 上对微分方程 $y'=f(x,\ y)$ 积分得

$$y(x_{i+1})=y(x_i)+\int_{x_i}^{x_{i+1}}f(x,\ y(x))\,\mathrm{d}x \tag{6-95}$$

记 $f_k=f(x_k,\ y_k)$，通过 $r+1$ 个数据点 $(x_i,\ f_i)$，$(x_{i-1},\ f_{i-1})$，…，$(x_{i-r},\ f_{i-r})$ 构造 $f(x,\ y(x))$ 的插值多项式 $p_r(x)$，用它近似替代式(6-95)中的 $f(x,\ y(x))$，用 y_k 近似代替

$y(x_k)$有

$$y_{i+1}=y_i+\int_{x_i}^{x_{i+1}}p_r(x)\,\mathrm{d}x \tag{6-96}$$

注意到插值节点 x_i，x_{i-1}，…，x_{i-r}等距，利用牛顿后插公式

$$p_r(x_i+th)=\sum_{j=0}^{r}(-1)^j\binom{-t}{j}\Delta^j f_{i-j} \tag{6-97}$$

代入式(6-96)有

$$\begin{aligned} y_{i+1}&=y_i+\int_{x_i}^{x_{i+1}}p_r(x)\,\mathrm{d}x=y_i+\int_0^1\sum_{j=0}^{r}(-1)^j\binom{-t}{j}\Delta^j f_{i-j}\mathrm{d}t \\ &=y_i+h\sum_{j=0}^{r}\alpha_j\Delta^j f_{i-j} \end{aligned} \tag{6-98}$$

式中系数 $\alpha_j=\int_0^1(-1)^j\binom{-t}{j}\mathrm{d}t$ $(j=0,1,\cdots,r)$ 与i和r无关。表6－5给出了 α_j 的部分数值。

表 6-5　α_j 的部分数值

j	0	1	2	3
α_j	1	1/2	5/12	3/8

实际计算时，往往将差分展开，写成

$$y_{i+1}=y_i+h\sum_{j=0}^{r}\beta_{rj}f_{i-j} \tag{6-99}$$

其中 $\beta_{rj}=(-1)^j\sum_{k=j}^{r}\binom{k}{j}\alpha_k$ 只于 r 的值有关。β_{rj}的部分数值如表 6-6 所示。

表 6-6　β_{rj}的部分数值

j	0	1	2	3
β_{0j}	1			
β_{1j}	3/2	−1/2		
β_{2j}	23/12	−16/12	5/12	
β_{3j}	55/24	−59/24	37/24	−9/24

例如当 $r=1$ 时，式(6-99)可以写成

$$y_{i+1}=y_i+\frac{h}{2}(3f_i-f_{i-1}) \tag{6-100}$$

当 $r=3$ 时

$$y_{i+1}=y_i+\frac{h}{24}(55f_i-59f_{i-1}+37f_{i-2}-9f_{i-3}) \tag{6-101}$$

式(6-101)称作**阿当姆斯(Adams)显式公式**。

利用泰勒公式，可以得到阿当姆斯显式公式的局部截断误差

$$y(x_{i+1})-y_{i+1}=\frac{251}{720}h^5y^{(5)}(x_i)+O(h^6) \tag{6-102}$$

二、阿当姆斯隐式方法

在上述阿当姆斯显式方法中，选用 x_i，x_{i-1}，…，x_{i-r}作为插值节点，这时用插值多项式 $p_r(x)$在求积区间$[x_i, x_{i+1}]$上逼近$f(x, y(x))$，实际上是一个外推过程，误差较大。为了提高精度，可选用 x_{i+1}，x_i，…，x_{i-r+1}作为插值节点，变外推为内插，通过 $r+1$ 个数据点(x_{i+1}, f_{i+1})，(x_i, f_i)，…，(x_{i-r+1}, f_{i-r+1})构造$f(x, y(x))$的插值多项式 $p_r(x)$，用它近似替代式(6-95)中的$f(x, y(x))$，重复上面的推导过程，有

$$y_{i+1}=y_i+h\sum_{j=0}^{r}\alpha_j^*\Delta^j f_{i-j+1} \tag{6-103}$$

式中系数 $\alpha_j^*=\int_{-1}^{0}(-1)^j\binom{-t}{j}\mathrm{d}t$ $(j=0, 1, \cdots, r)$与 i 和 r 无关。表 6－7 给出了 α_j^* 的部分数值。

表 6-7　α_j^* 的部分数值

j	0	1	2	3
α_j^*	1	−1/2	−1/12	−1/24

将差分展开写成

$$y_{i+1}=y_i+h\sum_{j=0}^{r}\beta_{rj}^*f_{i-j+1} \tag{6-104}$$

其中 $\beta_{rj}^*=(-1)^j\sum_{k=j}^{r}\binom{k}{j}\alpha_k^*$ 只于 r 的值有关。表 6 － 8 给出了 β_{rj}^* 的部分数值。

表 6-8　β_{rj}^* 的部分数值

j	0	1	2	3
β_{0j}^*	1			
β_{1j}^*	1/2	1/2		
β_{2j}^*	5/12	8/12	−1/12	
β_{3j}^*	9/24	19/24	−5/24	1/24

当 $r=3$ 时

$$y_{i+1}=y_i+\frac{h}{24}(9f_{i+1}+19f_i-5f_{i-1}+f_{i-2}) \tag{6-105}$$

式(6-105)称作**阿当姆斯隐式公式**。

阿当姆斯隐式公式的局部截断误差是

$$y(x_{i+1})-y_{i+1}=-\frac{19}{720}h^{(5)}y^{(5)}(x_i)+O(h^6) \tag{6-106}$$

三、阿当姆斯预估–校正法

阿当姆斯显式公式和阿当姆斯隐式公式都具有四阶精度。考虑到显式公式是通过外推得到的，而隐式公式是内插法，相对而言内插法的精度要高，但隐式公式计算十分复杂。将这两种方法匹配，构成下列阿当姆斯预估–校正法

$$\begin{cases}\bar{y}_{i+1}=y_i+\dfrac{h}{24}(55f_i-59f_{i-1}+37f_{i-2}-9f_{i-3})\\ y_{i+1}=y_i+\dfrac{h}{24}(9\bar{f}_{i+1}+19f_i-5f_{i-1}+f_{i-2})\\ \bar{f}_{i+1}=f(x_{i+1},\ \bar{y}_{i+1})\end{cases} \tag{6-107}$$

例 6–6 用阿当姆斯预估–校正法求解例 6–1 中的初值问题。

解 求解该问题的阿当姆斯预估–校正公式是

$$\begin{cases}\bar{y}_{i+1}=y_i+\dfrac{h}{24}\left[55\left(y_i-\dfrac{2x_i}{y_i}\right)-59\left(y_{i-1}-\dfrac{2x_{i-1}}{y_{i-1}}\right)+37\left(y_{i-2}-\dfrac{2x_{i-2}}{y_{i-2}}\right)-9\left(y_{i-3}-\dfrac{2x_{i-3}}{y_{i-3}}\right)\right]\\ y_{i+1}=y_i+\dfrac{h}{24}\left[9\left(\bar{y}_{i+1}-\dfrac{2x_{i+1}}{\bar{y}_{i+1}}\right)+19\left(y_i-5(y_{i-1}-\dfrac{2x_{i-1}}{y_{i-1}}\right)+\left(y_{i-2}-\dfrac{2x_{i-2}}{y_{i-2}}\right)\right]\end{cases} \tag{6-108}$$

计算结果和误差列于表 6–9 中。

表 6–9 例 6–6 的计算结果和误差

k	x_k	y_k	$y(x_k)$	$y_k-y(x_k)$
0	0	1	1	0
1	0.2	1.183 2	1.183 2	0
2	0.4	1.341 7	1.341 6	0.000 1
3	0.6	1.483 3	1.483 2	0.000 1
4	0.8	1.612 4	1.612 5	−0.000 1
5	1	1.732 0	1.732 1	−0.000 1

第六节　一阶方程组与高阶方程

一、一阶方程组

前面几节讨论了一阶微分方程 $y'=f(x,\ y)$ 的数值解法，如果将 y 和 f 看作向量，那么前述的各种计算公式都可以应用到一阶方程组的情形。

下面以两个方程的情形为例进行讨论。

考察初值问题

$$\begin{cases} u'=\varphi(x, u, v), & u(a)=\alpha \\ v'=\varphi(x, u, v), & v(a)=\beta \end{cases} \quad a\leqslant x\leqslant b \tag{6-109}$$

若采用向量记法，记

$$\boldsymbol{y}(x)=(u(x), v(x))^{\mathrm{T}},$$

$$\boldsymbol{y}_0=(\alpha, \beta)^{\mathrm{T}},$$

$$\boldsymbol{f}(x, \boldsymbol{y})=(\varphi(x, u, v), \varphi(x, u, v))^{\mathrm{T}}$$

则上述方程组的初值问题可以表示为

$$\begin{cases} \boldsymbol{y}'=\boldsymbol{f}(x, \boldsymbol{y}), \ a\leqslant x\leqslant b \\ \boldsymbol{y}(a)=\boldsymbol{y}_0 \end{cases} \tag{6-110}$$

求解初值问题(6-110)的欧拉公式为

$$\begin{cases} \boldsymbol{y}_{i+1}=\boldsymbol{y}_i+h\boldsymbol{f}(x_i, \boldsymbol{y}_i) \\ \boldsymbol{y}_0=(\alpha, \beta)^{\mathrm{T}} \end{cases} \tag{6-111}$$

式中 $\boldsymbol{y}_i=(u_i, v_i)^{\mathrm{T}}$。其分量表示式为

$$\begin{cases} u_{i+1}=u_i+h\varphi(x_i, u_i, v_i) \\ v_{i+1}=v_i+h\varphi(x_i, u_i, v_i) \\ u_0=\alpha \\ v_0=\beta \end{cases} \tag{6-112}$$

求解初值问题(6-110)的四阶龙格-库塔公式为

$$\begin{cases} \boldsymbol{y}_{i+1}=\boldsymbol{y}_i+\dfrac{h}{6}(\boldsymbol{K}_1^{(i)}+2\boldsymbol{K}_2^{(i)}+2\boldsymbol{K}_3^{(i)}+\boldsymbol{K}_4^{(i)}) \\ \boldsymbol{K}_1^{(i)}=\boldsymbol{f}(x_i, \boldsymbol{y}_i) \\ \boldsymbol{K}_2^{(i)}=\boldsymbol{f}\left(x_i+\dfrac{h}{2}, \boldsymbol{y}_i+\dfrac{h}{2}\boldsymbol{K}_1^{(i)}\right) \\ \boldsymbol{K}_3^{(i)}=\boldsymbol{f}\left(x_i+\dfrac{h}{2}, \boldsymbol{y}_i+\dfrac{h}{2}\boldsymbol{K}_2^{(i)}\right) \\ \boldsymbol{K}_4^{(i)}=\boldsymbol{f}(x_i+h, \boldsymbol{y}_i+h\boldsymbol{K}_3^{(i)}) \\ \boldsymbol{y}_0=(\alpha, \beta)^{\mathrm{T}} \end{cases} \tag{6-113}$$

式中

$$\boldsymbol{K}_1^{(i)}=(k_{1,1}^{(i)}, k_{1,2}^{(i)})^{\mathrm{T}},$$

$$\boldsymbol{K}_2^{(i)}=(k_{2,1}^{(i)}, k_{2,2}^{(i)})^{\mathrm{T}},$$

$$\boldsymbol{K}_3^{(i)}=(k_{3,1}^{(i)}, k_{3,2}^{(i)})^{\mathrm{T}},$$

$$\boldsymbol{K}_4^{(i)}=(k_{4,1}^{(i)}, k_{4,2}^{(i)})^{\mathrm{T}}。$$

其分量表示式为

$$
\begin{cases}
u_{i+1}=u_i+\dfrac{h}{6}(k_{1,1}^{(i)}+2k_{2,1}^{(i)}+2k_{3,1}^{(i)}+k_{4,1}^{(i)})\\
v_{i+1}=v_i+\dfrac{h}{6}(k_{1,2}^{(i)}+2k_{2,2}^{(i)}+2k_{3,2}^{(i)}+k_{4,2}^{(i)})\\
k_{1,1}^{(i)}=\varphi(x_i,\ u_i,\ v_i)\\
k_{1,2}^{(i)}=\varphi(x_i,\ u_i,\ v_i)\\
k_{2,1}^{(i)}=\varphi\left(x_i+\dfrac{h}{2},\ u_i+\dfrac{h}{2}+k_{1,1}^{(i)},\ v_i+\dfrac{h}{2}+k_{1,2}^{(i)}\right)\\
k_{2,2}^{(i)}=\varphi\left(x_i+\dfrac{h}{2},\ u_i+\dfrac{h}{2}+k_{1,1}^{(i)},\ v_i+\dfrac{h}{2}+k_{1,2}^{(i)}\right)\\
k_{3,1}^{(i)}=\varphi\left(x_i+\dfrac{h}{2},\ u_i+\dfrac{h}{2}+k_{2,1}^{(i)},\ v_i+\dfrac{h}{2}+k_{2,2}^{(i)}\right)\\
k_{3,2}^{(i)}=\varphi\left(x_i+\dfrac{h}{2},\ u_i+\dfrac{h}{2}+k_{2,1}^{(i)},\ v_i+\dfrac{h}{2}+k_{2,2}^{(i)}\right)\\
k_{4,1}^{(i)}=\varphi\left(x_i+\dfrac{h}{2},\ u_i+\dfrac{h}{2}+k_{3,1}^{(i)},\ v_i+\dfrac{h}{2}+k_{3,2}^{(i)}\right)\\
k_{4,2}^{(i)}=\varphi\left(x_i+\dfrac{h}{2},\ u_i+\dfrac{h}{2}+k_{3,1}^{(i)},\ v_i+\dfrac{h}{2}+k_{3,2}^{(i)}\right)
\end{cases}
\tag{6-114}
$$

二、高阶微分方程的数值解法

一般来讲，高阶微分方程(或方程组)的初值问题，总是化成一阶方程组来求解。考察下列 m 阶微分方程

$$
\begin{cases}
y^{(m)}=f(x,\ y',\ y'',\ \cdots,\ y^{(m-1)})\\
y(x_0)=y_0,\ y'(x_0)=y_0',\ \cdots,\ y^{(m-1)}(x_0)=y_0^{(m-1)}
\end{cases}
\tag{6-115}
$$

引入新变量 $y_1=y$，$y_2=y'$，$\cdots$，$y_m=y^{(m-1)}$，m 阶微分方程(6-115)即可转化成

$$
\begin{cases}
y_1'=y_2\\
y_2'=y_3\\
\quad\vdots\\
y_{m-1}'=y_m\\
y_m'=f(x,\ y_1,\ y_2,\ \cdots,\ y_m)\\
y_1(x_0)=y_0,\ y_2(x_0)=y_0',\ y_m(x_0)=y_0^{(m-1)}
\end{cases}
\tag{6-116}
$$

特别地，对于下列二阶微分方程的初值问题

$$
\begin{cases}
y''=f(x,\ y,\ y')\\
y(x_0)=y_0,\ y'(x_0)=y_0'
\end{cases}
\tag{6-117}
$$

引入变量 $u=y$，$v=y'$，方程(6-117)可以化成下列一阶方程组

$$\begin{cases}u'=v\\v'=f(x,\ u,\ v)\\u(x_0)=y_0,\ v(x_0)=y_0'\end{cases}\qquad(6-118)$$

例 6-7　用龙格-库塔法求解下列二阶微分方程的初值问题。

$$\begin{cases}y''=3y'-2y\\y(0)=1,\ y'(0)=1\end{cases}\quad 0\leqslant x\leqslant 1\qquad(6-119)$$

取步长 $h=0.2$。

解　引入变量 $u=y$，$v=y'$，将方程(6-119)化成下列一阶方程组

$$\begin{cases}u'=v\\v'=-2u+3v\\u(0)=1,\ v(0)=1\end{cases}\quad 0\leqslant x\leqslant 1\qquad(6-120)$$

求解该问题的欧拉公式是

$$\begin{cases}u_{i+1}=u_i+0.2v_i\\v_{i+1}=v_i+0.2(-2u_i+3v_i)\\u_0=1\\v_0=1\end{cases}\qquad(6-121)$$

其精确解是 $y=e^x$，计算结果列于表 6-10 中。

表 6-10　例 6-7 的计算结果

k	x_k	y_k
0	0	1
1	0.2	1.200 0
2	0.4	1.440 0
3	0.6	1.728 0
4	0.8	2.073 6
5	1	2.488 3

本章小结

构造初值问题(6-2)的数值方法的基本思路主要有两种：数值积分方法和泰勒展开的方法。

欧拉折线法和阿当姆斯方法是利用数值积分方法构造的，根据数值积分公式，容易获得数值积分公式的截断误差。龙格-库塔方法、泰勒展开法和一般的线性多步法则是用泰勒展开的方法构造的。一般来讲，凡是可以用数值积分方法构造的数值方法，都可以用泰勒展开的方法构造出来。事实上，在大多数情况下，我们总是采用泰勒展开和待定系数相结合的思路构造数值公式。

局部截断误差是本章中一个重要的概念，用它来衡量数值公式的精度，并由此出发构造出精度更高的公式。一般使用泰勒公式研究局部截断误差。

在本章介绍的数值方法中，阿当姆斯方法和龙格-库塔方法适用于在计算机上进行较高精度的计算，泰勒展开的方法主要适用于计算“表头”的值。而欧拉方法虽然精度较低，但由于计算公式简单，在微分方程解光滑程度较低或精度要求不高时，是一种非常好用的方法。

思考题

6-1　构造初值问题(6-2)的数值方法的基本思路有几种？

6-2　试比较本章介绍的求初值问题(6-2)的数值解的几种方法的优缺点。

6-3　试叙述局部截断误差、全局截断误差的概念及泰勒公式在研究局部截断误差中的作用。

6-4　预估-校正法的基本思想是什么？

6-5　龙格-库塔方法的基本思想是什么？试推导二阶龙格-库塔公式。

6-6　单步法、多步法的概念是什么？

习题六

6-1　用欧拉方法和改进的欧拉方法解下列初值问题

$$\begin{cases} y' = 10x(1-y), & 0 \leqslant x \leqslant 1 \\ y(0) = 0 \end{cases}$$

取步长 $h=0.1$，保留 5 位有效数字，并与准确解 $y=1-\mathrm{e}^{-5x^2}$ 比较。

6-2　用四阶龙格-库塔法求解习题 6-1 中的初值问题，保留 5 位有效数字，并与题 6-1 的结果和准确解比较。

6-3　用阿当姆斯预估-校正法求解习题 6-1 题中的初值问题，保留 5 位有效数字，并与准确解比较。

6-4　证明下列龙格-库塔公式是三阶方法。

$$\begin{cases} K_1 = hf(x_n, y_n) \\ K_2 = hf\left(x_n + \dfrac{h}{3}, y_n + \dfrac{h}{3}K_1\right) \\ K_3 = hf\left(x_n + \dfrac{2h}{3}, y_n + \dfrac{2h}{3}K_2\right) \\ y_{n+1} = y_n + \dfrac{1}{4}(K_1 + 3K_3) \end{cases}$$

6-5　求系数 a、b、c 和 d，使求初值问题

$$\begin{cases} y' = f(x, y), & a \leqslant x \leqslant b \\ y(a) = y_0 \end{cases}$$

的下列公式的局部截断误差是四阶的。

$$y_{n+1}=ay_n+h[bf(x_{n+1},\ y_{n+1})+cf(x_n,\ y_n)+df(x_{n-1},\ y_{n-1})]$$

上机实验

实验 6-1　用改进的欧拉方法求解初值问题

$$\begin{cases} y'=y-\dfrac{2x}{y},\ 0<x\leqslant 1 \\ y(0)=1 \end{cases}$$

取步长 $h=0.2$。

实验 6-2　用经典龙格-库塔公式求解实验 6-1 中的初值问题，取步长 $h=0.2$。

实验 6-3　用阿当姆斯预估-校正法求解实验 6-1 中的初值问题。并将以上三种方法的计算结果和精确解 $y=\sqrt{1+2x}$ 比较，总结它们的特点。

第七章 》

矩阵的特征值与特征向量计算

【本章重点】幂法；雅可比法

【本章难点】幂法的收敛性分析；雅可比法；**QR** 分解法

第一节 引 言

物理、力学和工程技术中的很多问题在数学上都归结为求矩阵的特征值问题。例如振动问题(桥梁的振动、机械的振动、电磁振荡、地震引起的建筑物的振动等)，线性系统的稳定性问题等。

如果设矩阵

$$\boldsymbol{A}=\begin{bmatrix} a_{11} & a_{12} & \cdots & a_{1n} \\ a_{21} & a_{22} & \cdots & a_{2n} \\ \vdots & \vdots & \ddots & \vdots \\ a_{n1} & a_{n2} & \cdots & a_{nn} \end{bmatrix} \tag{7-1}$$

求矩阵 $\boldsymbol{A}$ 的特征值，就是求代数方程

$$\varphi(\lambda)=\det(\lambda \boldsymbol{I}-\boldsymbol{A})=0 \tag{7-2}$$

的根，$\varphi(\lambda)$称为 $\boldsymbol{A}$ 的特征多项式，上式展开即有

$$\varphi(\lambda)=\lambda^{n}+c_{1}\lambda^{n-1}+\cdots+c_{n}=0 \tag{7-3}$$

一般 $\varphi(\lambda)$有 n 个零点，称为 $\boldsymbol{A}$ 的特征值。

当 λ 是 $\boldsymbol{A}$ 的特征值时，齐次方程组

$$(\lambda \boldsymbol{I}-\boldsymbol{A})x=0 \tag{7-4}$$

的非零解 $\boldsymbol{x}$，称为矩阵 $\boldsymbol{A}$ 对应于 λ 的特征向量。

关于计算矩阵 $\boldsymbol{A}$ 的特征值问题，当 n 较小时，可通过求 $\varphi(\lambda)=0$ 的根来获得特征值。但当 n 较大时，用这种办法求矩阵特征值是不切实际的。因此，需要研究 $\boldsymbol{A}$ 的特征值及特征向量的数值解法。

本章将介绍一些计算机上常用的两类方法，一类是幂法和反幂法(迭代法)，另一类是正交相似变换的方法(变换法)。

第二节　幂法和反幂法

幂法和反幂法是一种迭代法。幂法主要用于求实矩阵按模最大的特征值及对应的特征向量。当矩阵没有零特征值时，反幂法可用于求实矩阵按模最小的特征值及对应的特征向量。

幂法和反幂法的优点是方法简单，但收敛速度较慢。

一、幂法

设实矩阵$\boldsymbol{A}=[a_{ij}]_{n\times n}$是非亏损的，其特征值为$\lambda_1$，$\lambda_2$，…，$\lambda_n$，对应的特征向量分别为$\boldsymbol{x}_1$，$\boldsymbol{x}_2$，…，$\boldsymbol{x}_n$。不失一般性，假定特征值已经按其模的大小排列，即

$$|\lambda_1|\geqslant|\lambda_2|\geqslant|\lambda_3|\geqslant\cdots\geqslant|\lambda_n| \tag{7-5}$$

任取非零的初始向量$\boldsymbol{v}_0$，由假设，矩阵$\boldsymbol{A}$有n个特征值λ_1，λ_2，…，λ_n对应的特征向量$\boldsymbol{x}_1$，$\boldsymbol{x}_2$，…，$\boldsymbol{x}_n$线性无关，那么$\boldsymbol{v}_0$可表示为

$$\boldsymbol{v}_0=a_1\boldsymbol{x}_1+a_2\boldsymbol{x}_2+\cdots+a_n\boldsymbol{x}_n \tag{7-6}$$

并设$a_1\neq0$。构造迭代序列$\boldsymbol{v}_{k+1}=\boldsymbol{A}\boldsymbol{v}_k$，于是有

$$\begin{aligned}\boldsymbol{v}_1&=\boldsymbol{A}\boldsymbol{v}_0=\boldsymbol{A}(a_1\boldsymbol{x}_1+a_2\boldsymbol{x}_2+\cdots+a_n\boldsymbol{x}_n)\\&=a_1\lambda_1\boldsymbol{x}_1+a_2\lambda_2\boldsymbol{x}_2+\cdots+a_n\lambda_n\boldsymbol{x}_n\end{aligned} \tag{7-7}$$

$$\begin{aligned}\boldsymbol{v}_2&=\boldsymbol{A}\boldsymbol{v}_1=\boldsymbol{A}^2\boldsymbol{v}_0=\boldsymbol{A}(a_1\lambda_1\boldsymbol{x}_1+a_2\lambda_2\boldsymbol{x}_2+\cdots+a_n\lambda_n\boldsymbol{x}_n)\\&=a_1\lambda_1^2\boldsymbol{x}_1+a_2\lambda_2^2\boldsymbol{x}_2+\cdots+a_n\lambda_n^2\boldsymbol{x}_n\end{aligned} \tag{7-8}$$

$$\vdots$$

$$\boldsymbol{v}_k=\boldsymbol{A}\boldsymbol{v}_{k-1}=\boldsymbol{A}^k\boldsymbol{v}_0=a_1\lambda_1^k\boldsymbol{x}_1+a_2\lambda_2^k\boldsymbol{x}_2+\cdots+a_n\lambda_n^k\boldsymbol{x}_n \tag{7-9}$$

式(7-9)可以改写成

$$\boldsymbol{v}_k=\lambda_1^k\left[a_1\boldsymbol{x}_1+a_2\left(\frac{\lambda_2}{\lambda_1}\right)^k\boldsymbol{x}_2+\cdots+a_n\left(\frac{\lambda_n}{\lambda_1}\right)^k\boldsymbol{x}_n\right] \tag{7-10}$$

同理

$$\boldsymbol{v}_{k+1}=\lambda_1^{k+1}\left[a_1\boldsymbol{x}_1+a_2\left(\frac{\lambda_2}{\lambda_1}\right)^{k+1}\boldsymbol{x}_2+\cdots+a_n\left(\frac{\lambda_n}{\lambda_1}\right)^{k+1}\boldsymbol{x}_n\right] \tag{7-11}$$

为了简单，这里只讨论$|\lambda_1|>|\lambda_2|$的情况。此时

$$\lim_{k\to\infty}\left(\frac{\lambda_i}{\lambda_1}\right)^k=0\quad(i=2,\ 3,\ \cdots,\ n) \tag{7-12}$$

当k足够大时，可得

$$\boldsymbol{v}_k\approx\lambda_1^k a_1 x_1 \tag{7-13}$$

和

$$\boldsymbol{v}_{k+1}\approx\lambda_1\boldsymbol{v}_k \tag{7-14}$$

式(7-14)表明，当k足够大时，向量$\boldsymbol{v}_k$和$\boldsymbol{v}_{k+1}$近似线性相关。相关系数λ_1就是矩阵按模最大的特征值，$\boldsymbol{v}_k$或$\boldsymbol{v}_{k+1}$是对应的特征向量，如果以$(\boldsymbol{v}_k)_j$表示$\boldsymbol{v}_k$的第j个分量，有

$$\frac{(\boldsymbol{v}_{k+1})_j}{(\boldsymbol{v}_k)_j} \approx \lambda_1 \tag{7-15}$$

上述计算过程中，由已知的非零向量 $\boldsymbol{v}_0$ 及矩阵 $\boldsymbol{A}$ 的乘幂 $\boldsymbol{A}^k$ 构造向量序列 $\{\boldsymbol{v}_k\}$，计算 $\boldsymbol{A}$ 模最大的特征值 λ_1 及对应特征向量，因此称为**乘幂法**，简称**幂法**。

由式(7-12)可得，$(\boldsymbol{v}_{k+1})_j/(\boldsymbol{v}_k)_j \to \lambda_1$ 的收敛速度由 $r=\lambda_2/\lambda_1$ 决定，r 越小收敛越快，但当 $r\approx 1$ 时收敛速度将非常慢。

应用幂法计算 $\boldsymbol{A}$ 按模最大的特征值 λ_1 及对应的特征向量时，如果 $|\lambda_1|>1$(或 $|\lambda_1|<1$)，迭代向量 $\boldsymbol{v}_k$ 的各个不等于零的分量将随 $k\to\infty$ 而趋向于无穷(或趋于零)，这样将发生“溢出”现象。为了避免出现这一现象，一般采取“规一化”措施。

算法 7-1(幂法)

(1) 任取初始向量 $\boldsymbol{v}_0 \neq 0$。

(2) 构造迭代序列

$$\begin{cases} \boldsymbol{u}_0 = \boldsymbol{v}_0 \\ \boldsymbol{v}_k = \boldsymbol{A}\boldsymbol{u}_{k-1} \\ m_k = \max(\boldsymbol{v}_k) \quad (k=1,\ 2,\ \cdots) \\ \boldsymbol{u}_k = \boldsymbol{v}_k / m_k \end{cases} \tag{7-16}$$

其中 $m_k=\max(\boldsymbol{v}_k)$ 表示向量 $\boldsymbol{v}_k$ 中绝对值最大的分量。

(3) $\lim\limits_{k\to\infty}\max(\boldsymbol{v}_k)=\lambda_1$，$\lim\limits_{k\to\infty}\boldsymbol{u}_k=\boldsymbol{x}_1/\max(\boldsymbol{x}_1)$ (7-17)

下面证明上述算法的正确性。

$$\boldsymbol{u}_k = \frac{\boldsymbol{A}^k\boldsymbol{v}_0}{\max(\boldsymbol{A}^k\boldsymbol{v}_0)} = \frac{\lambda_i^k\left[\alpha_1\boldsymbol{x}_1 + \sum\limits_{i=2}^{n}\alpha_i\left(\dfrac{\lambda_i}{\lambda_1}\right)^k\boldsymbol{x}_i\right]}{\max\left[\lambda_1^k(\alpha_1\boldsymbol{x}_1 + \sum\limits_{i=2}^{n}\alpha_i\left(\dfrac{\lambda_i}{\lambda_1}\right)^k\boldsymbol{x}_i)\right]}$$

$$= \frac{\alpha_1\boldsymbol{x}_1 + \sum\limits_{i=2}^{n}\alpha_i\left(\dfrac{\lambda_i}{\lambda_1}\right)^k\boldsymbol{x}_i}{\max[\alpha_1\boldsymbol{x}_1 + \sum\limits_{i=2}^{n}\alpha_i\left(\dfrac{\lambda_i}{\lambda_1}\right)^k\boldsymbol{x}_i]} \to \frac{\boldsymbol{x}_1}{\max(\boldsymbol{x}_1)},\ (k\to\infty) \tag{7-18}$$

这说明“规一化”后的向量序列收敛到按模最大的特征值对应的特征向量。

同理，可得

$$\boldsymbol{v}_k = \frac{\lambda_1^k\left[\alpha_1\boldsymbol{x}_1 + \sum\limits_{i=2}^{n}\alpha_i\left(\dfrac{\lambda_i}{\lambda_1}\right)^k\boldsymbol{x}_i\right]}{\max\left[\lambda_1^{k-1}\alpha_1\boldsymbol{x}_1 + \sum\limits_{i=2}^{n}\alpha_i\left(\dfrac{\lambda_i}{\lambda_1}\right)^k\boldsymbol{x}_i\right]}$$

$$= \frac{\lambda_1\max\left[\alpha_1\boldsymbol{x}_1 + \sum\limits_{i=2}^{n}\alpha_i\left(\dfrac{\lambda_i}{\lambda_1}\right)^k\boldsymbol{x}_i\right]}{\max\left[\alpha_1\boldsymbol{x}_1 + \sum\limits_{i=2}^{n}\alpha_i\left(\dfrac{\lambda_i}{\lambda_1}\right)^k\boldsymbol{x}_i\right]} \to \lambda_1,\ (k\to\infty) \tag{7-19}$$

例 7-1　用幂法计算

$$A=\begin{bmatrix}2&-1&0\\-1&2&-1\\0&-1&2\end{bmatrix} \tag{7-20}$$

按模最大的特征值和相应的特征向量。

解　根据公式(7-16)，取初值 $u_0=[1\quad 1\quad 1]^T$，有

$$v_1=Au_0=\begin{bmatrix}2&-1&0\\-1&2&-1\\0&-1&2\end{bmatrix}\begin{bmatrix}1\\1\\1\end{bmatrix}=\begin{bmatrix}1\\0\\1\end{bmatrix}$$

$$\max v_1=1,\ u_1=[1\quad 0\quad 1]^T$$

$$v_2=Au_1=\begin{bmatrix}2&-1&0\\-1&2&-1\\0&-1&2\end{bmatrix}\begin{bmatrix}1\\0\\1\end{bmatrix}=\begin{bmatrix}2\\-2\\2\end{bmatrix}$$

$$\max v_2=2,\ u_2=[1\quad -1\quad 1]^T$$

依次迭代计算，结果如表 7-1 所示。

表 7-1　例 7-1 的计算结果

k	u_k^T(规范化向量)	$\max(v_k)$
0	[1.000 0　1.000 0　1.000 0]	1.000 0
1	[1.000 0　0　1.000 0]	1.000 0
2	[1.000 0　-1.000 0　1.000 0]	2.000 0
3	[-0.750 0　1.000 0　-0.750 0]	-4.000 0
4	[-0.714 3　1.000 0　-0.717 3]	3.500 0
5	[-0.708 3　1.000 0　-0.708 3]	3.428 6
6	[-0.707 3　1.000 0　-0.707 3]	3.414 7
7	[-0.707 1　1.000 0　-0.707 1]	3.414 6
8	[-0.707 1　1.000 0　-0.707 1]	3.414 3
9	[-0.707 1　1.000 0　-0.707 1]	3.414 2
10	[-0.707 1　1.000 0　-0.707 1]	3.414 2

由表 7-1 可得 $\lambda_1\approx 3.414\,2$，其相应特征向量为 $[-0.707\,1\quad 1.000\,0\quad -0.707\,1]^T$。$\lambda_1$ 和相应的特征向量真值为

$$\lambda_1=2+\sqrt{2}=3.414\,213\,56$$

$$x_1=[-1\quad \sqrt{2}\quad -1]^T=[-1.000\,000\,00\quad 1.414\,213\,56\quad 1.000\,000\,00]^T$$

二、瑞利商加速

从上面的讨论得知，当 $r\approx 1$ 时，幂法的收敛速度非常慢。下面介绍一种加速技巧。

在线性代数中，当矩阵 $\boldsymbol{A}$ 是对称矩阵时，其特征值 $\lambda_1 \geqslant \lambda_2 \geqslant \lambda_3 \geqslant \cdots \geqslant \lambda_n$ 对应的特征向量 $\boldsymbol{x}_1, \boldsymbol{x}_2, \cdots, \boldsymbol{x}_n$，可以构成标准正交基，即 $(\boldsymbol{x}_i, \boldsymbol{x}_j)=\delta_{ij}$，且对于任一非零向量 $\boldsymbol{x}$ 有，

$$\lambda_1 \geqslant \frac{(\boldsymbol{Ax}, \boldsymbol{x})}{(\boldsymbol{x}, \boldsymbol{x})} \geqslant \lambda_n \tag{7-21}$$

称 $\frac{(\boldsymbol{Ax}, \boldsymbol{x})}{(\boldsymbol{x}, \boldsymbol{x})}$ 为**瑞利(Rayleigh)商**，并有

$$\lambda_1 = \max_{x \neq 0} \frac{(\boldsymbol{Ax}, \boldsymbol{x})}{(\boldsymbol{x}, \boldsymbol{x})} \tag{7-22}$$

假定用幂法计算特征值 λ_1，并且已经迭代到第 k 次，则有

$$\boldsymbol{u}_k = \frac{\boldsymbol{A}^k \boldsymbol{u}_0}{\max(\boldsymbol{A}^k \boldsymbol{u}_0)} \tag{7-23}$$

及

$$\boldsymbol{v}_{k+1} = \boldsymbol{Au}_k = \frac{\boldsymbol{A}^{k+1} \boldsymbol{u}_0}{\max(\boldsymbol{A}^k \boldsymbol{u}_0)} \tag{7-24}$$

对 $\boldsymbol{u}_k$ 做一次瑞利商，并考虑到 $\boldsymbol{u}_0$ 可以表示成

$$\boldsymbol{u}_0 = \boldsymbol{v}_0 = a_1 \boldsymbol{x}_1 + a_2 \boldsymbol{x}_2 + \cdots + a_n \boldsymbol{x}_n \tag{7-25}$$

于是

$$\frac{(\boldsymbol{Au}_k, \boldsymbol{u}_k)}{(\boldsymbol{u}_k, \boldsymbol{u}_k)} = \frac{(\boldsymbol{A}^{k+1} \boldsymbol{u}_0, \boldsymbol{A}^k \boldsymbol{u}_0)}{(\boldsymbol{A}^k \boldsymbol{u}_0, \boldsymbol{A}^k \boldsymbol{u}_0)} = \frac{\sum\limits_{j=1} \alpha_j^2 \lambda_j^{2k+1}}{\sum\limits_{j=1}^{n} \alpha_j^2 \lambda_j^{2k}} = \lambda_1 + O\left(\left(\frac{\lambda_2}{\lambda_1}\right)^{2k}\right) \tag{7-26}$$

这说明，如果每迭代一次，就做一次瑞利商，可以提高幂法的收敛速度。

例 7-2 用瑞利商加速的方法计算例 7-1 中矩阵 A 的特征值和对应的特征向量。

解 计算结果见表 7-2 所示。

表 7-2 例 7-2 的计算结果

k	$\boldsymbol{u}_k^{\mathrm{T}}$(规范化向量)	$\max(\boldsymbol{v}_k)$	$\frac{(\boldsymbol{Au}_k, \boldsymbol{u}_k)}{(\boldsymbol{u}_k, \boldsymbol{u}_k)}$
0	[1.000 0　1.000 0　1.000 0]	1.000 0	0.666 7
1	[1.000 0　0　1.000 0]	1.000 0	2.000 0
2	[1.000 0　−1.000 0　1.000 0]	2.000 0	3.333 3
3	[−0.750 0　1.000 0　−0.750 0]	−4.000 0	3.411 8
4	[−0.714 3　1.000 0　−0.717 3]	3.500 0	3.414 1
5	[−0.708 3　1.000 0　−0.708 3]	3.428 6	3.414 2
6	[−0.707 3　1.000 0　−0.707 3]	3.414 7	3.414 2
7	[−0.707 1　1.000 0　−0.707 1]	3.414 6	3.414 2
8	[−0.707 1　1.000 0　−0.707 1]	3.414 3	3.414 2
9	[−0.707 1　1.000 0　−0.707 1]	3.414 2	3.414 2
10	[−0.707 1　1.000 0　−0.707 1]	3.414 2	3.414 2

三、反幂法

设 $\boldsymbol{A}=[a_{ij}]_{n\times n}$ 是非奇异矩阵，$\boldsymbol{A}$ 的特征值为 $|\lambda_1|\geqslant\cdots\geqslant|\lambda_{n-1}|>|\lambda_n|$，相应的特征向量为 $\boldsymbol{x}_1$，$\boldsymbol{x}_2$，…，$\boldsymbol{x}_n$，那么 $\boldsymbol{A}^{-1}$ 的特征值为 $|1/\lambda_n|>|1/\lambda_{n-1}|\geqslant\cdots\geqslant|1/\lambda_1|$，对应的特征向量为 $\boldsymbol{x}_n$，$\boldsymbol{x}_{n-1}$，…，$\boldsymbol{x}_1$。

这样，就将计算 $\boldsymbol{A}$ 的按模最小的特征值 λ_n 的问题，转化成计算 $\boldsymbol{A}^{-1}$ 的按模最大的特征值 $1/\lambda_n$ 的问题。

算法 7-2(反幂法)

(1) 任取初始向量 $\boldsymbol{v}_0\neq 0$。

(2) 构造迭代序列

$$\begin{cases}\boldsymbol{u}_0=\boldsymbol{v}_0\\ \boldsymbol{v}_k=\boldsymbol{A}^{-1}\boldsymbol{u}_{k-1}\\ m_k=\max(\boldsymbol{v}_k)\quad(k=1,\ 2,\ \cdots)\\ \boldsymbol{u}_k=\boldsymbol{v}_k/m_k\end{cases}\tag{7-27}$$

其中 $m_k=\max(\boldsymbol{v}_k)$ 表示向量 $\boldsymbol{v}_k$ 中绝对值最大的分量。

(3) $\lim\limits_{k\to\infty}\max(\boldsymbol{v}_k)=1/\lambda_1$，$\lim\limits_{k\to\infty}\boldsymbol{u}_k=\boldsymbol{x}_n/\max(\boldsymbol{x}_n)$　　(7-28)

在反幂法中，必须计算 $\boldsymbol{A}^{-1}$，而计算 $\boldsymbol{A}^{-1}$ 往往是很困难的，因此常常把式(7-27)改写成

$$\begin{cases}\boldsymbol{u}_0=\boldsymbol{v}_0\\ \boldsymbol{A}\boldsymbol{v}_k=\boldsymbol{u}_{k-1}\\ m_k=\max(v_k)\quad(k=1,\ 2,\ \cdots)\\ \boldsymbol{u}_k=\boldsymbol{v}_k/m_k\end{cases}\tag{7-29}$$

在式(7-29)中，每迭代一次，需要解方程组 $\boldsymbol{A}\boldsymbol{v}_k=\boldsymbol{u}_{k-1}$，计算工作量很大，实际计算时，一般事先将 $\boldsymbol{A}$ 做 $\boldsymbol{LU}$ 分解，这样，每次迭代只需要解两个三角形方程组。反幂法的收敛速度由 $|\lambda_{n-1}/\lambda_n|$ 决定。

例 7-3　用反幂法求下列矩阵按模最小的特征值和对应的特征向量。

$$\boldsymbol{A}=\begin{bmatrix}2&8&9\\8&3&4\\9&4&7\end{bmatrix}$$

解　做矩阵 $\boldsymbol{A}$ 的 $\boldsymbol{LU}$ 分解有

$$\boldsymbol{L}=\begin{bmatrix}1&&\\4&1&\\4.5&1.1034&1\end{bmatrix},\ \boldsymbol{U}=\begin{bmatrix}2&8&9\\&-29&-32\\&&1.8103\end{bmatrix}$$

于是有下列计算公式

$$\begin{cases}\boldsymbol{L}\boldsymbol{y}_k=\boldsymbol{u}_{k-1}\\ \boldsymbol{U}\boldsymbol{v}_k=\boldsymbol{y}_k\\ m_k=\max(\boldsymbol{v}_k)\\ \boldsymbol{u}_k=\boldsymbol{v}_k/m_k\end{cases}$$

取初始向量 $\boldsymbol{u}_0=\boldsymbol{v}_0=[1\quad 1\quad 1]^{\mathrm{T}}$，计算结果如表 7-3 所示。

表 7-3　例 7-3 的计算结果

k	u_k^T(规范化向量)	$\max(v_k)$
0	[1.000 0　1.000 0　1.000 0]	1.000 0
1	[0.434 8　1.000 0　-0.478 3]	0.565 2
2	[0.190 2　1.000 0　-0.883 4]	0.987 7
3	[0.184 3　1.000 0　-0.912 4]	0.824 5
4	[0.183 1　1.000 0　-0.912 9]	0.813 4
5	[0.183 2　1.000 0　-0.913 0]	0.813 4

第三节　雅可比方法

一、雅可比方法

雅可比(Jacobi)方法是用于求实对称矩阵的全部特征值及对应特征向量的一种变换方法。其基本思想是，通过一组平面旋转变换(正交相似变换)将对称矩阵 $\boldsymbol{A}$ 转化为对角矩阵，从而获得全部特征值和对应特征的向量。

由线性代数知识可知，对于实对称矩阵 $\boldsymbol{A}$ 存在一个正交矩阵 $\boldsymbol{R}$

$$\boldsymbol{RAR}^{\mathrm{T}}=\mathrm{diag}(\lambda_1, \cdots, \lambda_n)=\boldsymbol{D} \tag{7-30}$$

$\boldsymbol{D}$ 的对角元素 $\lambda_i(i=1, 2, \cdots, n)$ 是 $\boldsymbol{A}$ 的特征值，$\boldsymbol{R}^{\mathrm{T}}$ 的列向量 $\boldsymbol{x}_j$ 就是 $\boldsymbol{A}$ 的对应于 λ_j 的特征向量。这样求实对称阵 $\boldsymbol{A}$ 的特征值问题就转化成寻找正交矩阵 $\boldsymbol{R}$，使 $\boldsymbol{RAR}^{\mathrm{T}}=\boldsymbol{D}$ 为对角阵。

考查二阶实对称矩阵

$$\boldsymbol{A}=\begin{bmatrix} a_{11} & a_{12} \\ a_{21} & a_{22} \end{bmatrix} \tag{7-31}$$

其中 $a_{12}=a_{21}$，$a_{12}\neq 0$。我们的目的是寻找正交矩阵 $\boldsymbol{R}$ 使 $\boldsymbol{A}$ 经过正交相似变换约化为对角矩阵。考虑平面的上旋转变换

$$\boldsymbol{R}=\begin{bmatrix} \cos\theta & -\sin\theta \\ \sin\theta & \cos\theta \end{bmatrix} \tag{7-32}$$

矩阵 $\boldsymbol{R}$ 是正交矩阵，称为**平面旋转矩阵**。对矩阵 $\boldsymbol{A}$ 做正交相似变换

$$\boldsymbol{RAR}^{\mathrm{T}}=\begin{bmatrix} c_{11} & c_{12} \\ c_{21} & c_{22} \end{bmatrix} \tag{7-33}$$

其中

$$\begin{cases} c_{11}=a_{11}\cos^2\theta+a_{22}\sin^2\theta \\ c_{12}=c_{21}=\dfrac{1}{2}(a_{11}-a_{22})\sin 2\theta+a_{12}\sin 2\theta \\ c_{22}=a_{11}\sin^2\theta+a_{22}\cos^2\theta-a_{12}\cos 2\theta \end{cases} \tag{7-34}$$

如果选择 $\theta(|\theta|\leqslant\pi/4)$，使

$$\frac{1}{2}(a_{22}-a_{11})\sin 2\theta+a_{21}\cos 2\theta=0 \tag{7-35}$$

或

$$\cot 2\theta=\frac{a_{11}-a_{22}}{2a_{12}} \tag{7-36}$$

则有

$$\boldsymbol{RAR}^{\mathrm{T}}=\begin{bmatrix} c_{11} & 0 \\ 0 & c_{22} \end{bmatrix} \tag{7-37}$$

这样，即可将一个实对称阵 $\boldsymbol{A}$ 通过正交相似变换约化为对角矩阵。

为了把上述结果推广到一般情况，再考察一个具体例子。

例 7-4　已知实对称矩阵

$$\boldsymbol{A}=\begin{bmatrix} 3 & 2 & 1 \\ 2 & 3 & 1/2 \\ 1 & 1/2 & 1 \end{bmatrix} \tag{7-38}$$

解　对矩阵 $\boldsymbol{A}$ 做旋转变换 $\boldsymbol{R}_1$，使(1，2)和(2，1)处的元素为零。取

$$\boldsymbol{R}_1=\begin{bmatrix} \cos\theta_1 & -\sin\theta_1 & 0 \\ \sin\theta_1 & \cos\theta_1 & 0 \\ 0 & 0 & 1 \end{bmatrix} \tag{7-39}$$

由式(7-36)中 θ_1 满足

$$\cot 2\theta_1=\frac{a_{11}-a_{22}}{2a_{12}}=\frac{3-3}{2\times 2}=0 \tag{7-40}$$

由此得

$$\theta_1=\frac{\pi}{4} \tag{7-41}$$

代入式(7-39)得

$$\boldsymbol{R}_1=\begin{bmatrix} \sqrt{2}/2 & -\sqrt{2}/2 & 0 \\ \sqrt{2}/2 & \sqrt{2}/2 & 0 \\ 0 & 0 & 1 \end{bmatrix} \tag{7-42}$$

于是经过正交相似变换后

$$\boldsymbol{A}_1=\boldsymbol{R}_1^{\mathrm{T}}\boldsymbol{A}\boldsymbol{R}_1=\begin{bmatrix} 5 & 0 & \dfrac{3}{2\sqrt{2}} \\ 0 & 1 & -\dfrac{1}{2\sqrt{2}} \\ \dfrac{3}{2\sqrt{2}} & -\dfrac{1}{2\sqrt{2}} & 1 \end{bmatrix} \tag{7-43}$$

下面要分析经过一次正交相似变换后，矩阵 $\boldsymbol{A}$ 中元素的变化情况。

(1) 对角线上所有元素的平方和由 19 增加到 27，增加 8。

(2) 非对角线上所有元素的平方和由 10.5 减少到 2.5，减少 8。

类似地，对 $\boldsymbol{A}_1$ 再做一次正交相似变换有

$$\boldsymbol{A}_2=\boldsymbol{R}_2^{\mathrm{T}}\boldsymbol{A}_1\boldsymbol{R}_2=\begin{bmatrix} 5 & \dfrac{3}{4} & \dfrac{3}{4} \\ \dfrac{3}{4} & 1-\dfrac{1}{2\sqrt{2}} & 0 \\ \dfrac{3}{4} & 0 & 1+\dfrac{1}{2\sqrt{2}} \end{bmatrix} \tag{7-44}$$

这时对角线上所有元素的平方和较 $\boldsymbol{A}_1$ 增加了 0.25，达到 27.25，而非对角线上所有元素的平方和较 $\boldsymbol{A}_1$ 减少了 0.25，减少到 2.25。

上面的例子说明，实对称矩阵经过上述正交相似变换后，对角线上所有元素的平方和不断增加，非对角线上所有元素的平方和不断减少，减少的值和对角线上元素的增加值完全相等。事实上，可以证明，正交变换不改变矩阵所有元素平方和的值。另一方面，第二次变换后，上次变换后，化为零的元素又变成非零元素。但是随着变换的不断进行，对角线上所有元素的平方和持续增加，而非对角线上所有元素的平方和趋于零。

上述例子的做法，体现了雅可比方法的基本思想。将它推广一般情形。引进 $\boldsymbol{R}^n$ 中的平面旋转变换 $\boldsymbol{R}$

$$\boldsymbol{R}(i,\ j)=\begin{array}{c@{}l} \begin{array}{ccccccccccc} & & & i\text{列} & & & & j\text{列} & & & \end{array} & \\ \left[\begin{array}{ccccccccccc} 1 & & & & & & & & & & \\ & \ddots & & & & & & & & & \\ & & 1 & & & & & & & & \\ & & & \cos\theta & & & & \sin\theta & & & \\ & & & & 1 & & & & & & \\ & & & & & \ddots & & & & & \\ & & & & & & 1 & & & & \\ & & & -\sin\theta & & & & \cos\theta & & & \\ & & & & & & & & 1 & & \\ & & & & & & & & & \ddots & \\ & & & & & & & & & & 1 \end{array}\right] & \begin{array}{l} \\ \\ \\ i\text{行} \\ \\ \\ \\ j\text{行} \\ \\ \\ \\ \end{array} \end{array} \tag{7-45}$$

旋转矩阵 $\boldsymbol{R}(i,\ j)$ 有如下简单性质：

(1) $\boldsymbol{R}(i,\ j)$ 是正交矩阵；

(2) $\boldsymbol{R}^{\mathrm{T}}(i,\ j)\boldsymbol{A}\boldsymbol{R}(i,\ j)$ 只改变 $\boldsymbol{A}$ 的第 i 行、第 j 行、第 i 列、第 j 列元素。

如果记

$$\boldsymbol{C}=\boldsymbol{R}(i,\ j)^{\mathrm{T}}\boldsymbol{A}\boldsymbol{R}(i,\ j)=[c_{ij}]_{n\times n} \tag{7-46}$$

那么当 $k\neq i,\ j$ 时，有

$$\begin{cases} c_{ii}=a_{ii}\cos^2\theta+a_{jj}\sin^2\theta+2a_{ij}\sin\theta\cos\theta \\ c_{jj}=a_{ii}\sin^2\theta+a_{jj}\cos^2\theta-2a_{ij}\sin\theta\cos\theta \\ c_{ij}=c_{ji}=\dfrac{1}{2}(a_{jj}-a_{ii})\sin 2\theta+a_{ij}\cos 2\theta \\ c_{ik}=c_{ki}=a_{ik}\cos\theta+a_{jk}\sin\theta \\ c_{jk}=c_{kj}=a_{jk}\cos\theta-a_{ik}\sin\theta \\ c_{ki}=a_{ki}\cos\theta+a_{kj}\sin\theta \\ c_{kj}=a_{kj}\cos\theta-a_{ki}\sin\theta \\ c_{lk}=a_{lk} \end{cases} \tag{7-47}$$

（3）

$$\sum_{i=1}^{n}\sum_{j=1}^{n}c_{ij}^2=\sum_{i=1}^{n}\sum_{j=1}^{n}a_{ij}^2 \tag{7-48}$$

（4）

$$\begin{aligned} c_{ii}^2+c_{jj}^2=&a_{ii}^2+a_{jj}^2+4a_{ij}(a_{ii}-a_{jj})\sin\theta\cos\theta(\cos^2\theta-\sin^2\theta) \\ &+2(4a_{ij}^2-(a_{ii}-a_{jj})2)\sin^2\theta\cos^2\theta \end{aligned} \tag{7-49}$$

如果当 $a_{ij}\neq 0$，取 θ 满足

$$\frac{1}{2}(a_{jj}-a_{ii})\sin 2\theta+a_{ij}\cos 2\theta=0 \tag{7-50}$$

即

$$\cot 2\theta=\frac{a_{ii}-a_{jj}}{2a_{ij}} \tag{7-51}$$

并规定

$$\begin{cases} |\theta|\leqslant\dfrac{\pi}{4} \\ \theta=\dfrac{\pi}{4}, \quad a_{ij}>0 \\ \theta=-\dfrac{\pi}{4}, \quad a_{ij}<0 \end{cases} \tag{7-52}$$

那么有

$$c_{ij}=c_{ji}=0 \tag{7-53}$$

于是可以得到

$$\begin{cases} c_{ii}^2+c_{jj}^2=a_{ii}^2+a_{jj}^2+2a_{ij}^2 \\ c_{ik}^2+c_{jk}^2=a_{ik}^2+a_{jk}^2, \quad k\neq i,\ j \\ c_{lk}^2=a_{lk}^2, \quad l,\ k\neq i,\ j \end{cases} \tag{7-54}$$

由此可得，经过一次正交相似变换后，$\boldsymbol{C}$ 的对角线元素的平方和比 $\boldsymbol{A}$ 的对角线元素平方和增加了 $2a_{ij}^2$，$\boldsymbol{C}$ 的非对角线元素平方和比 $\boldsymbol{A}$ 的非对角线元素平方和减少了 $2a_{ij}^2$。

综上所述，可得雅可比方法的计算步骤。

算法 7-3(雅可比方法)

(1) 找出矩阵 $\boldsymbol{A}$ 中非对角元素中绝对值最大的元素，得到 i，j；

(2) 利用式(7-51)和式(7-52)计算 $\cot\theta$，并用 $\cot\theta$ 与 $\sin\theta$ 和 $\cos\theta$ 之间的关系求出 $\sin\theta$ 和 $\cos\theta$。

$$\begin{cases} y=|a_{ii}-a_{jj}|\dfrac{a_{ii}-a_{jj}}{2a_{ij}} \\ x=\operatorname{sign}(a_{ii}-a_{jj})\cdot 2a_{ij} \\ \cos\theta=1+\dfrac{y}{\sqrt{x^2+y^2}} \\ 2\sin\theta\cos\theta=\dfrac{x}{\sqrt{x^2+y^2}} \end{cases} \tag{7-55}$$

(3) 利用式(7-47)，计算 c_{ii}，c_{jj}，c_{ik} 和 $c_{jk}(k\neq i, j)$；

(4) 以 $\boldsymbol{C}$ 代替 $\boldsymbol{A}$，重复第 1 步至第 3 步，直至 $|a_{ij}|\leqslant\varepsilon(i\neq j)$。

(5) 特征向量的计算。

当 m 充分大时

$$\boldsymbol{R}_m^{\mathrm{T}}\boldsymbol{R}_{m-1}^{\mathrm{T}}\cdots\boldsymbol{R}_1^{\mathrm{T}}\boldsymbol{A}\boldsymbol{R}_1\cdots\boldsymbol{R}_{m-1}\boldsymbol{R}_m\approx\boldsymbol{D} \tag{7-56}$$

记

$$\boldsymbol{U}_m=\boldsymbol{R}_1\boldsymbol{R}_2\cdots\boldsymbol{R}_m \tag{7-57}$$

则 $\boldsymbol{U}_m$ 的列向量就是 $\boldsymbol{A}$ 的(近似)特征向量，记

$$\begin{cases} \boldsymbol{U}_0=\boldsymbol{I} \\ \boldsymbol{U}_k=\boldsymbol{U}_{k-1}\boldsymbol{R}_k \end{cases} \tag{7-58}$$

则有

$$\begin{cases} u_{li}^{(k)}=u_{li}^{(k-1)}\cos\theta+u_{lj}^{(k-1)}\sin\theta \\ u_{lj}^{(k)}=-u_{li}^{(k-1)}\sin\theta+u_{lj}^{(k-1)}\cos\theta \end{cases} \quad l=1,\ 2,\ \cdots,\ n \tag{7-59}$$

例 7-5　用雅可比方法计算如下对称阵 $\boldsymbol{A}$ 的特征值，精度 $\varepsilon=0.05$。

$$A=\begin{bmatrix} 2 & \boxed{-1} & 0 \\ -1 & 2 & -1 \\ 0 & -1 & 2 \end{bmatrix} \tag{7-60}$$

解　第 1 步　找出矩阵 $\boldsymbol{A}$ 中非对角元素中绝对值最大的元素，这里取 $a_{12}=-1$，则

$$\begin{cases} i=1 \\ j=2 \end{cases} \tag{7-61}$$

由式(7-51)得

$$\cot 2\theta=\frac{a_{ii}-a_{jj}}{2a_{ij}}=\frac{a_{11}-a_{22}}{2a_{12}}=\frac{2-2}{2\times(-1)}=0 \tag{7-62}$$

根据式(7-52)得 $\theta=-\pi/4$，那么

$$\sin\theta = -0.707\ 106\ 78,\quad \cos\theta = 0.707\ 106\ 78 \tag{7-63}$$

由式(7-47)得

$$\begin{gathered} c_{11}=3,\ c_{22}=1,\ c_{12}=c_{21}=0 \\ c_{13}=c_{31}=0.707\ 106\ 78 \\ c_{23}=c_{32}=-0.707\ 106\ 78,\ c_{33}=2 \end{gathered} \tag{7-64}$$

则得到矩阵

$$\boldsymbol{C}=\begin{bmatrix} 3 & 0 & 0.707\ 106\ 78 \\ 0 & 1 & -0.707\ 106\ 78 \\ 0.707\ 106\ 78 & -0.707\ 106\ 78 & 2 \end{bmatrix} \tag{7-65}$$

同时

$$\boldsymbol{U}_1=\boldsymbol{CI}=\begin{bmatrix} 3 & 0 & 0.707\ 106\ 78 \\ 0 & 1 & -0.707\ 106\ 78 \\ 0.707\ 106\ 78 & -0.707\ 106\ 78 & 2 \end{bmatrix} \tag{7-66}$$

第 2 步　找出矩阵 $\boldsymbol{C}$ 中非对角元素中绝对值最大的元素，这里取 $c_{13}=-\sqrt{2}/2$，则

$$\begin{cases} i=1 \\ j=3 \end{cases} \tag{7-67}$$

而

$$\cot 2\theta = -\frac{1}{\sqrt{2}} \tag{7-68}$$

则得

$$\sin\theta=-0.459\ 702\ 5,\quad \cos\theta=0.888\ 073\ 8 \tag{7-69}$$

于是

$$\begin{gathered} c_{11}=3.366\ 030\ 3,\ c_{33}=1.633\ 977\ 1 \\ c_{13}=c_{31}=0,\ c_{12}=c_{21}=0.325\ 058\ 8 \\ c_{32}=c_{23}=-0.627\ 963\ 0,\ c_{22}=1 \end{gathered} \tag{7-70}$$

则得矩阵

$$\boldsymbol{C}_1=\begin{bmatrix} 3.366\ 030\ 3 & 0.325\ 058\ 8 & 0 \\ 0.325\ 058\ 8 & 1 & -0.627\ 963\ 0 \\ 0 & -0.627\ 963\ 0 & 1.633\ 979\ 7 \end{bmatrix} \tag{7-71}$$

同时有

$$\boldsymbol{U}_2=\boldsymbol{U}_1\boldsymbol{C}_1=\begin{bmatrix} 10.098\ 090\ 9 & 0.531\ 139\ 5 & 1.155\ 398\ 1 \\ 0.325\ 058\ 8 & 1.444\ 036\ 9 & -1.783\ 361\ 1 \\ 2.150\ 291\ 6 & -1.733\ 181\ 5 & 3.711\ 996\ 3 \end{bmatrix} \tag{7-72}$$

第 3 步　找出矩阵 $\boldsymbol{C}_1$ 中非对角元素中绝对值最大的元素，这里取 $c_{23}=-0.627\ 963\ 0$，则

$$\begin{cases} i=2 \\ j=3 \end{cases} \tag{7-73}$$

而

$$\cot 2\theta = 0.5047906 \tag{7-74}$$

于是有

$$\sin\theta = 0.5241032,\ \cos\theta = 0.8516547 \tag{7-75}$$

经计算得

$$\begin{aligned} &c_{11} = 3.3660303,\ c_{22} = 0.613555 \\ &c_{33} = 2.0204241,\ c_{23} = c_{32} = 0 \\ &c_{21} = c_{12} = 0.2768379 \\ &c_{31} = c_{13} = -0.1703644 \end{aligned} \tag{7-76}$$

则得矩阵

$$C_2 = \begin{bmatrix} 3.3660303 & 0.2768379 & -0.1703644 \\ 0.2768379 & 0.613555 & 0 \\ -0.1703644 & 0 & 2.0204241 \end{bmatrix} \tag{7-77}$$

同时

$$U_3 = U_2 C_2 = \begin{bmatrix} 33.9406808 & 3.1214176 & 0.614039 \\ 1.7977431 & 0.9759847 & -3.6585242 \\ 6.1257444 & -0.46812 & -3.8680948 \end{bmatrix} \tag{7-78}$$

第 4 步　找出矩阵 $\boldsymbol{C}_2$ 中非对角元素中绝对值最大的元素，这里取 $c_{12} = 0.2768379$，则

$$\begin{cases} i = 1 \\ j = 2 \end{cases} \tag{7-79}$$

而

$$\cot 2\theta = 4.9712762 \tag{7-80}$$

于是

$$\sin\theta = 0.0995804,\ \cos\theta = 0.9950784 \tag{7-81}$$

从而

$$\begin{aligned} &c_{11} = 3.3935976,\ c_{22} = 0.5859873 \\ &c_{33} = 2.0204241,\ c_{12} = c_{21} = 0, \\ &c_{13} = c_{31} = -0.169526,\ c_{23} = c_{32} = 0.0168815 \end{aligned} \tag{7-82}$$

则得矩阵

$$C_3 = \begin{bmatrix} 3.3935976 & 0 & -0.169526 \\ 0 & 0.5859873 & 0.0168815 \\ -0.169526 & 0.0168815 & 2.0204241 \end{bmatrix} \tag{7-83}$$

同时

$$U_4 = U_3 C_3 = \begin{bmatrix} 115.0769173 & 1.839477 & 4.4605144 \\ 6.7210316 & 0.5101533 & -7.6800586 \\ 21.4440541 & -0.3396116 & -8.8615675 \end{bmatrix} \tag{7-84}$$

第 5 步　找出矩阵 $\boldsymbol{C}_3$ 中非对角元素中绝对值最大的元素，这里取 $c_{13}=-0.169\,526$，则

$$\begin{cases} i=1 \\ j=3 \end{cases} \tag{7-85}$$

因为

$$\cot 2\theta=-4.050\,038 \tag{7-86}$$

从而有

$$\sin\theta=-0.120\,739\,5,\quad \cos\theta=0.992\,684\,2 \tag{7-87}$$

于是得

$$\begin{aligned} &c_{11}=3.414\,216\,7,\quad c_{22}=0.585\,987\,3 \\ &c_{33}=1.999\,804\,8,\quad c_{13}=c_{31}=0 \\ &c_{32}=c_{23}=0.016\,758,\quad c_{12}=c_{21}=-0.203\,826\,4\times10^{-2} \end{aligned} \tag{7-88}$$

得矩阵

$$\boldsymbol{C}_4=\begin{bmatrix} 3.414\,216\,7 & 0.203\,826\,4\times10^{-2} & 0 \\ 0.203\,826\,4\times10^{-2} & 0.585\,987\,3 & 0.016\,758 \\ 0 & 0.016\,758 & 1.999\,804\,8 \end{bmatrix} \tag{7-89}$$

同时有

$$\boldsymbol{U}_5=\boldsymbol{U}_4\boldsymbol{C}_4=\begin{bmatrix} 392.901\,282\,2 & 1.387\,216\,6 & 8.950\,984\,1 \\ 22.948\,098\,2 & 0.183\,940\,2 & -15.350\,068\,9 \\ 73.213\,955\,4 & -0.303\,801\,6 & -17.727\,096\,4 \end{bmatrix} \tag{7-90}$$

由于 $\boldsymbol{C}_4$ 非对角线上的元素的绝对值都小于 0.05，所以 $\boldsymbol{A}$ 的特征值的近似值为

$$\begin{cases} \lambda_1\approx3.414\,216\,7 \\ \lambda_2\approx1.999\,804\,8 \\ \lambda_3\approx0.585\,987\,3 \end{cases}$$

对应的特征向量是矩阵 $\boldsymbol{U}_5$ 的列向量

$$\begin{cases} \boldsymbol{u}_1=(392.901\,282\,2,\ 22.948\,098\,2,\ 73.213\,955\,4)^{\mathrm{T}} \\ \boldsymbol{u}_2=(1.387\,216\,6,\ 0.183\,940\,2,\ -0.303\,801\,6)^{\mathrm{T}} \\ \boldsymbol{u}_3=(8.950\,984\,1,\ -15.350\,068\,9,\ -17.727\,096\,4)^{\mathrm{T}} \end{cases}$$

定理 7-1(雅可比方法的收敛性)　设 $\boldsymbol{A}=[a_{ij}]_{n\times n}$ 为实对称矩阵，对 $\boldsymbol{A}$ 施行上述一系列平面旋转相似变换

$$\boldsymbol{A}_m=\boldsymbol{R}_m^{\mathrm{T}}\boldsymbol{A}_{m-1}\boldsymbol{R}_m \tag{7-91}$$

则

$$\lim_{m\to\infty}\boldsymbol{A}_m=\boldsymbol{D} \tag{7-92}$$

其中 $\boldsymbol{D}$ 是对角矩阵。

证明　记 $\boldsymbol{A}_m=(a_{lk}^{(m)})_n, S_m=\sum\limits_{n}(a_{lk}^{(m)})^2$，那么根据式(7-55)

$$S_{m+1}=S_m-2(a_{ij}^{(m)})^2 \tag{7-93}$$

其中

$$|a_{ij}^{(m)}|=\max_{l\neq k}|a_{lk}^{(m)}| \tag{7-94}$$

又由于

$$S_m=\sum_{n}(a_{lk}^{(m)})^2\leqslant n(n-1)(a_{ij}^{(m)})^2 \tag{7-95}$$

即

$$\frac{S_m}{n(n-1)}\leqslant(a_{ij}^{(m)})^2 \tag{7-96}$$

于是得

$$S_{m+1}\leqslant S_m\left(1-\frac{2}{n(n-1)}\right) \tag{7-97}$$

反复应用上式，则有

$$S_{m+1}\leqslant S_0\left(1-\frac{2}{n(n-1)}\right)^{m+1} \tag{7-98}$$

因此

$$\lim_{m\to\infty}S_m=0 \tag{7-99}$$

式(7-99)表明，$\boldsymbol{A}_m$ 的非对角线上所有元素的平方和趋于零，因此式(7-92)成立。证毕。

雅可比方法是一个求对称矩阵 $\boldsymbol{A}$ 的全部特征值及特征向量的迭代方法，精确度较高，但计算量较大，对稀疏带状矩阵经过平面变换后其稀疏带状将被破坏。

二、雅可比过关法

雅可比方法在每次变换前，首先要找出非对角元素中按模最大者，这需要花费大量机器时间，因此后来又提出了不少改进算法，雅可比过关法就是其中之一。

首先计算 $\boldsymbol{A}$ 的非对角元素平方和

$$v_0=\left(2\sum_{l=2}^{n}\sum_{k=1}^{l-1}a_{lk}^2\right)^{\frac{1}{2}}=(S(\boldsymbol{A}))^{\frac{1}{2}} \tag{7-100}$$

设置阀值 $v_1=v_0/n$，在 $\boldsymbol{A}$ 的非对角线元素中按行(或列)扫描，即按下述元素次序逐次比较

$$a_{12},\ a_{13},\ \cdots,\ a_{1n},\ a_{23},\ \cdots,\ a_{2n},\ \cdots,\ a_{nn} \tag{7-101}$$

如果非对角元素 $|a_{ij}|\leqslant v_1$，则选适当的平面旋转矩阵 $\boldsymbol{R}(i,\ j)$ 使 a_{ij} 化为零，否则让元素 a_{ij} 过关(不进行平面旋转变换)。注意某次消失了的元素，可能在以后的旋转变换中又复增长，因此要经过多遍扫描(重复上述过程)，一直约化到 $\boldsymbol{A}_m=[a_{lk}^{(m)}]_{n\times n}$ 满足

$$|a_{ij}^{(m)}|<v_1(i\neq j) \tag{7-102}$$

再设第 2 个阀值 $v_2=v_1/n$，重复 1 的步骤，经过多遍扫描直到 $\boldsymbol{A}_r=[a_{ik}^{(r)}]_{n\times n}$ 的所有非对角元素都满足

$$|a_{ij}^{(r)}|<v_2(i\neq j) \tag{7-103}$$

重复上述过程，经过一系列的阀值 v_3，v_4，…，v_f，直到 $v_f\leqslant v_0\rho/n$ 为止，其中 ρ 为给定的精度要求。

如果 $\boldsymbol{A}$ 经过一系列的阀值 v_1，…，v_f，经正交相似约化为 $\boldsymbol{A}_t=[a_{lk}^{(t)}]_{n\times n}$，且

$$|a_{ij}^{(t)}|<v_f\leqslant\left(\frac{\rho}{n}\right),\ i\neq j \tag{7-104}$$

则

$$\frac{S(\boldsymbol{A}_t)}{S(\boldsymbol{A})}<\rho^2 \tag{7-105}$$

事实上

$$S(\boldsymbol{A}_t)=\sum_{l\neq k}(a_{lk}^{(t)})^2\leqslant n(n-1)v_f^2<n^2v_f^2\leqslant\rho^2v_0^2 \tag{7-106}$$

第四节　QR 算法

QR 方法是目前计算中小型矩阵全部特征值问题的最有效方法之一，也是一种变换方法。首先，将原始矩阵变换成上 Hessenberg 矩阵 $\boldsymbol{B}$(或对称三对角阵)，然后再用 **QR** 方法计算 $\boldsymbol{B}$ 的全部特征值问题。**QR** 方法具有收敛快，算法稳定等特点。

设矩阵 $\boldsymbol{A}=[a_{ij}]_{n\times n}$是非奇异矩阵，那么可以通过将 $\boldsymbol{A}$ 的列正交化，得到 $\boldsymbol{A}$ 的正交三角分解

$$\boldsymbol{A}=\boldsymbol{QR} \tag{7-107}$$

其中 $\boldsymbol{Q}$ 是正交矩阵，$\boldsymbol{R}$ 是上 Hessenberg 矩阵。如果选 $\boldsymbol{R}$ 的对角线上所有元素大于零，这个分解唯一。

设 $\boldsymbol{A}_1=\boldsymbol{A}$，对 $\boldsymbol{A}_1$ 做 **QR** 分解有

$$\boldsymbol{A}_1=\boldsymbol{Q}_1\boldsymbol{R}_1 \tag{7-108}$$

令

$$\boldsymbol{A}_2=\boldsymbol{R}_1\boldsymbol{Q}_1 \tag{7-109}$$

由式(7-108)可得

$$\boldsymbol{R}_1=\boldsymbol{Q}_1^{\boldsymbol{H}}\boldsymbol{A}_1 \tag{7-110}$$

代入式(7-109)有

$$\boldsymbol{A}_2=\boldsymbol{Q}_1^{\boldsymbol{H}}\boldsymbol{A}_1\boldsymbol{Q}_1 \tag{7-111}$$

这说明，$\boldsymbol{A}_1$ 和 $\boldsymbol{A}_2$ 有相同的特征值。

更进一步地，对 $k=1$，2，…，对 $\boldsymbol{A}_k$ 做 **QR** 分解

$$\boldsymbol{A}_k=\boldsymbol{Q}_k\boldsymbol{R}_k \tag{7-112}$$

并令

$$\boldsymbol{A}_{k+1}=\boldsymbol{R}_k\boldsymbol{Q}_k \tag{7-113}$$

有结论表明，在一定条件下，$\boldsymbol{A}_k$ 的对角元以下的元素都趋于零，即 $\boldsymbol{A}_k$ 趋于一个上 Hessenberg 矩阵。

把矩阵 $\boldsymbol{A}$ 约化为上 Hessenberg 矩阵，然后求矩阵的特征值和对应的特征向量，就是 **QR** 方法的基本思路。

用平面旋转矩阵

$$
\boldsymbol{R}(i,\ j)=\begin{bmatrix}
1 & & & & & & & & & \\
 & \ddots & & & & & & & & \\
 & & 1 & & & & & & & \\
 & & & \cos\theta & & & \sin\theta & & & \\
 & & & & 1 & & & & & \\
 & & & & & \ddots & & & & \\
 & & & & & & 1 & & & \\
 & & & -\sin\theta & & & \cos\theta & & & \\
 & & & & & & & 1 & & \\
 & & & & & & & & \ddots & \\
 & & & & & & & & & 1
\end{bmatrix}\begin{matrix} \\ \\ \\ i\text{行} \\ \\ \\ \\ j\text{行} \\ \\ \\ \\ \end{matrix} \tag{7-114}
$$

（上方标注：i 列、j 列）

左乘 $\boldsymbol{A}$，可以将 $\boldsymbol{A}$ 第 i 行第 j 列的元素化为零。事实上，记 $\boldsymbol{R}(i,\ j)\boldsymbol{A}=[a_{ij}^{(1)}]_{n\times n}$ 有

$$
a_{ji}^{(1)}=-a_{ii}\sin\theta+a_{ji}\cos\theta \tag{7-115}
$$

于是如果 θ 满足

$$
\tan\theta=\frac{a_{ji}}{a_{ii}} \tag{7-116}
$$

那么有

$$
a_{ji}^{(1)}=0 \tag{7-117}
$$

因此可以用一系列的旋转变换，将 $\boldsymbol{A}$ 变换成上三角矩阵。

算法 7-4(矩阵 A 的 QR 分解算法)

(1) 记 $\boldsymbol{A}=\boldsymbol{A}_1=[a_{ij}^{(1)}]_{n\times n}$。

(2) 对于 $i=1,\ 2,\ \cdots,\ n-1$，令 $\boldsymbol{R}(i,\ j)$ 是满足使 $\boldsymbol{R}(i,\ j)\boldsymbol{A}_i$ 的第 i 列 j 行元素为零的旋转矩阵，令

$$
\boldsymbol{R}(i,\ n)\boldsymbol{R}(i,\ n-1)\cdots\boldsymbol{R}(i,\ i+1)\boldsymbol{A}_i=\begin{bmatrix}
a_{11}^{(1)} & \cdots & \cdots & \cdots & \cdots & a_{1,n}^{(1)} \\
 & \ddots & & & & \vdots \\
 & & a_{i,i}^{(i)} & a_{i,i+1}^{(i)} & \cdots & a_{i,n}^{(i)} \\
 & & & a_{i+1,i+1}^{(i+1)} & \cdots & a_{i+1,n}^{(i+1)} \\
 & & & \vdots & & \vdots \\
 & & & a_{n,i+1}^{(i+1)} & \cdots & a_{n,n}^{(i+1)}
\end{bmatrix}=\boldsymbol{A}_{i+1} \tag{7-118}
$$

及

$$
\boldsymbol{Q}_i^{-1}=\boldsymbol{R}(i,\ n)\boldsymbol{R}(i,\ n-1)\cdots\boldsymbol{R}(i,\ i+1) \tag{7-119}
$$

(3)

$$
\boldsymbol{A}=\boldsymbol{Q}_1\cdots\boldsymbol{Q}_{n-1}\boldsymbol{A}_n=\boldsymbol{Q}\boldsymbol{A}_n=\boldsymbol{Q}\boldsymbol{R} \tag{7-120}
$$

其中

$$\boldsymbol{Q}_i=\boldsymbol{R}^{\mathrm{T}}(i,\ i+1)\cdots\boldsymbol{R}^{\mathrm{T}}(i,\ n-1)\boldsymbol{R}^{\mathrm{T}}(i,\ n) \tag{7-121}$$

考虑到 $\boldsymbol{R}(i,\ j)$ 是正交矩阵，因此 $\boldsymbol{R}^{\mathrm{T}}(i,\ j)$ 也是正交矩阵，从而 $\boldsymbol{Q}_i$ 是正交矩阵，更进一步地，$\boldsymbol{Q}$ 是正交矩阵。这说明，用上述算法，将矩阵 $\boldsymbol{A}$ 约化成一个正交矩阵和一个上三角矩阵的乘积，而且这种分解是唯一的。

事实上，假定 $\boldsymbol{A}$ 还有另一种分解

$$\boldsymbol{A}=\tilde{\boldsymbol{Q}}\tilde{\boldsymbol{R}} \tag{7-122}$$

则有

$$\boldsymbol{QR}=\tilde{\boldsymbol{Q}}\tilde{\boldsymbol{R}} \tag{7-123}$$

考虑到 $\boldsymbol{A}$ 非奇异，则有 $\boldsymbol{R}$ 及 $\tilde{\boldsymbol{R}}$ 非奇异，于是有

$$\boldsymbol{Q}^{-1}\tilde{\boldsymbol{Q}}=\boldsymbol{R}\tilde{\boldsymbol{R}}^{-1} \tag{7-124}$$

由于 $\boldsymbol{Q}^{-1}\tilde{\boldsymbol{Q}}$ 是正交矩阵，而 $\boldsymbol{R}\tilde{\boldsymbol{R}}^{-1}$ 是上三角矩阵，因此

$$\boldsymbol{Q}^{-1}\tilde{\boldsymbol{Q}}=\boldsymbol{I} \tag{7-125}$$

这说明

$$\boldsymbol{Q}=\tilde{\boldsymbol{Q}},\ \boldsymbol{R}=\tilde{\boldsymbol{P}} \tag{7-126}$$

因此 **QR** 分解是唯一的。

算法 7-5(QR 算法)

(1) 设 $\boldsymbol{A}=\boldsymbol{A}_1=[a_{ij}]_{n\times n}$。

(2) 对于 $k=1,\ 2,\ \cdots$

① 做 $\boldsymbol{A}_k$ 的 **QR** 分解；

$$\boldsymbol{A}_k=\boldsymbol{Q}_k\boldsymbol{R}_k \tag{7-127}$$

② 令

$$\boldsymbol{A}_k=\boldsymbol{R}_k\boldsymbol{Q}_k \tag{7-128}$$

如果 $\|\boldsymbol{A}_{k+1}\|\leqslant\varepsilon$，计算中止，否则继续计算。

例 7-6　用 **QR** 算法计算对称三对角矩阵的全部特征值

$$\boldsymbol{A}=\boldsymbol{A}_1=\begin{bmatrix}2&1&0\\1&3&1\\0&1&4\end{bmatrix}$$

解　采用第一种选位移方法，即选 $s_k=a_{nn}^{(k)}$；又 $s_1=4$。

$$\boldsymbol{P}_{23}\boldsymbol{P}_{12}(\boldsymbol{A}_1-s_1\boldsymbol{I})=\boldsymbol{R}=\begin{bmatrix}2.236\,1&-1.342&0.447\,2\\&1.095\,4&-0.365\,1\\&&0.816\,5\end{bmatrix}$$

$$\boldsymbol{A}_2=\boldsymbol{R}\boldsymbol{P}_{12}^{\mathrm{T}}\boldsymbol{P}_{23}^{\mathrm{T}}+s_1\boldsymbol{I}=\begin{bmatrix}1.400\,0&0.489\,9&0\\0.489\,9&3.266\,7&0.745\,4\\0&0.745\,4&4.333\,3\end{bmatrix}$$

$$A_3=\begin{bmatrix}1.2915 & 0.2017 & 0\\ 0.2017 & 3.0202 & 0.2724\\ 0 & 0.2724 & 4.6884\end{bmatrix},\ A_4=\begin{bmatrix}1.2737 & 0.0993 & 0\\ 0.0993 & 2.9943 & 0.0072\\ 0 & 0.0072 & 4.7320\end{bmatrix}$$

$$A_5=\begin{bmatrix}1.2694 & 0.0498 & 0\\ 0.0498 & 2.9986 & 0\\ 0 & 0 & \boxed{4.7321}\end{bmatrix},\ \tilde{A}_5=\begin{bmatrix}1.2694 & 0.0498\\ 0.0498 & 2.9986\end{bmatrix}$$

现在收缩，继续对 A_5 的子矩阵 $A_5\in R^{2\times2}$ 进行变换，得到

$$\tilde{A}_6=P_{12}(\tilde{A}_5-s_5I)P_{12}^{\mathrm{T}}=\begin{bmatrix}\boxed{1.2680} & -4\times10^{-5}\\ -4\times10^{-5} & \boxed{3.0000}\end{bmatrix}$$

故求得 A 近似特征值为 $\lambda_1\approx4.7321$，$\lambda_2\approx3.0000$，$\lambda_3\approx1.2680$，且 A 的特征值是

$$\lambda_1=3+\sqrt{3}\approx4.7321,\ \lambda_2=3.0,\ \lambda_3=3-\sqrt{3}\approx1.2679$$

本章小结

求矩阵特征值和对应特征向量的方法一般有两大类：迭代法和变换法。

幂法和反幂法属于迭代法。幂法主要用于求矩阵按模最大的特征值和对应的特征向量，尤其适用于求大型稀疏矩阵的特征值和对应的特征向量。但是幂法的收敛速度与特征值的模有关，因此收敛速度有时非常低，常常需要采取一些加速手段，本章介绍了瑞利商加速的方法。反幂法是幂法的逆，一般用于求矩阵按模最小的特征值及对应的特征向量。但每次迭代都需要解线性方程组，计算量较大。

雅可比方法和 QR 方法是变换法。雅可比方法主要用于求中小型实对称矩阵的全部特征值及对应的特征向量，并且求出的特征向量具有正交性。但是变换将破坏原矩阵的稀疏性，计算量较大。

QR 方法主要用于求大型矩阵的全部特征值，本章是用平面旋转的方法进行矩阵 QR 分解，事实上，用反射变换效率更高。

思考题

7-1 幂法和反幂法的思想是什么，它们分别适用求矩阵的哪些特征值和对应的特征向量?

7-2 雅可比方法的基本思想是什么，雅可比过关法的优点是什么?

7-3 QR 方法的基本原理是什么?

习题七

7-1　用幂法计算矩阵

$$A=\begin{bmatrix}3 & 7 & 9\\ 7 & 4 & 3\\ 9 & 3 & 8\end{bmatrix}$$

的按模最大的特征值及对应的特征向量，精度 $\varepsilon=0.005$。

7-2　对第 7-1 题中的矩阵，用 Rayleigh 商加速法求按模最大的特征值。

7-3　用雅可比法求下列矩阵的特征值和对应的特征向量。

$$A=\begin{bmatrix}1.00 & 1.00 & 0.50\\ 1.00 & 1.00 & 0.25\\ 0.50 & 0.25 & 2.00\end{bmatrix}$$

7-4　用 QR 方法求下列矩阵的特征值。

$$A=\begin{bmatrix}2 & 1 & 0\\ 1 & 3 & 1\\ 0 & 1 & 4\end{bmatrix}$$

上机实验

实验 7-1　用幂法计算 $A=\begin{bmatrix}2 & -1 & 0\\ -1 & 2 & -1\\ 0 & -1 & 2\end{bmatrix}$ 的主特征值和相应的特征向量。

上机实验参考程序

以下提供的所有上机实验参考程序都可在 dev C++环境下正常运行，如选择其他编程语言，请参考修改。

实验 1-1 对 $n=0, 1, \cdots, 20$，采用下面两种递推公式计算定积分 $I_n = \int_0^1 \frac{x^n}{x+5}dx$，并根据计算结果分析这两种算法的稳定性。

算法 1 利用递推公式

$$y_n = \frac{1}{n} - 5y_{n-1} (n=1, 2, \cdots, 20)$$

取

$$y_0 = \int_0^1 \frac{1}{x+5}dx = \ln 6 - \ln 5 \approx 0.182\ 322$$

算法 1 的参考程序和运行结果

```
#include <stdio. h>
#include <conio. h>
#include <math. h>
int main( )
{
    float y_0=log(6. 0)- log(5. 0), y_1;
    int n=1;
    printf("y[0]=%- 20f", y_0);
    while(1)
    {
        y_1=1. 0/n- 5*y_0;
        printf("y[%d]=%- 20f", n, y_1);
        if (n>=20) break;
        y_0=y_1;
        n++;
        if (n%3==0)
        printf("\n");
    }
    getch( );
return 0;
```

```
}
```

运行结果如下：

y[0]=0. 182322, y[1]=0. 088392, y[2]=0. 058039,
y[3]=0. 043138, y[4]=0. 034309, y[5]=0. 028457,
y[6]=0. 024381, y[7]=0. 020951, y[8]=0. 020245,
y[9]=0. 009886, y[10]=0. 050570, y[11]=- 0. 161940,
y[12]=0. 893034, y[13]=- 4. 388246, y[14]=22. 012659,
y[15]=- 109. 996628, y[16]=550. 045654, y[17]=- 2750. 169434,
y[18]=13750. 903320, y[19]=- 68754. 460938, y[20]=343772. 375000.

算法 2 利用递推公式

$$y_{n-1}=\frac{1}{5}\left(\frac{1}{n}-y_n\right)(n=20, 19, \cdots, 1)$$

注意到

$$\frac{1}{126}=\frac{1}{6}\int_0^1 x^{20}\mathrm{d}x \leqslant \int_0^1 \frac{x^{20}}{x+5}\mathrm{d}x \leqslant \frac{1}{5}\int_0^1 x^{20}\mathrm{d}x=\frac{1}{105}$$

取

$$y_{20}\approx\frac{1}{2}\left(\frac{1}{105}+\frac{1}{126}\right)\approx 0.008\ 730$$

算法 2 的参考程序和运行结果

```
#include <stdio. h>
#include <conio. h>
#include <math. h>
int main( )
{
    float y_0=(1/105. 0+1/126. 0)/2, y_1;
    int n=20;
    printf("y[20]=%-20f", y_0);
    while(1)
    {
        y_1=1/(5. 0*n)-y_0/5. 0;
        printf("y[%d]=%-20f", n-1, y_1);
        if (n<=1) break;
        y_0=y_1;
        n--;
        if(n%3==0)
        printf("\n");
```

```
        }
        getch( );
        return 0;
}
```

运行结果如下：

y[20]=0. 008730,	y[19]=0. 008254,	y[18]=0. 008876,
y[17]=0. 009336,	y[16]=0. 009898,	y[15]=0. 010520,
y[14]=0. 011229,	y[13]=0. 012040,	y[12]=0. 012977,
y[11]=0. 014071,	y[10]=0. 015368,	y[9]=0. 016926,
y[8]=0. 018837,	y[7]=- 0. 021233,	y[6]=0. 024325,
y[5]=0. 028468,	y[4]=0. 034306,	y[3]=0. 043139,
y[2]=0. 058039,	y[1]=0. 088392,	y[0]=0. 182322.

实验 2-1 用牛顿迭代法求方程 $f(x)=x^3-x-1=0$ 在 $x_0=1.5$ 附近的根，要求精确到 10^{-4}，输出每次的迭代结果并统计所用的迭代次数。

参考程序和运行结果

```
#include <math. h>
#include <stdio. h>
float f (float x)
{
        float f;
        f=x*x*x- x- 1;
        return(f);
}
float df(float x)
{
        float df;
        df=3*x*x- 1;
        return(df);
}
int main( )
{
        float x0, x1, d, eps;
        int k=0;
        printf("Please input x0:");
        scanf("%f", &x0);
```

```
    printf("Please input eps:");
    scanf("%f", &eps);
    printf("k, xk\n");
    printf("----------------------------------------\n");
    printf("%d, %f\n", k, x0);
    do
    {
      d=-f(x0)/df(x0);
      x1=x0+d;
      k++;
      x0=x1;
      printf("%d, %f\n", k, x0);
    }
    while(fabs(d)>eps);
    printf("----------------------------------------\n");
    printf("The root of the equation is x=%f      k=%d\n", x1, k);
    return 0;
}
```

运行结果如下：

```
Please input x0: 1.5
Please input eps: 0.0001
k         xk
----------------------------------------
0         1.500000
1         1.347826
2         1.325200
3         1.324718
4         1.324718
----------------------------------------
The root of the equation is x=1.324718      k=4
```

实验 2-2　用埃特金加速法求实验 2-1 中方程的根，并与实验 2-1 的结果比较，看哪种方法的收敛速度更快。

参考程序和运行结果

```
#include <math.h>
#include <stdio.h>
#define KMAX 50
```

```
float g(float x)
{
    float g;
    g=x*x*x-1;
    return(g);
}
void aitken(float x, float eps)
{
    float x0, y, z;
    int k=0;
    do
    {
        x0=x; y=g(x0); z=g(y);
        x=z-((z-y)*(z-y))/(z-2*y+x0);
        k++;
        printf("%d, %f\n", k, x);
    }
    while((fabs(x-x0)>eps)||(k==KMAX));
    if (k==KMAX)
        printf("Iteration fault! \n");
    else
        printf("-------------------------------------\n");
        printf("The root of the equation is x=%f      k=%d\n", x, k);
}
int main( )
{
    float x, eps;
    printf("Please input x:");
    scanf("%f", &x);
    printf("Please input eps:");
    scanf("%f", &eps);
    printf("k, xk\n");
    printf("-------------------------------------\n");
    printf("%d, %f\n", 0, x);
    aitken(x, eps);
    return 0;
}
```

运行结果如下：

```
Please input x0: 1.5
Please input eps: 0.0001
k         xk
------------------------------------
0          1.500000
1          1.416293
2          1.355650
3          1.328949
4          1.324805
5          1.324718
------------------------------------
The root of the equation is x=1.324718      k=5
```

实验 3-1 用列主元消去法求解如下方程组。

$$\begin{cases} x_1+2x_2+3x_3=14 \\ 2x_1+5x_2+2x_3=18 \\ 3x_1+x_2+5x_3=20 \end{cases}$$

参考程序和运行结果

```
#include <stdio.h>
#include <conio.h>
#include <math.h>
#include <iostream>
int main( )
{
      int i;
      float *x;
      float c[3][4]={1, 2, 3, 14,
                     2, 5, 2, 18,
                     3, 1, 5, 20};
      float *ColPivot(float *, int);
      x=ColPivot(c[0], 3);
      for (i=0; i<=2; i++)
            printf("x[%i]=%f\n", i, x[i]);
      return 0;
}
```

```
float *ColPivot(float *c, int n)
{
    int i, j, t, k;
    float *x, p;
    x= new float[n];
    for (i=0; i<=n-2; i++)
    {
        k=i;
        for (j=i+1; j<=n-1; j++)
        {
            if (fabs(*(c+j*(n+1)+i))>(fabs(*(c+k*(n+1)+i))))
                k=j;
            else if (k! =i)
                for (j=i; j<=n; j++)
                {
                    p=*(c+i*(n+1)+j);
                    *(c+i*(n+1)+j)=*(c+k*(n+1)+j);
                    *(c+k*(n+1)+j)=p;
                }
                for (j=i+1; j<=n-1; j++)
                {
                    p=(*(c+j*(n+1)+i))/(*(c+i*(n+1)+i));
                    for (t=i; t<=n; t++)
                    {
                        *(c+j*(n+1)+t)- =p*(*(c+i*(n+1)+t));
                    }
                }
        }
    }
    for (i=n-1; i>=0; i--)
    {
        for (j=n-1; j>=i+1; j--)
        {
            (*(c+i*(n+1)+n))- =x[j]*(*(c+i*(n+1)+j));
        }
        x[i]=*(c+i*(n+1)+n)/(*(c+i*(n+1)+i));
    }
```

```
    return x;
}
```

运行结果如下：

```
x[0]=1.000000
x[1]=2.000000
x[2]=3.000000
```

实验 3-2 用直接三角分解法求如下方程组的解。

$$\begin{bmatrix}1 & 2 & 3\\2 & 5 & 2\\3 & 1 & 5\end{bmatrix}\begin{bmatrix}x_1\\x_2\\x_3\end{bmatrix}=\begin{bmatrix}14\\18\\20\end{bmatrix}$$

参考程序和运行结果

```
#include <stdio.h>
#include <conio.h>
#include <iostream>
int main( )
{
    float *x;
    int i;
    float a[3][4]={1.0, 2.0, 3.0, 14.0,
                   2.0, 5.0, 2.0, 18.0,
                   3.0, 1.0, 5.0, 20.0};
    float *DirectLU(float *, int);
    x=DirectLU((float *)a, 3);
    for (i=0; i<=2; i++)
    {
        printf("x[%i]=%f\n", i, x[i]);
    }
    return 0;
}
float *DirectLU(float *u, int n)
{
    int i, r, k;
    float *x;
    x=new float[n];
    for (r=0; r<=n-1; r++)
    {
```

```
        for (i=r; i<=n; i++)
        {
            for (k=0; k<=r-1; k++)
            {
                *(u+r*(n+1)+i)- =*(u+r*(n+1)+k)*(*(u+k*(n+1)+i));
            }
        }
        for (i=r+1; i<=n-1; i++)
        {
            for (k=0; k<=r-1; k++)
            {
                *(u+i*(n+1)+r)- =*(u+i*(n+1)+k)*(*(u+k*(n+1)+r));
            }
            *(u+i*(n+1)+r)/=*(u+r*(n+1)+r);
        }
    }
    for (i=n-1; i>=0; i--)
    {
        for (r=n-1; r>=i+1; r--)
        {
            *(u+i*(n+1)+n)- =*(u+i*(n+1)+r)*x[r];
        }
        x[i]=*(u+i*(n+1)+n)/(*(u+i*(n+1)+i));
    }
    return x;
}
```

运行结果如下：

```
x[0]=1. 000000
x[1]=2. 000000
x[2]=3. 000000
```

实验 3–3　分别用雅可比迭代法和高斯—赛德尔迭代法求下列方程组的解。

$$\begin{cases} 10x_1-2x_2-x_3=3 \\ -2x_1+10x_2-x_3=15 \\ -x_1-2x_2+5x_3=10 \end{cases}$$

雅可比迭代法参考程序和运行结果

```
#include <stdio. h>
```

```
#include <conio. h>
#include <math. h>
#include <iostream>
#define KMAX 100
#define EPS 1e- 6
float *Jacobi(float a[3][4], int n)
{
    float *x, *y, epsilon, s;
    int i, j, k=0;
    x=new float[n];
    y=new float[n];
    for (i=0; i<n; i++)
        x[i]=0;
    while (true)
    {
        epsilon=0;
        k++;
        for (i=0; i<n; i++)
        {
            s=0;
            for (j=0; j<n; j++)
            {
                if (j= =i) continue;
                s+=a[i][j]*x[j];
            }
            y[i]=(a[i][n]- s)/a[i][i];
            epsilon+=fabs(y[i]- x[i]);
        }
        if (epsilon<EPS)
        {
            printf("迭代次数为:%i\n", k);
            return y;
        }
        if (k >= KMAX)
        {
            printf("迭代方法不收敛!\n");
            return y;
```

```
        }
        for (i=0; i<n; i++)
            x[i]=y[i];
    }
}
int main( )
{
    int i;
    float a[3][4]={10, - 2, - 1, 3,
                  - 2, 10, - 1, 15,
                  - 1, - 2, 5, 10};
    float *x;
    x=Jacobi(a, 3);
    for (i=0; i<3; i++)
        printf("x[%i]=%f\n", i, x[i]);
    return 0;
}
```

运行结果如下:

迭代次数为:16

x[0]=1. 000000

x[1]=2. 000000

x[2]=3. 000000

高斯—赛德尔迭代法参考程序和运行结果

```
#include <iostream>
#include <math. h>
#define n 3
#define KMAX 100
#define EPS 1e- 6
int main( )
{
    float a[n][n]={10, - 2, - 1,
                  - 2, 10, - 1,
                  - 1, - 2, 5};
    float b[n]={3, 15, 10};
    float x[n], y[n], w, se, max;
    int i, j, k;
```

```
for (i=0; i<n; i++)
{
      x[i]=0;
      y[i]=0;
}
k=0;
while (k<KMAX)
{
      k++;
      for (i=0; i<n; i++)
      {
            w=0;
            for (j=0; j<n; j++)
            {
                  if (j!=i)
                        w=w+a[i][j]*y[j];
            }
            y[i]=(b[i]- w)/double(a[i][i]);
      }
      max=fabs(x[0]- y[0]);
      for (i=0; i<n; i++)
      {
            se=fabs(x[i]- y[i]);
            if (se>max)
                  max=se;
      }
      if (max<EPS)
      {
            printf("迭代次数为:%i\n", k);
            for (i=0; i<n; i++)
                  printf("x[%i]=%f\n", i, y[i]);
            break;
      }
      for (i=0; i<n; i++)
      {
            x[i]=y[i];
      }
```

```
    }
    if (k>=KMAX)
        printf("迭代方法不收敛！ \n");;
    return 0;
}
运行结果如下：
迭代次数为：9
x[0]=1.000000
x[1]=2.000000
x[2]=3.000000
```

实验 4-1 已知 $y=f(x)=\sin x$ 的函数表如下，试用拉格朗日插值多项式，求 sin(0.45)、sin(0.55)、sin(0.75)的近似值。

x_i	0.4	0.5	0.6	0.7	0.8
$f(x_i)$	0.389 42	0.479 43	0.564 64	0.644 22	0.717 36

参考程序和运行结果

```
#include <stdio.h>
#define n 4
#define m 3
static double x[n+1]={0.4, 0.5, 0.6, 0.7, 0.8};
static double y[n+1]={0.38942, 0.47943, 0.56464, 0.64422, 0.71736};
static double xx[m]={0.45, 0.55, 0.75};
double lagrange(double x[ ], double y[ ], double t)
{
    int i, j;
    double L, P;
    P=0.0;
    for(i=0; i<=n; i++)
    {
        L=1;
        for (j=0; j<=n; j++)
        {
            if (j!=i)
            {
                L=L*(t- x[j])/(x[i]- x[j]);
```

```
                }
            }
            P=P+y[i]*L;
        }
        return(P);
}
int main ( )
{
        int k;
        double z;
        double lagrange(double x[ ], double y[ ], double t);
        for (k=0; k<=m-1; k++)
        {
            z=lagrange(x, y, xx[k]);
            printf("P(%f)=%f\n", xx[k], z);
        }
        return 0;
}
```

运行结果如下：

P(0. 450000)=0. 434972

P(0. 550000)=0. 522687

P(0. 750000)=0. 681645

实验 4-2 利用实验 4-1 给出的函数表，构造差商表，并用牛顿差商插值多项式，求解 sin(0. 45)、sin(0. 55)、sin(0. 75)的近似值。

参考程序和运行结果

```
#include <stdio. h>
#define n 4
#define m 3
static double x[n+1]={0. 4, 0. 5, 0. 6, 0. 7, 0. 8};
static double y[n+1]={0. 38942, 0. 47943, 0. 56464, 0. 64422, 0. 71736};
static double xx[m]={0. 45, 0. 55, 0. 75};
double DifferenceQuotient(double x[ ], double y[ ], double f[ ][n+1])
{
        int i, j;
        for(i=0; i<=n; i++)
        {
```

```
        f[i][0]=y[i];
    }
    for(j=1; j<=n; j++)
    {
        for(i=j; i<=n; i++)
        {
            f[i][j]=(f[i][j-1]-f[i-1][j-1])/(x[i]-x[i-j]);
        }
    }
    printf ("\n%12s%12s", "xi", "f(xi)");
    for(j=1; j<=n; j++)
    {
        printf("%9d%s", j, "阶");
    }
    printf("\n");
    for(j=1; j<=38; j++)
    {
        printf("--");
    }
    printf("\n");
    for(i=0; i<=n; i++)
    {
        printf("%12f", x[i]);
        for(j=0; j<=i; j++)
        {
            printf("%12f", f[i][j]);
        }
        printf("\n");
    }
    for(j=1; j<=38; j++)
    {
        printf("--");
    }
    printf("\n");
}
int main( )
{
```

```
    int s, k;
    double p, t, f[n+1][n+1];
    double DifferenceQuotient(double x[ ], double y[ ], double f[ ][n+1]);
    DifferenceQuotient(x, y, f);
    for(s=0; s<=m-1; s++)
    {
        p=f[n][n];
        for(k=n-1; k>=0; k--)
        {
            p=p*(xx[s]-x[k])+f[k][k];
        }
        printf("P(%f)=%f\n", xx[s], p);
    }
}
```

运行结果如下：

```
xi          f(xi)         一阶          二阶          三阶          四阶
-----------------------------------------------------------------------
0.400000    0.389420
0.500000    0.479430    0.900100
0.600000    0.564640    0.852100    -0.240000
0.700000    0.644220    0.795800    -0.281500    -0.138333
0.800000    0.717360    0.731400    -0.322000    -0.135000    0.008333
-----------------------------------------------------------------------
P(0.450000)=0.434972
P(0.550000)=0.522687
P(0.750000)=0.681645
```

实验 5-1　用复化梯形公式、复化辛普森公式计算积分

$$I=\int_0^1 \frac{4}{1+x^2}dx$$

参考程序和运行结果

算法一：使用复化梯形公式

```
#include <stdio.h>
#include <conio.h>
float trapezium(float(*f)(float), float a, float b, int n)
{
```

```
    int k;
    float I, s1=0.0;
    float h=(b-a)/n;
    for(k=1; k<=n-1; k++)
    {
        s1+=f(a+k*h);
    }
    I=h/2*(f(a)+2*s1+f(b));
    return I;
}
float f(float x)
{
    return 4/(1+x*x);
}
int main( )
{
    int i, n=2;
    float I;
    float f(float);
    float trapezium(float(*)(float), float, float, int);
    for(i=1; i<=10; i++)
    {
        I=trapezium(f, 0, 1, n);
        printf("I(%d)=%f\n", n, I);
        n*=2;
    }
    getch( );
}
```

运行结果如下：

```
I(2)=3.100000
I(4)=3.131176
I(8)=3.138988
I(16)=3.140942
I(32)=3.141429
I(64)=3.141552
I(128)=3.141583
I(256)=3.141591
```

```
I(512)=3.141591
I(1024)=3.141593
```

算法二：使用复化辛普森公式

```
# include <stdio.h>
# include <conio.h>
float Simpson(float(*f)(float), float a, float b, int n)
{
    int k;
    float I, s1, s2=0.0;
    float h=(b-a)/n;
    s1=f(a+h/2);
    for(k=1; k<=n-1; k++)
    {
        s1+=f(a+k*h+h/2);
        s2+=f(a+k*h);
    }
    I=h/6*(f(a)+4*s1+2*s2+f(b));
    return I;
}
float f(float x)
{
    return 4/(1+x*x);
}
int main( )
{
    int i, n=2;
    float I;
    float f(float);
    float Simpson(float(*)(float), float, float, int);
    for(i=0; i<=2; i++)
    {
        I=Simpson(f, 0, 1, n);
        printf("I(%d)=%f\n", n, I);
        n*=2;
    }
    getch( );
```

```
}
```

运行结果如下：

I(2)=3. 141569

I(4)=3. 141593

I(8)=3. 141593

实验 5-2 用龙贝格求积公式计算积分

$$I=\int_0^1 \frac{4}{1+x^2}\mathrm{d}x$$

要求误差不超过 $\varepsilon=10^{-6}$。

参考程序和运行结果

```
#include <iostream>
#include <cmath>
#include <stdio. h>
#define epsilon 1e- 6
#define MAX 10
float f(float x)
{
    return 4/(1+x*x);
}
    float Romberg(float a, float b)
{
    int m, n;
    float h, x, s, q, eps;
    float *y=new float[MAX];
    float p;
    h=b- a;
    y[0]=h*(f(a)+f(b))/2. 0;
    m=1, n=1;
    eps=epsilon+1. 0;
    while((eps>=epsilon)&&(m<MAX))
    {
        p=0. 0;
        for(int i=0; i<n; i++)
        {
            x=a+(i+0. 5)*h;
            p=p+f(x);
```

```
            }
            p = (y[0]+h*p)/2.0;
            s = 1.0;
            for (int k = 1; k< = m; k++)
            {
                s = 4.0*s;
                q = (s*p- y[k- 1])/(s- 1.0);
                y[k- 1] = p;
                p = q;
            }
            p = fabs(q- y[m- 1]);
            m = m+1;
            y[m- 1] = q;
            n = n+n;
            h = h/2.0;
        }
        return (q);
}
int main( )
{
        float a, b, I;
        printf("请输入积分限:a, b:", &a, &b);
        scanf("%f, %f", &a, &b);
        I =  Romberg(a, b);
        printf("积分结果是:I = %f", I);
        return 0;
}
```

运行结果如下：

请输入积分限：a，b：0，1

积分结果是：I=3.141593

实验 6-1 用改进的欧拉方法求解初值问题

$$\begin{cases} y' = y - \dfrac{2x}{y}, & 0<x\leqslant 1 \\ y(0) = 1 \end{cases}$$

取步长 $h=0.2$。

参考程序和运行结果

```
#include <stdio. h>
#define N 5
float f1(float x, float y)
{
	return y- 2*x/y;
}
void ImprovedEuler(float (*f1)(float, float), float x0, float y0, float xn, int n)
{
	int i;
	float yp, yc, x=x0, y=y0, h=0. 2;
	printf("x[0]=%f\ty[0]=%f\n", x, y);
	for (i=1; i<=n; i++)
	{
		yp=y+h*f1(x, y);
		x=x0+i*h;
		yc=y+h*f1(x, yp);
		y=(yc+yp)/2. 0;
		printf("x[%d]=%f\ty[%d]=%f\n", i, x, i, y);
	}
}
int main( )
{
	int i;
	float xn=1. 0, x0=0. 0, y0=1. 0;
	ImprovedEuler(f1, x0, y0, xn, N);
	return 0;
}
```

运行结果如下：

```
x[0]=0. 000000	y[0]=1. 000000
x[1]=0. 200000	y[1]=1. 186667
x[2]=0. 400000	y[2]=1. 348312
x[3]=0. 600000	y[3]=1. 493704
x[4]=0. 800000	y[4]=1. 627861
x[5]=1. 000000	y[5]=1. 754205
```

实验 6-2　用经典龙格-库塔公式求解实验 6-1 中的初值问题，取步长 $h=0.2$。

参考程序和运行结果

```
#include <stdio. h>
#include <conio. h>
float f(float x, float y)
{
    return y- 2*x/y;
}
void RungeKutta(float (*f)(float x, float y), float a, float b, float y0, int N)
{
    float x=a, y=y0, K1, K2, K3, K4;
    float h=(b- a)/N;
    int i;
    printf("x[0]=%f\ty[0]=%f\n", x, y);
    for (i=1; i<=N; i++)
    {
        K1=f(x, y);
        K2=f(x+h/2, y+h*K1/2);
        K3=f(x+h/2, y+h*K2/2);
        K4=f(x+h, y+h*K3);
        y=y+h*(K1+2*K2+2*K3+K4)/6;
        x=a+i*h;
        printf("x[%d]=%f\ty[%d]=%f\n", i, x, i, y);
    }
}
int main( )
{
    float a=0, b=1, y0=1;
    RungeKutta(f, a, b, y0, 5);
    return 0;
}
```

运行结果如下：

```
x[0]=0. 000000    y[0]=1. 000000
x[1]=0. 200000    y[1]=1. 183229
x[2]=0. 400000    y[2]=1. 341667
x[3]=0. 600000    y[3]=1. 483281
x[4]=0. 800000    y[4]=1. 612514
x[5]=1. 000000    y[5]=1. 732142
```

实验 6-3 用阿当姆斯预估-校正法求解实验 6-1 中的初值问题。并将以上三种方法的计算结果和精确解 $y=\sqrt{1+2x}$ 比较，总结它们的特点。

参考程序和运行结果

```
#include <stdio. h>
#include <conio. h>
float f(float x, float y)
{
    return y- 2*x/y;
}
float*RungeKutta(float (*f)(float x, float y), float a, float b, float y0, int N)
{
    float x=a, y=y0, K1, K2, K3, K4, *yy;
    float h=(b- a)/N;
    int i;
    yy=new float[3];
    for (i=1; i<=3; i++)
    {
        K1=f(x, y);
        K2=f(x+h/2, y+h*K1/2);
        K3=f(x+h/2, y+h*K2/2);
        K4=f(x+h, y+h*K3);
        y=y+h*(K1+2*K2+2*K3+K4)/6;
        x=a+i*h;
        *(yy+i- 1)=y;
    }
    return yy;
}
void Adams(float a, float b, int N, float (*f)(float x, float y), float y0)
{
    int i;
    float y1, y2, y, yp, yc, *yy, h, x;
    printf("x[0]=%f\ty[0]=%f\n", a, y0);
    yy=RungeKutta(f, a, b, y0, N);
    y1=yy[0];
    y2=yy[1];
    y=yy[2];
    h=(b- a)/N;
```

```
    for (i=1; i<=3; i++)
        printf("x[%d]=%f\ty[%d]=%f\n", i, a+i*h, i, *(yy+i-1));
    for (i=3; i<N; i++)
    {
        x=a+i*h;
        yp=y+h*(55*f(x, y)-59*f(x-h, y2)+37*f(x-2*h, y1)-9*f(x-3*h, y0))/24;
        yc=y+h*(9*f(x+h, yp)+19*f(x, y)-5*f(x-h, y2)+f(x-2*h, y1))/24.0;
        printf("x[%d]=%f\ty[%d]=%f\n", i+1, x+h, i+1, yc);
        y0=y1;
        y1=y2;
        y2=y;
        y=yc;
    }
}
int main( )
{
    float a=0, b=1.0, y0=1.0;
    int N=5;
    Adams(a, b, N, f, y0);
    return 0;
}
```

运行结果如下：

```
x[0]=0.000000    y[0]=1.000000
x[1]=0.200000    y[1]=1.183229
x[2]=0.400000    y[2]=1.341667
x[3]=0.600000    y[3]=1.483281
x[4]=0.800000    y[4]=1.612414
x[5]=1.000000    y[5]=1.731956
```

实验 7-1 用幂法计算 $\boldsymbol{A}=\begin{bmatrix}2 & -1 & 0\\ -1 & 2 & -1\\ 0 & -1 & 2\end{bmatrix}$ 的主特征值和相应的特征向量。

参考程序和运行结果

```
#include<stdio.h>
#include<conio.h>
#include<math.h>
```

```
#define N 3
#define EPS 1e-6
#define KMAX 30
void PowerMethod (float *A)
{
    float MaxValue(float *, int );
    float U[N], V[N], r2, r1;
    float temp;
    int i, j, k=0;
    for (i=0; i<N; i++)
        U[i]=1;
    while (k<KMAX)
    {
        k++;
        for (i=0; i<N; i++)
        {
            temp=0;
            for (j=0; j<N; j++)
                temp+=*(A+i*N+j)*U[j];
            V[i]=temp;
        }
        for (i=0; i<N; i++)
        {
            U[i]=V[i]/MaxValue(V, N);
        }
        if (k==1)
            r1=MaxValue(V, N);
            r2=MaxValue(V, N);
        if (fabs(r2-r1)< EPS&&k!=1)
            break;
        r1=r2;
    }
    printf("r=%.5f\n", r2);
    for (i=0; i<N; i++)
    {
        printf("x[%d]=%.6f\n", i+1, U[i]);
    }
```

```
}
float MaxValue(float *x, int n)
{
    float Max=x[0];
    int i;
    for (i=1; i<n; i++)
        if (fabs(x[i])>fabs(Max))
            Max=x[i];
    return Max;
}
int main( )
{
    float A[N][N]={{2, -1, 0}, {-1, 2, -1}, {0, -1, 2}};
    PowerMethod(A[0]);
}
```

运行结果如下：

```
r=3.41421
x[1]=-0.707107
x[2]=1.000000
x[3]=-0.707107
```

参考文献

[1] 李庆扬，王能超，易大义. 数值分析[M]. 5 版. 北京：清华大学出版社，2008.

[2] 曹德欣，曹璎珞. 计算方法[M]. 2 版. 北京：中国矿业大学出版社，1998.

[3] 吕同富，康兆敏，方秀男. 数值计算方法[M]. 2 版. 北京：清华大学出版社，2013.

[4] 陈欣，曲绍波，刘芳，等. 数值分析[M]. 北京：电子工业出版社，2018.

[5] 黎健玲，简金宝，李群宏，等. 数值分析与实验[M]. 北京：科学出版社，2012.

[6] Anne Greenbaum，Timothy P. Chartier. 数值方法：设计、分析和算法实现[M]. 吴兆金，王国英，范红军，译. 北京：机械工业出版社，2016.

[7] 谷根代，杨晓忠. 数值分析[M]. 北京：科学出版社，2011.

[8] 樊铭渠. 计算方法[M]. 北京：中国矿业大学出版社，2006.

[9] 褚衍东，常迎香，张建刚. 数值计算方法[M]. 北京：科学出版社，2016.

[10] 徐萃薇，孙绳武. 计算方法引论[M]. 4 版. 北京：高等教育出版社，2015.

[11] 孙志忠，吴宏伟，袁慰平，等. 计算方法与实习[M]. 5 版. 南京：东南大学出版社，2011.

[12] Timothy Sauer. 数值分析[M]. 5 版. 裴玉茹，马赓宇，译. 北京：机械工业出版社，2014.

[13] Richard L. Burden，J. Douglas Faires. 数值分析[M]. 7 版. 冯烟利，朱海燕，译. 北京：高等教育出版社，2005.

[14] 马东升，董宁. 数值计算方法[M]. 3 版. 北京：机械工业出版社，2015.

[15] 喻文健. 数值分析与算法[M]. 2 版. 北京：清华大学出版社，2015.

[16] 雷金贵，李建良，蒋勇. 数值分析与计算方法[M]. 北京：科学出版社，2017.

[17] 靳天飞，杜忠友，张海林，等. 计算方法[M]. C 语言版. 北京：清华大学出版社，2010.

[18] 张世禄，何洪英. 计算方法[M]. 北京：电子工业出版社，2010.

[19] Michael L. Johnson. Essential Numerical Computer Methods[M]. 北京：科学出版社，2012.

[20] 郑成德. 数值计算方法[M]. 北京：清华大学出版社，2010.

[21] 黄云清，舒适，陈艳萍，等. 数值计算方法[M]. 北京：科学出版社，2009.

[22] 李桂成. 计算方法[M]. 2 版 . 北京：电子工业出版社，2013.

[23] 马东升，董宁. 数值计算方法习题及习题解答[M]. 2 版. 北京：机械工业出版社，2015.

[24] 黄云清，舒适，文立平，等. 数值计算方法习题精析[M]. 北京：科学出版社，2018.